Python超实用 全彩

你的 Python 实践工具书

■ [日] 清水美树 立山秀利 松原拓也 掌田津耶乃 著

郑刘悦 译

人民邮电出版社

北京

图书在版编目（CIP）数据

Python超实用 ： 全彩 ： 你的Python实践工具书 /
(日) 清水美树等著 ； 郑刘悦译. -- 北京 ： 人民邮电出
版社, 2021.7
（爱上编程）
ISBN 978-7-115-55892-3

Ⅰ. ①P… Ⅱ. ①清… ②郑… Ⅲ. ①软件工具—程序
设计 Ⅳ. ①TP311.561

中国版本图书馆CIP数据核字(2021)第004948号

内 容 提 要

本书全面介绍了Python编程的基础知识，也讲解了如何利用Python开发应用于不同场景的程序。读者可跟随作者的讲解进行实际操作和练习。全书共分为9个部分，主要包括Python基础、Python库、使用Python实现自动化、Tello EDU编程、用Pythonista 3开发iPhone应用程序、用Flask+SQLite3开发网络数据库、Python游戏编程和用树莓派开发游戏等相关知识。全书内容细致且全面，层层深入，读者可以根据需要选择自己想要学习的内容，是难得的Python实用宝典。本书适合所有对Python感兴趣的读者阅读。

◆ 著　　　[日] 清水美树 立山秀利 松原拓也 掌田津耶乃
译　　　郑刘悦
责任编辑　魏勇俊
责任印制　彭志环
◆ 人民邮电出版社出版发行　　北京市丰台区成寿寺路 11 号
邮编　100164　　电子邮件　315@ptpress.com.cn
网址　https://www.ptpress.com.cn
天津画中画印刷有限公司印刷
◆ 开本：787×1092　1/16
印张：11.5　　　　2021 年 7 月第 1 版
字数：205 千字　　　　2021 年 7 月天津第 1 次印刷
著作权合同登记号：图字 01-2020-2153 号

定价：79.80 元

读者服务热线：(010)81055493　印装质量热线：(010)81055316
反盗版热线：(010)81055315
广告经营许可证：京东市监广登字 20170147 号

序

“无所不能”的Python

作为人工智能（AI）的常用编程语言，Python 受到越来越多人的关注与欢迎。实际上，Python 不仅能在人工智能领域大显身手，而且在网页开发、流程自动化、游戏开发、电子工程、无人机操作、数学运算等领域，也能开发出性能优越的程序。因此，Python 可谓是“一门语言打天下”的高性价比编程语言。

夸张点说，在不久的将来，Python 将会和英语一样，成为教育界或商界的“国际通用语言”。正如用英语与外国人进行交流一样，我们将使用 Python 与机器进行交流。

本书中，我们将一边开发应用于不同场景的程序，一边讲解 Python 编程的基础知识。通过第 1 章“Python 基础”掌握基础语法之后，读者可以根据自己的兴趣，选择学习自己想要学习的章节。

当读者在工作或学习中需要用到 Python 时，希望本书能够对读者有所帮助。

日经软件编辑部

目录

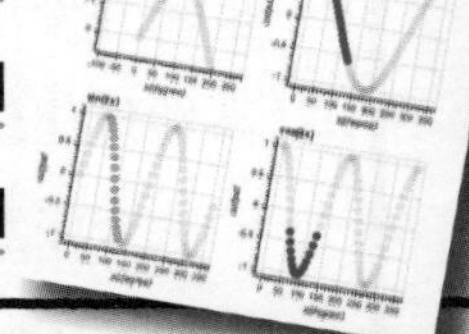

用 Python 绘制精美图表▲

广受欢迎的无人机“Tello EDU”▶

第1章

Python 基础

7 步快速上手 Python 编程

Python 是如今最流行的编程语言之一，想要学习的人亦不在少数。然而，由于 Python 中包含满足各类用途的海量功能与多种工具，学习者普遍会在刚开始时困惑于不知该从何入手。对此，本章将从宏大的 Python 世界中选取必须掌握的知识点，并分 7 步向读者进行介绍。

Step 1 搭建 Python 编程环境——推荐使用 Anaconda 与 Pythonista3

首先，让我们来搭建一个能够使用 Python 进行编程的环境。如果是在台式机或笔记本电脑上进行编程，则建议使用一款叫作 Anaconda 的软件。它不仅能够搭建一个 Python 编程的标准环境，还可以同时安装许多便捷的工具与各种各样的库，以便之后使用。如果是在 iPhone 或 iPad 上进行编程，则建议使用一款叫作 Pythonista3 的应用程序。Pythonista3 是能够在 iPhone 或 iPad 的应用商店中购买到的 Python 编程环境。其完善的功能能够帮助我们轻松地在 iPhone 或 iPad 上进行编程。

▶ 安装 Anaconda

我们可以从 Anaconda 官网上免费下载 Anaconda，进入官网后，选择上方“Products”，在下拉菜单中选择“ Individual Edition”，在

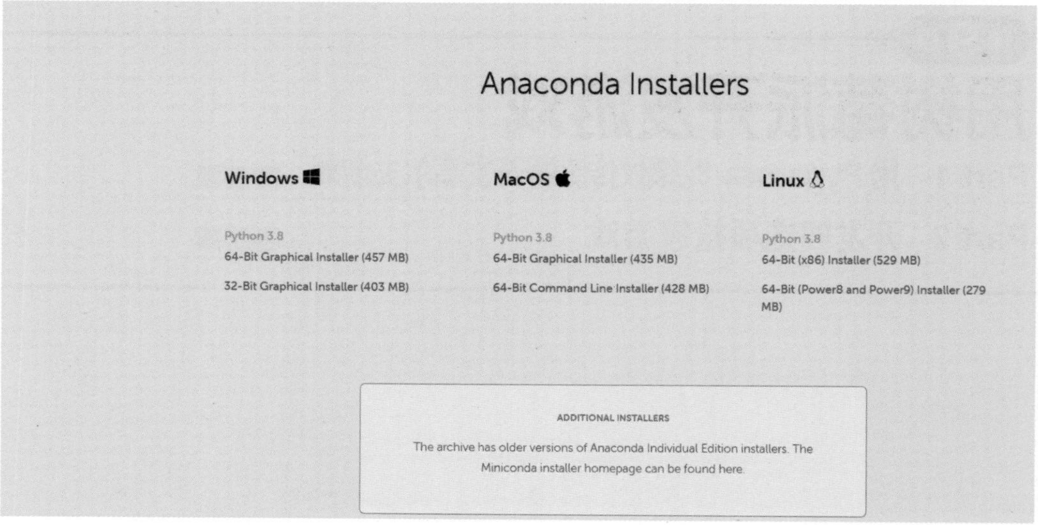

图 1.1 Anaconda 下载页面

跳转页面的最下方即可选择版本进入下载（下载页面见图 1.1）。

Anaconda 有分别适用于 Windows 操作系统、MacOS 操作系统与 Linux 操作系统的 Python3.x 版本与 Python2.x 版本。其中适用于 Windows 操作系统与 Linux 操作系统的版本还细分为 64bit 版与 32bit 版。虽然版本众多，但最稳妥的选择是下载对应自己的操作系统的 Python3.x 64bit 版本。本章接下来将使用 Windows 版的 Anaconda 进行讲解。

下载完成之后双击打开 Anaconda3-2018.12-Windows-X86_64.exe，启动如图 1.2 所示的安装程序。接下来只需要按照安装程序的指示，一步步操作，即可完成 Anaconda 的安装。

安装成功之后，打开 Windows 开始菜单的“Anaconda Prompt”，在弹出的窗口中输入“Python”，即可进入 Python 交互模式（见图 1.3）。由于在交互模式下编程比较容易理解，因此建议在初学时使用该模式。

▶ 安装 Pythonista3

若要使用 Pythonista3，则只需在 iPhone 或者 iPad 上的应用商店中搜索并安装即可（见图 1.4）。虽然这款应用程序需要花费 68 元人民币[①]，但绝对物有所值。

启动 Pythonista3 之后会弹出一份名为

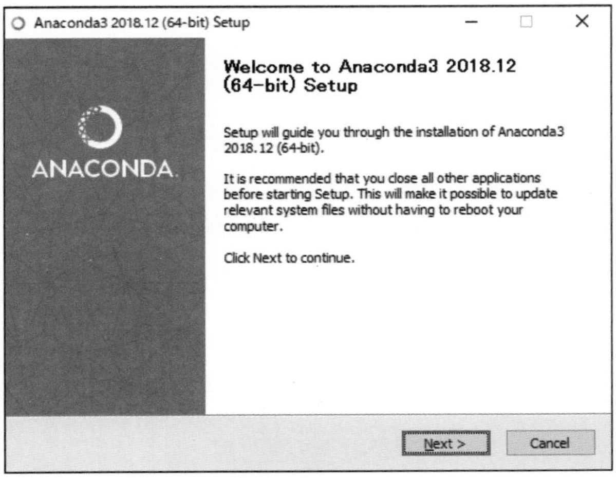

图 1.2　启动 Anaconda 安装程序时的界面

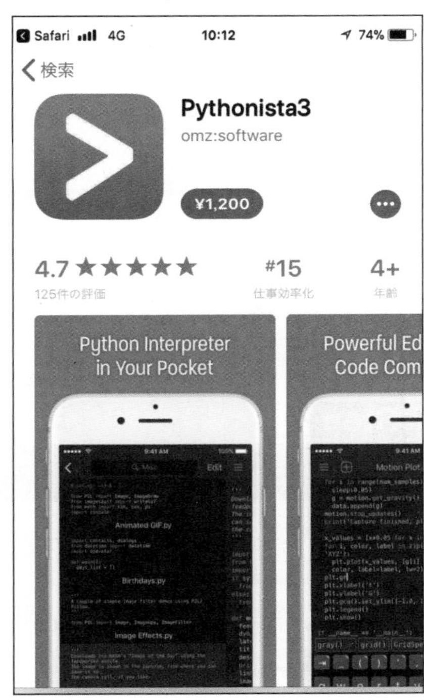

图 1.4　Pythonista3 是一款功能完善的 Python 编程应用程序

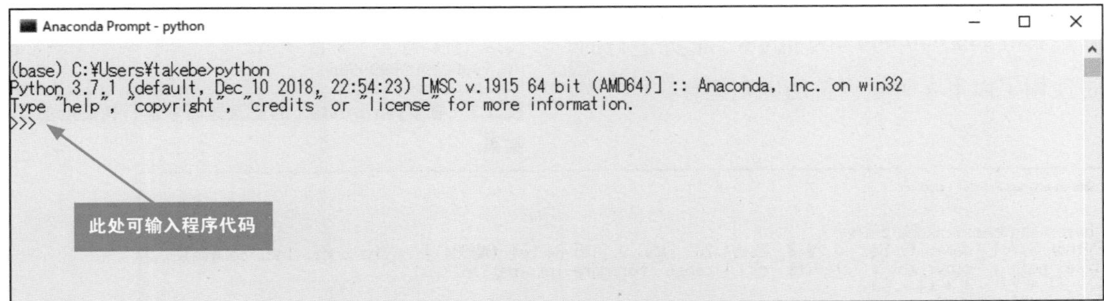

图 1.3　启动 Python 交互模式。该模式下可以立刻运行输入的代码并查看运行结果，便于学习者理解

① 这是 2020 年 5 月的价格，后续价格可能会发生变化。

Welcome.md 的文档。此时左滑即可进入如图 1.5 所示的 Console 界面。Console 界面为实现交互式编程的交互界面。使用 Pythonista 时，一开始在交互界面中编程比较容易上手。

图 1.5　Console 界面

Step 2 从交互模式 / 交互界面开始

接下来使用交互模式 / 交互界面开始我们的 Python 编程之旅。

首先，让我们尝试用编程来代替计算器。在界面中输入如下代码并运行。

```
>>> (1 + 2) - 3 * (4 / 5)
```

如图 1.6、图 1.7 所示，界面上出现了计算结果 0.599 999 999 999 999 6。此处进行的是使用了以下 4 种运算符的四则运算。

```
+: 加法运算
-: 减法运算
*: 乘法运算
/: 除法运算
```

注意在 Python 中，乘法运算符为“*”而非“×”，除法运算符为“/”而非“÷”。

以下是另外两种常用的运算符。

```
**: 指数运算符
%: 余数运算符
```

指数运算符用于乘方运算，如计算 2 的 3 次方时可输入以下代码。

```
>>> 2**3
8
```

余数运算符虽然在日常生活中并不常用，但在编程中却常常需要用到。如下所示，余数运算用于计算两数相除的余数。

```
>>> 10 % 3
1
```

结果返回 10 除以 3 的余数 1。那么什么情况下会用到余数运算呢？举例来说，我们可以用余数运算快速生成类似“0、1、2、3、0、1、2、3……”这样的循环数列。尝试在界面中输入以下代码。

```
>>> [i % 4 for i in range(20)]
[0, 1, 2, 3, 0, 1, 2, 3, 0, 1, 2, 3,
0, 1, 2, 3, 0, 1, 2, 3]
```

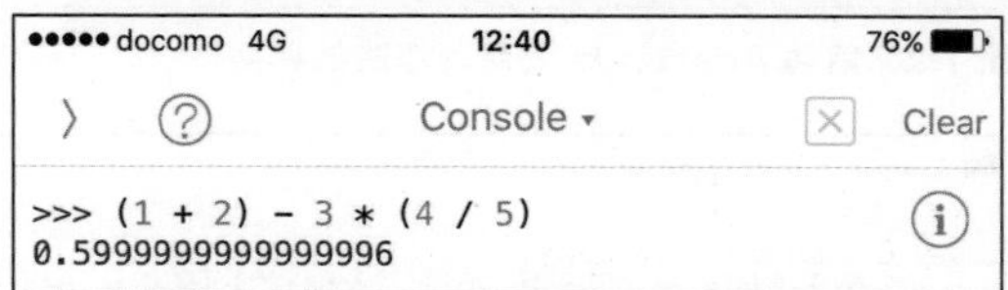

图 1.7　在 Pythonista3 的交互界面中运行代码后的结果

```
Anaconda Prompt - python

(base) C:¥Users¥takebe>python
Python 3.7.1 (default, Dec 10 2018, 22:54:23) [MSC v.1915 64 bit (AMD64)] :: Anaconda, Inc. on win32
Type "help", "copyright", "credits" or "license" for more information.
>>> (1 + 2) - 3 * (4 / 5)
0.5999999999999996
>>>
```

图 1.6　在交互模式中运行代码后的结果

[i % 4] 是这句代码中的要点。我们将在之后的内容中介绍 for 与 range(20) 的含义。

此外，余数运算还可以用于判断一个数的奇偶性。若一个数除以 2 的余数为 0 则这个数为偶数，为 1 则这个数为奇数。例如以下代码将只返回偶数。其中“ if i % 2 == 0”是用于判断数字奇偶性的语句。

```
>>> [ i for i in range(20) if i % 2 == 0]
[0, 2, 4, 6, 8, 10, 12, 14, 16, 18]
```

这里说明一下“=”与“==”的区别。在 Python 中，“=”的含义与数学上的“=”完全不同，是用于给某个值指定名称的运算符。例如以下代码实现的是给 100 这个值指定一个名称“a”。

```
>>> a = 100
```

这里的名称 a 被称为变量。可以理解为“可以代入具体值的、类似于箱子的容器”，但这个比喻在编程的世界中并不完全贴切。实际上，将变量理解为“为某个值指定的名称”会更加准确。

Python 中相当于数学中的“=”的运算符是“==”。以下代码将判断变量 a 是否等于 100。

```
>>> a == 100
True
```

由于 a 是我们之前为 100 指定的名称，所以“a == 100”返回“True”（真）。

理解了“=”是用于指定名称（变量）的运算符，就不难理解在编程中经常出现的如下语句了。

```
a = a + 1
```

这句代码并不是代表“a 与 a+1 相等”这种匪夷所思的意思，而是代表“将名为 a 的值加上 1，并再次指定变量名称 a 给计算后得到的值”之意。简而言之，就是将变量 a 的值加 1 的代码。

Step 3

编程中需要频繁地执行字符串处理操作。在 Python 中，用单引号或双引号来表示一个字符串。

```
>>> "nikkei"
'nikkei'
>>> 'software'
'software'
```

之前我们将“+”作为加法运算的运算符，而把“+”用于两个字符串之间时，它便成了拼接字符串的运算符。

```
>>> "nikkei" + " " + 'software'
'nikkei software'
```

“*”运算符在应用于字符串时实现的效果也与应用于数字时不同。使用“字符串 *n（n 为数字）”语句，表示可以将 n 个相同的字符串连接起来。这个功能在绘制各种格式的线条时十分方便，例如：

```
>>> "-" * 30
'------------------------------'
```

使用 str 函数可以将数字转换为字符串。关于函数，我们将在之后的内容中进行介绍。

```
>>> a = 123.45        ←数字 123.45
>>> str(a)
'123.45'              ←字符串 123.45
```

此外，Python 中还有其他与字符串相关的各种功能。此处简单介绍其中几种。

编程中常常会需要获取字符串的长度（即字符数）。Python 中用于实现此功能的是 len 函数。

```
>>> a = "nikkei software"
>>> len(a)
15
```

我们还经常需要截取字符串中的一部分。这就需要用到“切片”功能。先来看代码示例。

```
>>> a[7:15]
'software'
```

切片中数字 7 与 15 的含义如图 1.8 所示。0~14 为表示字符在字符串中的位置顺序的索引号。切片功能可依照如下表达式指定从原字符串中截取的子字符串。

```
字符串 [ 起始索引号：结尾索引号 +1]
```

此处有两点稍显复杂：一是索引号从 0 而非 1 开始，二是结尾索引号需要加 1。

当需要截取到字符串中的最后一个字符时，可以省略“结尾索引号 +1”。

```
>>> a[7:]
'software'
```

反之，当需要从字符串中的第一个字符开始，截取到当中的某个字符时，可以省略“起始索引号”。

```
>>> a[:6]
'nikkei'
```

同时省略两个索引号将返回完整的字符串。

```
>>> a[:]
'nikkei software'
```

以下代码可以实现每间隔一个索引号取出一个字符。2 用于指定“步长”。

```
>>> a[::2]
'nke otae'
```

使用这个功能时需要记住以下技巧：当指定步长为 -1 时，可以逆序输出整个字符串。

```
>>> a[::-1]
'erawtfos iekkin'
```

在编程中常常会处理以逗号为分隔符的 csv 格式的数据。在处理 csv 格式的数据时，通常会需要截取其中某一段特定的字符串。此时要用到的是封装于字符串中的 split 函数。例如，当想要从“年，月，杂志名称”格式的 csv 数据中获取杂志名称时，可以先通过 split 函数分隔数据，再返回分隔后的第三个字符串。示例如下。

```
>>> data = "2019, 5, nikkei software"
>>> d = data.split(", ")
>>> d
['2019', '5', 'nikkei software']
>>> d[2]
'nikkei software'
```

此处变量 data 是 csv 格式的字符串。一开始是一个字符串，执行 data.split(，) 语句后被分为 3 个。由于索引号是从 0 开始的，所以用“d[2]”可以只返回杂志名称。

Step 4 分支语句与循环语句

接下来介绍控制程序流程的控制语句。控制语句大致上可分为分支语句与循环语句

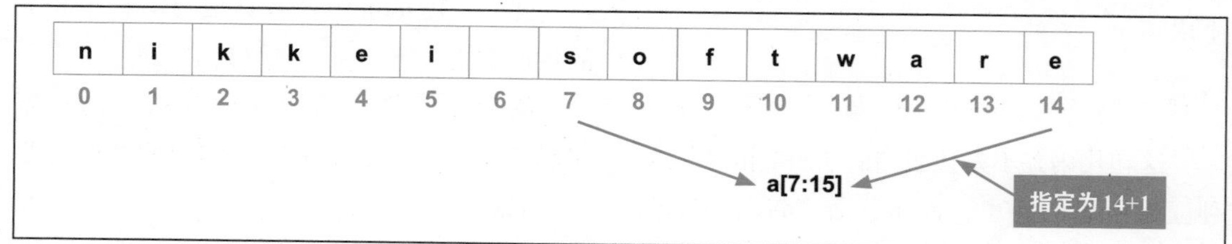

图 1.8　切片中指定的数字的含义

两大类。

分支语句很好理解，基本上就是if语句。之前介绍的“if i % 2 == 0”就是if语句的一个应用实例。if语句的使用方法如下。

```
if 条件表达式:
    处理语句
```

if意为“如果”，因此if语句控制“当条件表达式为True（真）时，执行相应的处理语句”。其含义与日常生活中常说的“如果……那么……”相同。

但使用if语句时有需要注意的语法规范，即通过缩进表示相应的处理语句。若没有缩进将会发生如图1.9所示的错误。换言之，缩进在Python中有着语法上的意义。这是Python的一大特点。图1.9中的print函数用于输出字符串或数字。

习惯上用4个半角空格表示缩进，但并无固定的规则，也可以使用2个半角空格或8个半角空格表示缩进。

循环结构的概念本身并不难理解，但是由于有许多种实现方式，因此要熟练掌握确有一定的难度。

Python中的循环语句的基础便是之前出现过的for语句与range函数。以下为代码示例。print("python")需在缩进之后输入。

```
>>> for i in range(5):
...     print("python")
...
python
python
python
python
python
```

此处执行了5次print("python")操作。归纳而言，当需要执行*n*次相同的操作时，用以下语句即可实现。

```
for i in range(n):
    操作语句
```

变量*i*可替换为*x*、*a*、*index*等其他名称的变量。

读者此时大概会有疑问：那么range函数是用来做什么的呢？为了了解这个函数，让我们来试着运行以下代码。

```
>>> for i in range(5):
...     print(i)
...
0
1
2
3
4
```

可见，range(5)实现的功能是生成数字0~4。需要注意的是，不是从1到5，而是从

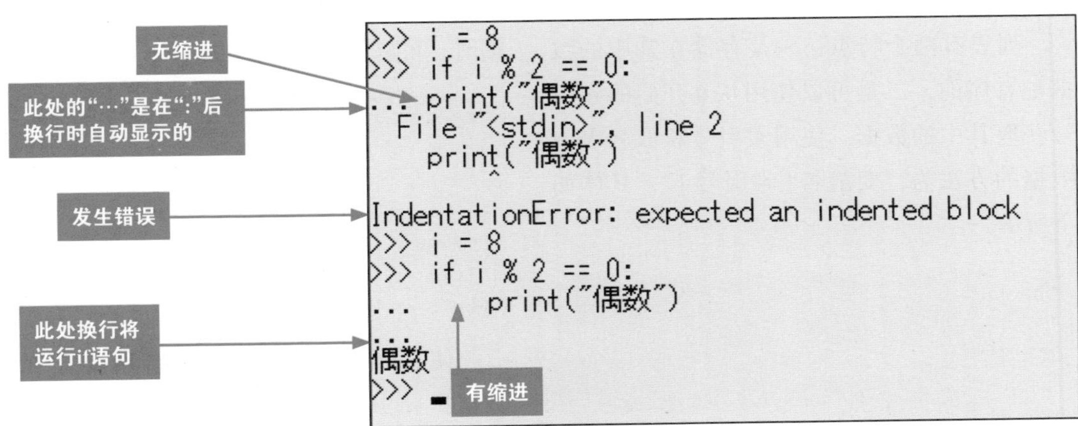

图1.9　若无缩进则会报错

0 到 4。

运用迄今为止学到的知识，让我们尝试使用循环语句进行一些计算。以下示例为利用莱布尼茨公式计算圆周率的代码。

```
>>> a = 0
>>> for n in range(9999999):
...     a = a + (-1)**n / (2 * n + 1)
...
>>> a * 4
3.1415927535898014
```

运行这个 for 语句需要花费一些时间。

Step 5
使用列表、元组、字典与集合处理多个数据

到目前为止，我们都是用一个变量来处理一个值，但如果能够用一个变量将多个字符串或数字合并处理的话将更加方便。为了满足这种需求，Python 中预置了列表、元组、字典与集合 4 种数据类型。不过，集合的使用频率相比于其他数据类型要低一些。

▶ 列表：可添加或修改数据

将一组数据排列在中括号中即可创建一个列表。数据之间用逗号分隔。之前我们见过的 [0, 1, 2, 3] 就是列表。

下面是一个简单的列表示例。

```
>>> a = [1, 2, "python"]
```

列表有两个特点：一是存储在其中的数据是有序的，二是可以使用从 0 开始的索引号获取其中的数据。使用索引号获取列表中数据的方法为“变量名 [索引号]”，具体如下所示。

```
>>> a[0]
1
>>> a[1]
2
>>> a[2]
'python'
```

如果使用了超出列表范围的索引号将会报错。

```
>>> a[3]
Traceback (most recent call last):
  File "<stdin>", line 1, in <module>
IndexError: list index out of range
```

使用 len 函数可以得到列表中存储的数据个数。

```
>>> len(a)
3
```

使用封装于列表中的 append 函数，可以在列表末尾添加数据。

```
>>> a.append("nikkei software")
>>> a
[1, 2, 'python', 'nikkei software']
```

若想在某个特定的位置插入数据，则需要使用 insert 函数。在列表开始位置插入数据的代码如下所示。

```
>>> a.insert(0, "nikkei linux")
>>> a
['nikkei linux', 1, 2, 'python', 'nikkei
software']
```

insert 函数中指定的 0 代表“在索引号 0 之前”，所以这句代码会在原索引号为 0 的数据之前插入“nikkei linux”。

反之，需要通过索引号删除某个特定数据时，可以使用 del 语句或 pop 函数。

```
>>> del a[0]
>>> a
[1, 2, 'python', 'nikkei software']
>>> a.pop(2)
'python'
>>> a
[1, 2, 'nikkei software']
```

使用 remove 函数可以删除特定值的数据。

```
>>> a.remove("nikkei software")
```

```
>>> a
[1, 2]
```

我们还可以修改列表中的数据。

```
>>> a[0] = 10
>>> a[1] = 20
>>> a
[10, 20]
```

除此之外，列表还有许多其他功能。在 Python 编程中，熟练掌握列表十分重要。

▶ 元组：数据不可被修改

将一组数据排列在小括号中即可创建一个元组。和列表相同，元组中的数据也是有序的，可以通过变量名 [索引号] 访问其中的数据，也可以使用 len 函数获取存储其中的数据个数。

```
>>> t = (1, 2, "python")
>>> t[0]
1
>>> t[2]
'python'
>>> len(t)
3
```

乍一看，元组与列表十分相似。但实际上它们之间有一个显著的区别，即元组一旦被创建，则其中数据无法被修改。换言之，我们无法往元组中添加或删除数据，也无法修改其中的数据。因此，元组中没有封装 append 等函数。试图修改元组中的数据将会报错。

```
>>> t[0] = 10
Traceback (most recent call last):
  File "<stdin>", line 1, in <module>
TypeError:'tuple' object does not support
item assignment
```

读者或许会疑惑：无法修改其中的数据，那么用起来就不如列表方便，那么为什么要有元组呢？实际上，元组确实有其存在的理由。

原来，在编程中，不仅需要处理无须修改的数据，还经常会处理需要防止误修改的数据。此外，元组的创建速度要快于列表。因此，有一种编程方法是遵循以下原则：尽量使用元组，只有在处理确实有修改需要的数据时才使用列表。

在此我们尝试对比一下列表与元组的运行速度。在 Anaconda Prompt 中依次运行以下两行代码：

```
python -m timeit "a=[1, 2, 'python',
'software']"
python -m timeit "t=(1, 2, 'python',
'software')"
```

这是调用 python 中内置的 timeit 模块来测试代码运行速度的命令。双引号中的代码即为测试对象。代码会自动被重复运行适当的次数，并返回最短的运行时间。图 1.10 所示为在作者的计算机上运行的结果。创建列表所需的时间为 42.4ns（$1ns=10^{-9}s$），而创建元组只需 10.9ns。可见元组的运行速度远高于列表。

```
Anaconda Prompt

(base) C:¥Users¥takebe>python -m timeit "a=[1,2,'python','software']"
5000000 loops, best of 5: 42.4 nsec per loop

(base) C:¥Users¥takebe>python -m timeit "t=(1,2,'python','software')"
20000000 loops, best of 5: 10.9 nsec per loop

(base) C:¥Users¥takebe>
```

图 1.10　对比创建列表与元组所需的时间，元组所需时间更短

▶ **字典：使用键来管理数据**

接下来学习字典的功能。不同于列表和元组，字典中的数据是无序的，因此不能用于需要按序排列的数据。用于代替顺序的是，字典会为其中的每一个数据分配一个“键”——可将其视为每一个数据的名字。创建字典时用到的括号为大括号 {}。在大括号中，将键与数据写成“键：数据”[①]的形式并以逗号分隔排列。创建字典的代码如下所示。我们假设其为各种水果的价格数据。

```
>>> fruits = {"apple": 300, "melon": 2500, 
"banana": 100}
```

其中，"apple" "melon" 等字符串就是键。从结构上来说，同一个字典中键不可重复，必须是唯一的。

通过“变量名 [键]”的形式，我们可以访问键所对应的数据，也可以对数据进行修改。

```
>>> fruits["banana"]
100
>>> fruits["melon"] = 3000
>>> fruits
{'apple': 300, 'melon': 3000, 'banana'
: 100}
```

将 "melon" 对应的数据修改为 3000

通过 len 函数可以获得字典中的数据个数。

```
>>> len(fruits)
3
```

往字典中添加数据的方法如下所示。

```
>>> fruits["orange"] = 200
>>> fruits
{'apple':300,'melon':3000,'banana':100,
'orange':200}
```

删除数据时使用 del 语句。

```
>>> del fruits["apple"]
>>> fruits
{'melon':3000, 'banana':100, 'orange'
:200}
```

迄今，我们都是用字符串来作为键，但其实我们也可以使用数字或元组。换言之，键必须使用无法被修改的值，因此列表等可以被修改的数据类型无法被用作键。

字符串与元组一样，都是一旦创建便无法修改的数据类型。尝试运行以下代码：

```
>>> s = "nikkei"
>>> s[0]
'n'
>>> s[0] = "N"
Traceback (most recent call last):
  File "<stdin>", line 1, in <module>
TypeError: 'str' object does not support 
item assignment
```

试图将字符串 "nikkei" 中的“ n”变为“ N”会报错。像元组或字符串这样一旦创建便无法修改的值被称为“静态值”。与之相对的，列表等可以被修改的值被称为“动态值”。超越初级编程水平重要的一点便是能够区分某个值是静态值还是动态值。

▶ **集合：数据不可重复**

集合是不允许其中数据有重复的数据结构，但使用频率相比其他数据结构要低。将一组数据以逗号分隔排列在 {} 中即可创建一个集合。

```
>>> fruits = {"apple", "orange", "melon", 
"melon"}
>>> fruits
{'orange', 'melon', 'apple'}
```

由于集合中的数据不可重复，所以即使我们想往其中存储两个“ melon”，最终也只会存储一个“ melon”。集合中的元素也是无序的。

使用封装于集合中的 add 函数可以往集合中添加数据。

① 译者注：亦被称为“键 - 值”对。

```
>>> fruits.add("banana")
>>> fruits
{'orange', 'melon', 'apple', 'banana'}
```

我们可以使用 remove 函数或 discard 函数删除集合中的数据。

```
>>> fruits.remove("orange")
>>> fruits
{'melon', 'apple', 'banana'}
>>> fruits.discard("apple")
>>> fruits
{'melon', 'banana'}
```

表 1.1 中总结了列表、元组、字典与集合之间的主要不同点。在处理多个数据时，我们需要根据数据的性质选择合适的数据结构。①

▶ 使用 for 语句进行处理

一般而言，我们可以使用 for 循环对存储于列表等数据结构中的每一个数据进行我们所需要的处理。以下为输出列表或字典中的所有数据的例子。

```
>>> a = [1, 2, "python"]
>>> for i in a:
...     print(i)
...
1
2
python
>>> fruits = {"apple":300,"melon":2500,
"banana":100}
```

```
>>> for i in fruits:
...     print(i)
...
apple
melon
banana
```

这里我们用存储了列表或字典的变量代替之前学习 for 语句时使用的 range 函数。

我们常常会需要在使用列表的同时获取每个数据的索引号，或者在使用字典的同时获取所有的键。此时需要用到 enumerate 函数或封装于字典中的 items 函数。以下展示的例子中，将使用这两个函数配合 for 语句将每个数据的值都变为原来的 2 倍。

```
>>> for i, d in enumerate(a):
...     a[i] = d * 2
...
>>> a
[2, 4, 'pythonpython']
>>> for k, d in fruits.items():
...     fruits[k] = d * 2
...
>>> fruits
{'apple':600, 'melon':5000, 'banana':
200}
```

变量 i 为代表数据顺序的索引号，变量 k 为键，变量 d 为具体数据。

▶ 使用 in 运算符判断数据是否存在

很多时候，我们会需要判断一个数据是否在某个列表或字典中。通过 if 语句和 in 运

表 1.1 列表、元组、字典与集合的主要不同点

	列 表	元 组	字 典	集 合
括号	[ ]	( )	{ }	{ }
数据是否可修改	是	否	是	是
字典的键	不可用	不可用	可用	不可用
数据是否有序	是	是	否	否
数据是否可重复	是	是	是②	否
使用频率	高	高	高	低
示例	[1, 2, 3, 3]	(1, 2, 3, 3)	{'a' :1, 'b' :2 ', c' :3}	{1, 2, 3}

① 译者注：列表、元组、字典与集合中的数据被称为“元素”。

② 译者注：同一字典中键必须是唯一的，但是不同的键所对应的数据（值）可以相同。

算符即可轻松实现这个功能。代码示例如下。

```
>>> if "python python" in a:
…       print("有")
…
有
>>> if "apple" in fruits:
…       print("有")
…
有
```

当应用于字典时，返回值表示字典中是否存在指定的键。

▶ **使用列表解析**

本节的最后，我们来学习列表解析。其实，在本章 Step2 中出现过的以下代码就被称为列表解析。

```
>>> [i % 4 for i in range(20)]
[0, 1, 2, 3, 0, 1, 2, 3, 0, 1, 2,
3, 0, 1, 2, 3, 0, 1, 2, 3]
>>> [i for i in range(20) if i % 2 == 0]
[0, 2, 4, 6, 8, 10. 12, 14, 16, 18]
```

列表解析的功能是用一行代码创建列表，即在中括号中用 for 语句或 if 语句、range 函数等创建列表。

用 for 语句也可实现同样的效果。如上述第 2 个用列表解析创建的列表，也可通过以下方式用 for 语句来创建。

```
>>> a = []
>>> for i in range(20):
…       if i % 2 == 0:
…           a.append(i)
…
>>> a
[0, 2, 4, 6, 8, 10, 12, 14, 16, 18]
```

至于哪种方法更加容易理解，这取决于不同人的主观感受。但是列表解析通常被视为更加像“Python”的语句。此外，列表解析还有一个优点是能够迅速创建列表。图 1.11 所示为使用之前介绍过的 timeit 模块比较两种方法创建列表的速度的示例，可以看到列表解析的运行速度更快。

Step 6

自定义函数

目前为止我们已经学习了不少函数。除了这些 Python 自带的函数之外，我们还可以自定义函数并调用它们。

函数的作用在于对一组语句进行命名并将一系列操作进行合并封装，以及轻松实现封装后对操作的反复调用。

函数的组成要素有函数名、函数体、0 个及以上的参数以及 0 个及以上的返回值。以下为定义并调用一个简单函数的例子。

```
>>> def add(a, b):
…       return a + b
…
>>> add(5, 7)
12
```

在 def 关键字后面写上函数名“add”，并将作为参数的变量用逗号隔开放在之后的括号中。参数即函数的输入。

缩进之后的内容为函数体。此处的函数体为计算 a+b，并用 return 语句将计算结果作为函数的返回值。返回值即函数的输出。

完成函数定义之后，就可以像“add(5, 7)”这样调用函数。返回值为 5+7 的和即 12，故输出 12。

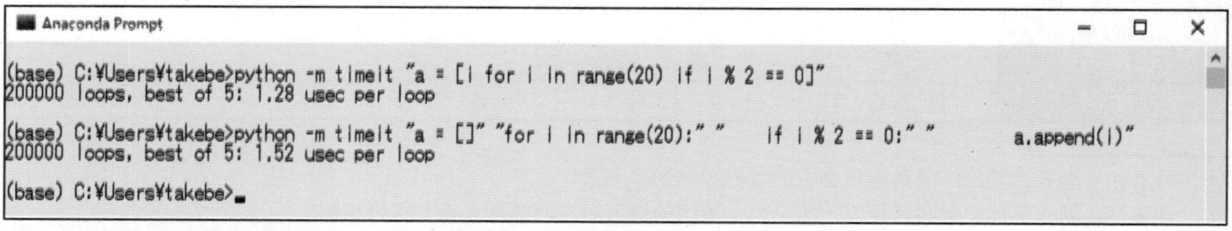

```
Anaconda Prompt

(base) C:¥Users¥takebe>python -m timeit "a = [i for i in range(20) if i % 2 == 0]"
200000 loops, best of 5: 1.28 usec per loop

(base) C:¥Users¥takebe>python -m timeit "a = []" "for i in range(20):" "    if i % 2 == 0:" "        a.append(i)"
200000 loops, best of 5: 1.52 usec per loop

(base) C:¥Users¥takebe>
```

图 1.11　使用列表解析创建列表，所需时间比使用 for 语句要短

若用逗号在 return 语句中分隔排列多个变量或表达式，将会产生多个返回值。让我们使用这个功能，尝试定义并调用一个依次执行四则运算并将所有计算结果作为返回值输出的 calc 函数。

```
>>>  def calc(a, b):
...      if b == 0:
...          return
...      return a + b,  a - b,  a * b,
 a / b
...
>>> calc(9, 3)
(12,  6,  27,  3.0)
```

输出的返回值为一个存储了 4 个计算结果的元组。因为当 b 为 0 时执行除法运算会出错，所以当 b 为 0 时不进行任何操作，用 return 语句直接退出函数。

若按照以下方式编写代码，可以把 4 个计算结果分别赋值给 4 个变量。

```
>>> n1,  n2,  n3,  n4 = calc(9, 3)
>>> n1
12
>>> n2
6
>>> n3
27
>>> n4
3.0
```

在此停下来思考一下：以下代码中，变量 *q* 会是什么数据类型？

```
>>> q = 1,  3,  5
```

使用 type 函数，我们可以得到答案。

```
>>> type(q)
<class 'tuple'>
```

q 是一个元组。因此，即使不使用 ()，我们也可以创建元组。从严格意义上说，之前看到的 return 语句就是将一个存储了 4 个计算结果的元组设定为返回值的语句。

接下来介绍一个十分著名的使用元组进行变量交换的技巧。

```
>>> a = "python"
>>> b = "javascript"
>>> a,  b = b,  a
>>> a
'javascript'
>>> b
'python'
```

仅用一行代码——“a, b = b, a”——便可交换变量 *a* 与变量 *b* 的值（字符串）。

▶ 理解生成器函数

在 Python 中，有一种被称为“生成器函数”的、功能十分有趣的函数。以下代码中定义的 testgen 函数便是生成器函数——只要有 yield 语句即为生成器函数。

```
>>> def testgen():
...     yield 1
...     yield 2
...     yield 3
...
```

运行代码便可看出这个函数的作用。首先，调用 testgen 函数，创建一个生成器对象。

```
>>> g = testgen()
>>> g
<generator object testgen at 0x0000017064
0E5480>
```

然后调用 next 函数，参数设置为刚刚创建的生成器对象 g。

```
>>> next(g)
1
```

此时返回 1。让我们再调用两次 next 函数。

```
>>> next(g)
2
>>> next(g)
3
```

现在就可以看出生成器函数的作用了。

第 1 次运行 next(g) 时，由于执行的是“yield 1”语句，故返回 1；第 2 次运行时执行“yield 2”语句返回 2；第 3 次执行“yield 3”语句返回 3。

yield 语句与 return 语句在输出返回值这点上是相同的。不同之处在于，return 语句将终止整个函数的运行，而 yield 语句只是暂停函数的运行。因此，第 2 次运行 next(g) 时，将会继续运行这个函数并执行 yield 2 语句。

那么生成器函数能应用于什么场景呢？让我们再看一个有具体含义的例子。以下示例中的 prime 函数是一个将质数逐个输出的生成器函数。

```
>>> def prime():
...     yield 2
...     yield 3
...     p = 5
...     while True:
...         for i in range(3, p, 2):
...             if p % i == 0:
...                 break
...             if i > p ** 0.5:
...                 yield p
...                 break
...         p = p + 2
...
```

试着用这个函数创建一个生成器变量并调用几次 next 函数。如图 1.12 所示，质数将被逐个输出。

简单解释一下 prime 函数的函数体。while 语句也是用于循环的语句，其用法如下。

```
while 条件表达式:
    操作语句①
```

当条件表达式为 True（真）时，将不断执行操作语句。此处由于使用了“while True”，所以将产生一个无限循环。

break 语句用于跳出循环，此处表示跳出 for 循环。

if 语句的条件表达式“i > p ** 0.5”含义为“i 大于 p 的平方根”。

“range(3，p，2)”与之前见过的 range 函数不同，输出的值从 3 而不是 0 开始，而且输出的数值之间间隔为 1。可以通过以下代码来理解这种写法实现的效果。

```
>>> for i in range(3, 9, 2):
...     print(i)
...
3
5
7
```

因此，“range(3，p，2)”生成的是 3~p-1 的所有奇数。

在这个 prime 函数中，一开始通过“yield 2”和“yield 3”两句将 2 和 3 作为质数输出。然后对大于 5 的奇数依次判断是否为质数。判断方法十分简单，即若能被大于 3 的

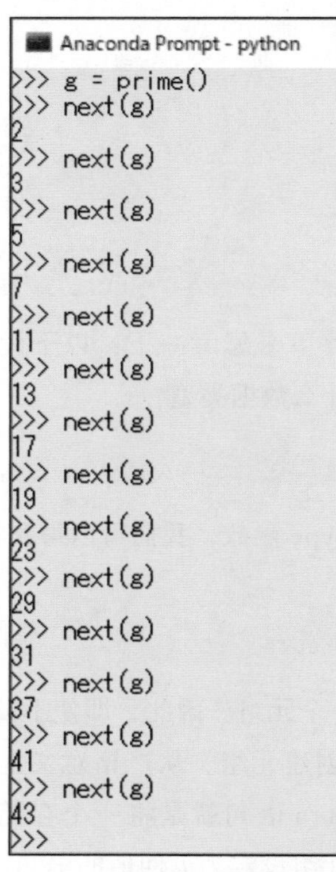

图 1.12　可以将质数依次逐个输出

① 译者注：循环中缩进的操作语句也被称为“循环体”。

某个奇数整除就不是质数。然后当满足条件表达式“i > p ** 0.5”时，若还没有找到能够整除 p 的奇数，则可以判断 p 为质数，并通过“yield p”语句输出 p。

Step 7

定义类

虽然尚未说明，但是数值、字符串、列表、函数等都可以被称为“对象”。而“类”则可以说是创建对象的设计图或雏形（见图 1.13）。本节便讲解对象与类。

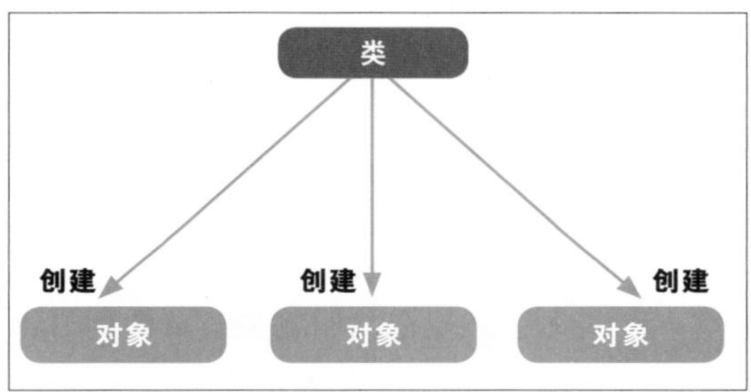

图 1.13　类可视为对象的设计图

首先讲解什么是对象。虽然可以从许多不同的方面进行定义，但此处采用较简单的一种——对象是将变量和与其相关的函数进行封装后的套件。由于变量与函数被成套封装，故有助于降低编程的难度。换句话说，对象中同时包含了变量与函数，封装其中的函数被称为“方法”。

需要记住的一点是，封装完整的对象具有很高的独立性。也就是说，单个对象本身即可实现有意义的输出与操作。

首先，让我们使用 type 函数分别查看数值、字符串与列表分别属于什么类。将 type 函数的参数依次设为“123”“"python"”与“[1，2，3]”并运行。

```
>>> type(123)
<class 'int'>
```

```
>>> type("python")
<class 'str'>
>>> type([1, 2, 3])
<class 'list'>
```

由此可知，“123”属于 int 类，“"python"”属于 str 类，“[1，2，3]”属于 list 类。int 代表 integer（整数），str 代表 string（字符串）。当然，这些都是 Python 中预先设置好的类。

函数也是对象，如试着看一下 len 函数所属的类。

```
>>> type(len)
<class 'builtin_function_or_method'>
```

len 函数是属于 builtin_function_or_method 类的对象。

▶ 尝试定义 Ball 类

我们也可以自定义类。例如，我们可以尝试为在界面中不断移动的小球定义一个 Ball 类。

为了展现这个小球，我们需要设置以下 6 个变量。

```
x：小球位置的 x 坐标
y：小球位置的 y 坐标
vx：小球的移动速度在 x 轴上的分量
vy：小球的移动速度在 y 轴上的分量
bounds_w：界面的宽度
bounds_h：界面的高度
```

接着用这 6 个变量来设计让小球移动的 move 函数的函数体。

```
x = x + vx
y = y + vy
if x > bounds_w or x < 0:
  vx = -vx
if y > bounds_h or y < 0:
  vy = -vy
```

通过在小球的位置坐标 (x 与 y) 上分别加上移动速度在 x 轴与 y 轴上的分量 (vx 和 vy) 即可实现小球的移动。由于希望小球在碰到界面边界时能够反向运动，所以需要在小球碰到界面边界时改变 vx 或 vy 的正负号。If 语句中的条件表达式“x > bounds_w or x < 0”是将条件表达式“x > bounds_w”与“x < 0”用运算符“ or”连接而成的条件表达式。只要两个条件表达式中的一个为 True（真），整个条件表达式就为 True（真）。

接下来只需要用这 6 个变量与 move 函数来定义 Ball 类。需要注意的是，在定义类时有一些语法规范。完整代码如代码 1.1 所示。

代码 1.1　定义 Ball 类

```
class Ball:
  def __init__(self, x, y, vx, vy, bounds_w, bounds_h):
    self.x, self.y, self.vx, self.vy = x, y, vx, vy
    self.bounds_w, self.bounds_h = bounds_w, bounds_h
  def move(self):
    self.x = self.x + self.vx
    self.y = self.y + self.vy
    if self.x > self.bounds_w or self.x < 0:
      self.vx = -self.vx
    if self.y > self.bounds_h or self.y < 0:
      self.vy = -self.vy
```

以“ class Ball”语句开始类的定义并不难理解，难点在于之后的“ self”和“ __init__”函数。

self 指的是对象本身。这样说或许依然不容易理解，不过我们只需要记住以下语法规范：封装于类或对象中、应用于各种方法的变量应写作“self.x”。

另一条语法规范是：对于封装于类或对象且从对象调用的函数而言，第一个参数必须是“ self”。所以，__init__ 函数与 move 函数中都有参数 self。

__init__ 函数是用于对象初始化设置的函数，在创建对象时会自动运行。初始值需要依靠参数进行设置，此处便使用之前提到的 6 个变量来设置相应的初始值。为不同的对象设置不同的初始值，便可以以 Ball 类为基础创建各种有不同起始位置与移动速度的小球。

下面来看创建 Ball 类对象的代码示例。如下所示，创建类对象的语句为“类名（参数）”。

```
b = Ball(10, 20, 2, -2, 800, 600)
```

如前所述，此时将自动调用 __init__ 函数。新创建的类对象将被自动传递给 __init__ 函数中的 self 参数，所以在创建类对象时只需要给第 2 个及之后的参数传值即可。

尝试用 type 函数查看 B 是否确实是属于 Ball 类的对象。还可以尝试调用 move 函数看看是否确实能改变变量 x 与 y 的值（见图 1.14）。

▶ 尝试在 Pythonista3 中运行代码

现在我们已经成功定义了 Ball 类并创建了相应的类对象。但如果仅仅用数字来表示这些小球未免有些无趣。现在我们就来尝试使用 Ball 类编写让小球在界面中不断移动的程序。需要用到的是 Pythonista3 与 Pythonista3 中的绘图功能。

首先，启动 Pythonista3 并将界面右滑，点击出现在左下角的“ +”按钮。此时将出现如图 1.15 所示的界面。选择“Empty Script”，在出现的浮动窗口中输入“ ball”并点击“ Create”（见图 1.16）。这样就创建了一个名为“ball.py”的 Python 脚本文件。

然后输入程序代码，如图 1.17 所示。其中定义 Ball 类的部分与代码 1.1 完全相同。

简单讲解一下其余部分。当屏幕受到触碰时将调用 touch_began 函数。在这个函数中通过以下代码可创建属于 Ball 类的对象。

```
b = Ball(x, y, vx, vy, self.bounds.w,
self.bounds.h)
```

可以用 touch.location.x 和 touch.location.y 读取触屏位置的坐标，并将该位置作为小球的起始位置。小球的移动速度则取决于

```
Anaconda Prompt - python
>>> class Ball:
...   def __init__(self, x, y, vx, vy, bounds_w, bounds_h):
...     self.x, self.y, self.vx, self.vy = x, y, vx, vy
...     self.bounds_w, self.bounds_h = bounds_w, bounds_h
...   def move(self):
...     self.x = self.x + self.vx
...     self.y = self.y + self.vy
...     if self.x > self.bounds_w or self.x < 0:
...       self.vx = -self.vx
...     if self.y > self.bounds_h or self.y < 0:
...       self.vy = -self.vy
...
>>> b = Ball(10, 20, 2, -2, 800, 600)
>>> type(b)
<class '__main__.Ball'>
>>> b
<__main__.Ball object at 0x000002E8B7DB98D0>
>>> b.move()
>>> b.x, b.y
(12, 18)
>>> b.move()
>>> b.x, b.y
(14, 16)
>>> b.move()
>>> b.x, b.y
(16, 14)
```

调用move函数

输出x和y的值

图 1.14　尝试创建属于 Ball 类的对象并调用 move 函数

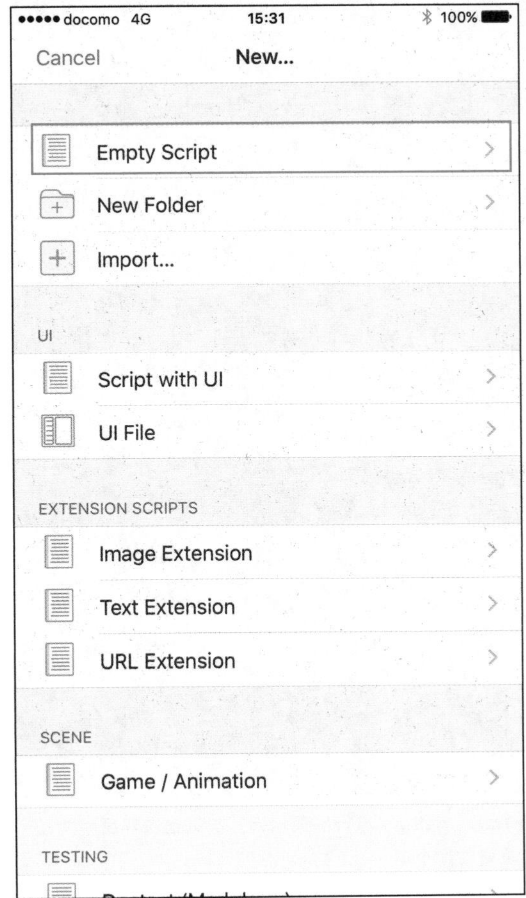

图 1.15　选择“Empty Script”

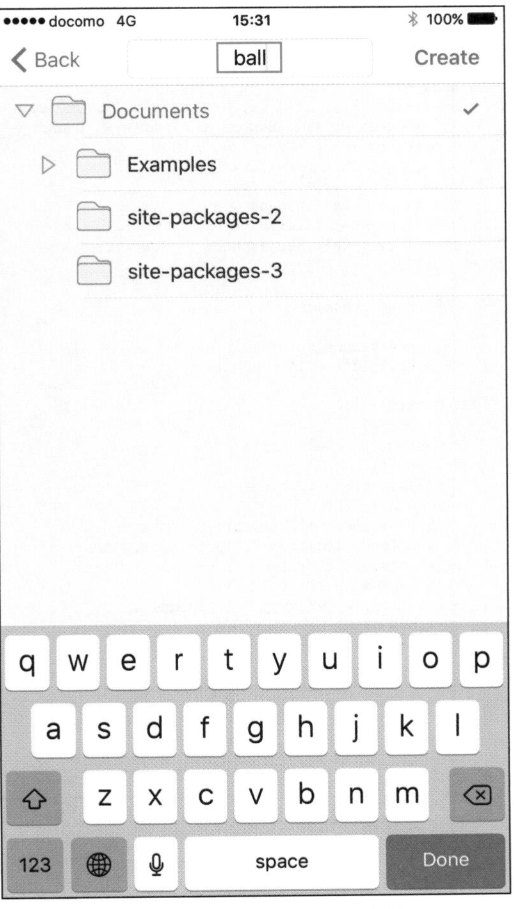

图 1.16　输入“ball”，创建 ball.py 文件

用 random.uniform 函数生成的随机数。self.bounds.w 为界面宽度，self.bounds.h 为界面高度。

这样在触屏位置将出现一个小球并开始移动。新创建的小球对象将被存储在 ball_list 列表中。

```
self.ball_list.append(b)
```

draw 函数类似于一个循环，1s 内最多可连续执行 60 次。在这个函数中，通过 for 语句从 ball_list 中逐个取出小球对象并执行 move 函数，同时调用 ellipse 函数画圆。

```
for b in self.ball_list:
  b.move()
  ellipse(b.x-5, b.y-5, 10, 10)
```

点击界面上方的三角形按钮运行程序。在出现的全黑色界面中不断点击，点到的地方将出现红色小球，并如图 1.18 所示不断移动。

至此，本章粗略介绍了从编程环境的搭建到函数与类的定义等 Python 的基础知识。当然，Python 中还有许多其他功能。因此，希望读者在掌握了本章中的基础知识后，继续探索宏大的 Python 世界！

```
●●●●● docomo                21:01              10%
ball.py

from scene import *
import random

class Ball:
  def __init__(self, x, y, vx, vy, bounds_w,
  bounds_h):
    self.x, self.y, self.vx, self.vy = x, y, vx, vy
    self.bounds_w, self.bounds_h = bounds_w, bounds_h
  def move(self):
    self.x = self.x + self.vx
    self.y = self.y + self.vy
    if self.x > self.bounds_w or self.x < 0:
      self.vx = -self.vx
    if self.y > self.bounds_h or self.y < 0:
      self.vy = -self.vy

class MyScene(Scene):
  def setup(self):
    self.background_color = 'black'
    self.ball_list = []

  def draw(self):
    fill('red')
    for b in self.ball_list:
      b.move()
      ellipse(b.x - 5, b.y - 5, 10, 10)

  def touch_began(self, touch):
    x, y = touch.location.x, touch.location.y
    vx = random.uniform(-2, 2)
    vy = random.uniform(-2, 2)
    b = Ball(x, y, vx, vy, self.bounds.w,
    self.bounds.h)
    self.ball_list.append(b)

run(MyScene(), PORTRAIT, show_fps=True)
```

图 1.17　完整程序代码

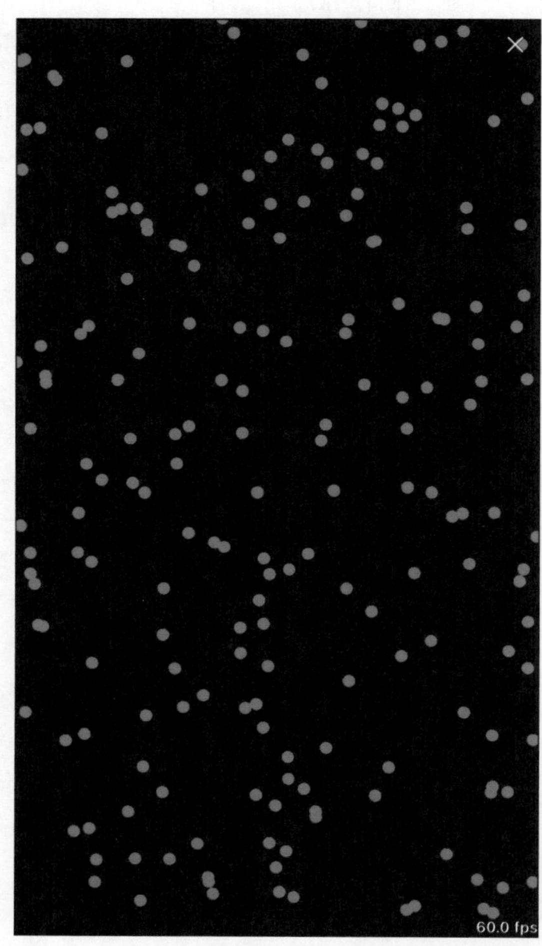

图 1.18　ball.py 运行结果示例，尝试点击界面中的任意位置创建小球

第2章 Python因库而精彩

Part 1 使用 SymPy 库一键解决数学问题

爱好计算机的父亲来到刚结束暑假正在准备高考[①]的女儿身边（见图 2.1）。

父亲："不能不用手算吗？这些题目用计算机不是一下就可以算出来了吗？"

女儿："您说的是那些能够用计算器进行的计算吧。但我现在做的不是数字计算，答案都是需要写成变量或表达式的。难道计算机还能输出积分符号之类的数学符号？"

图 2.1　Python 能在数学学习中发挥作用吗

这样的场景是否似曾相识呢？使用计算机或智能手机上的计算器可以轻松解决数字计算，但是有没有一款应用程序能够保留字母、系数、次数并使用各种数学符号进行计算呢[②]？学生一般不认为会有，所以都在用纸与铅笔埋头苦算。

然而正如图 2.2 所示，虽然显示在"Out[4]"中的字母"O"下方不容易看到，但计算机是可以输出积分符号的——用能够在计算机上输出的字符拼成积分符号。同理，计算机上也可以输出根号。

父亲："不仅可以输出这些数学符号，计算机还可以进行多项式展开、因式分解、微分计算和积分计算呢。你看！"

女儿："啊——我还以为这作业要做一晚上呢。结果居然 5 分钟就搞定了！我之前算得那么辛苦是为了什么啊？！"

父亲："话不能这么说。为了保持大脑灵活，手算是必要的。所以除了核对答案，其他时候不要轻易使用计算机计算。"

女儿："那快教我吧。"

Python 有一个 SymPy 库，使用它可以一键解决这些以代数式为答案的计算题。

使用 Jupyter Notebook 工整地输出代数式

本章将使用 Python 编程环境"Anaconda"。由于 SymPy 库已内置于 Anaconda 中，所以无须另行安装便可直接使用。此外，Anaconda 中还带有以浏览器为基础的编程工具 Jupyter Notebook，用它可以工整地输出代数式。

```
In [1]: from sympy import *

In [2]: x=symbols('x')

In [3]: init_printing()

In [4]: Integral(sqrt(1/x), x)
Out[4]:
 ⌠
 ⎮     ___
 ⎮    ╱ 1
 ⎮   ╱  ─  dx
 ⎮ ╲╱   x
 ⌡

In [5]:
```

图 2.2　在计算机上输出积分符号与根号

刚才我们在计算机输出了积分符号与根号，而如果在 Jupyter Notebook 中运行同样的程序，就

① 译者注：日本的学年从春季开始，因此暑假之后为下半学年。

② 译者注：由数字或字母的积组成的代数式叫作单项式，由若干个单项式相加组成的代数式叫作多项式。系数是指单项式中的数字因数。单项式的次数是指其中所有字母的指数之和，多项式次数是指其中次数最高的单项式的次数。

可以像图 2.3 一样输出格式美观的代数式。因此，接下来我们将使用 SymPy 库和 Jupyter Notebook，介绍如何用函数一键解决在学校中需要辛苦手算的代数式问题。当然，对于学生而言，最好在手算之后再用这种方法核对答案。

```
In [1]:  from sympy import *
         x = symbols('x')
         init_printing()
         Integral(sqrt(1/x), x)
```

Out[1]: $\int \sqrt{\frac{1}{x}}\, dx$

图 2.3　可以输出如教科书上印刷的一般、格式美观的代数式

使用 SymPy 库所需的前期准备代码

在程序的一开始，我们需要运行使用 SymPy 库时所需的前期准备代码。首先是导入 SymPy 库。

```
from sympy import *
```

接下来就可以调用各种展现 SymPy 库本领的功能了。使用 symbols 函数可以指定用作代数式中变量的字符。如果有多个变量则字符之间需要用空格分隔。

```
x = symbols ('x')   # 指定用作变量 x 的字符
a, b, c=symbols ('a b c')  # 为 3 个变量指定各自的字符
```

在 symbols 函数中指定的变量被称为“符号”。使用“符号”可以表达代数式。

为了让输出的代数式美观易读，还需要最后一步前期准备——调用 init_printing 函数。

```
init_printing ()
```

这样，我们就可以输出和教科书上一样美观的代数式了。看到这里是不是学习的兴致更高了呢？

输出并展开代数式

代数式是用“符号”、运算符和括号来表示的。例如，（x+1）的平方可以用以下式子来表示。

```
x1 = (x+1) **2
```

这里我们把代表（x+1）的平方的代数式赋值给变量 x1，之后便可以用变量 x1 来处理这个代数式（见图 2.4）。

```
In [8]:  x1=(x+1)**2
In [9]:  x1
```

Out[9]: $(x+1)^2$

图 2.4　可以用变量 x1 来处理代数式

接下来，让我们尝试计算（x+1）的平方这一代数式——此处“计算”指多项式展开。SymPy 库中用于多项式展开的是 expand 函数。

```
expand ( (x+1) **2)
或
expand (x1)
```

使用 expand 函数可以一键展开多项式，如图 2.5 所示。

```
In [10]:  expand((x+1)**2)
```

Out[10]: x^2+2x+1

图 2.5　用 expand 函数可以一键展开多项式

接下来尝试展开更为复杂的包含 3 个变量的多项式。

```
abc1 = (a-b) * (b-c) * (c-a)
expand (abc1)
```

如图 2.6 所示，这个多项式也可以一键展开。

顺便试着将 a 替换 b、b 替换为 a 后再运行代码。

```
abc2 = (b-a) * (a-c) * (c-b)
expand (abc2)
```

```
In [11]: abc1 = (a-b) * (b-c) * (c-a)
         expand(abc1)
```

Out[11]: $-a^2b + a^2c + ab^2 - ac^2 - b^2c + bc^2$

图 2.6　复杂的多项式展开也可用函数一键解决

运行结果如图 2.7 所示，其实就是在图 2.6 中的代数式 abc1 的前面加了一个负号(也就是符号相反的代数式)。像这样交换两个变量后仅改变原代数式正负号的代数式称为“交代式”。手算过程十分烦琐的交代式证明用 SymPy 库也能一键解决。

```
In [13]: abc2 = (b-a) * (a-c) * (c-b)
         expand(abc2)
```

Out[13]: $a^2b - a^2c - ab^2 + ac^2 + b^2c - bc^2$

图 2.7　证明代数式为“交代式”

尝试因式分解

多项式展开虽然烦琐，但历经辛苦总能算出结果。而因式分解则需要思考，例如“寻找两个数满足相加等于 -5 且相乘等于 6”之类的问题，想迅速得到答案就必须锻炼自己的直觉。由于直觉迟钝，作者当年只能不断练习以积累经验。

当然，因式分解也可以通过 SymPy 库一键解决。这里要用到 factor 函数。需要思考“相加等于 -5 且相乘等于 6”的多项式是“x^2–5x+6”。让我们尝试用 factor 函数对它进行因式分解。

```
factor (x**2-5*x+6)
```

运行结果如图 2.8 所示。

```
In [13]: factor(x**2-5*x+6)
```

Out[13]: $(x-3)(x-2)$

图 2.8　因式分解通过 factor 函数也可以一键解决

接下来尝试难度更高的因式分解。

```
y = symbols ('y')    # 将变量 y 作为符号使用
exp1 = (x**4-7* (x**2) * (y**2) +y**4)
factor (exp1)
```

毫无悬念，这个把一堆“ * ”放在一起的多项式也能被一键分解（见图 2.9）。手算分解多项式 exp1（$x^4-7x^2y^2+y^4$）并不容易，只有想到系数 -7 可以被看作 2–9 才能得到答案。虽然质数 7 导致这道题看起来无解，但是由于 9 是 3 的平方，所以可以利用平方差公式实现因式分解。我们将原多项式变为（$x^4+2x^2y^2+y^4$）– $9x^2y^2$，再变为（x^2+y^2）^{2}–（$3xy$）^{2}，就可以令人惊叹地得到答案（$x^2-3xy+y^2$）（$x^2+3xy+y^2$）。虽然手算这样的因式分解需要灵活的头脑，但使用 factor 函数却可以轻松得到答案。

```
In [15]: y = symbols('y')
         exp1 = (x**4-7*(x**2)*(y**2)+y**4)
         factor(exp1)
```

Out[15]: $(x^2 - 3xy + y^2)(x^2 + 3xy + y^2)$

图 2.9　困难的因式分解也能轻松解决

计算分式

在代数式计算中，作者最不擅长的是分式计算。分子多项式与分母多项式相除约分还算简单，难的是将分式分解为部分分式。至于为什么要进行分式分解，是因为积分计算中需要用到。

使用 SymPy 库中的 cancel 函数或 apart 函数可以轻松地进行分式计算。例如，让我们尝试定义一个分子为“x^2–y^2”，分母为“x–y”的分式并使用 cancel 函数将分子、分母相除。

```
exp2 = (x**2-y**2) / (x-y)
exp2 # 输出代数式

cancel (exp2)
```

运行结果如图 2.10 所示。这个计算相对比较简单。

再来尝试将分式分解为部分分式这一有难度的计算。以如下分式 exp3 为例。

```
exp3 = (x-1) / (x* (x**2+1) **2)
```

手算过程十分复杂——要将分式 exp3 分解

```
In [19]: exp2 = (x**2-y**2) / (x-y)
         exp2   # 输出表达式
```

Out[19]: $\frac{x^2 - y^2}{x - y}$

```
In [20]: cancel(exp2)
```

Out[20]: $x + y$

图 2.10　分式计算。使用 cancel 函数将分子多项式与分母多项式相除

为 (A/x) + (Bx+C) / (x^2+1) + (Dx+E) / (x^2+1) ^{2} 的形式，就需要联立五元一次方程组对 A、B、C、D、E 进行求解。但若使用 apart 函数，这个问题也可以一键解决。

```
apart (exp3)
```

运行结果如图 2.11 所示。如果有过手算的经历，必会感动于这个函数的便捷性。

```
In [21]: exp3 = (x-1) / (x*(x**2+1)**2)
         exp3   # 输出表达式
```

Out[21]: $\frac{x - 1}{x(x^2 + 1)^2}$

```
In [22]: apart(exp3)
```

Out[22]: $\frac{x}{x^2 + 1} + \frac{x + 1}{(x^2 + 1)^2} - \frac{1}{x}$

图 2.11　复杂的分式计算

微分、积分当然也可以一键计算

至此，读者肯定会想：那微分、积分是不是也可以一键计算呢？事实上确实如此。

首先从微分开始。调用 diff 函数可以使用微分计算函数的导数，示例如下。

```
exp4 = x**4 + 2*x**3 + 3*x + 4
exp4   # 输出代数式

diff (exp4)
```

运行结果如图 2.12 所示。

接下来是积分。积分计算用的是 integrate 函数。示例如下：

```
integrate (sqrt (2*x-3) )
```

```
In [23]: exp4 = x**4 + 2*x**3 + 3*x + 4
         exp4   # 输出表达式
```

Out[23]: $x^4 + 2x^3 + 3x + 4$

```
In [24]: diff(exp4)
```

Out[24]: $4x^3 + 6x^2 + 3$

图 2.12　使用 diff 函数进行微分计算

运行结果如图 2.13 所示。

```
In [47]: integrate(sqrt(2*x-3))
```

Out[47]: $\frac{1}{3}(2x - 3)^{\frac{3}{2}}$

图 2.13　积分计算通过 integrate 函数实现

不过说到积分，必然要说到积分符号。让我们尝试使用积分符号输出需要进行积分计算的代数式。如本章开头图 2.2、图 2.3 所示的例子，输出积分符号需要用到 Integral 对象。以下为使用 Integral 对象输出代数式的示例。

```
itg = Integral (1/sqrt (x**2+1) )
itg
```

运行即可输出如图 2.14 所示的带积分符号的代数式。

```
In [54]: itg = Integral(1/sqrt(x**2+1))
         itg
```

Out[54]: $\int \frac{1}{\sqrt{x^2 + 1}}\, dx$

图 2.14　使用 Integral 输出代数式，可同时输出积分符号

使用 Integral 对象的 doit 函数可以进行积分计算。

```
itg.doit ()
```

运行后可以得到如图 2.15 所示的计算结果。

```
In [55]: itg.doit()
```

Out[55]: $\operatorname{asinh}(x)$

图 2.15　使用 Integral 对象的 doit 函数进行积分计算

这个输出结果有些出乎意料。“asinh”函数是反双曲函数之一，但也可以以其他形式输出计算结果。如果学校的老师要求把答案改写成对数形式，就用 rewrite 函数把计算结果变为对数形式再输出。

```
rslt1 = itg.doit()
rslt1.rewrite(log)
```

将 rewrite 函数的参数设为“log”，就可以输出如图 2.16 所示的使用对数的代数式。

```
In [67]: rslt1 = itg.doit()
         rslt1.rewrite(log)
```

Out[67]: $\log\left(x+\sqrt{x^2+1}\right)$

图 2.16　使用对数的代数式

现在可以用这些函数来核对需要提交的作业的答案了。

尝试求解微分方程

既然学习了微分、积分，读者想必会想尝试求解微分方程。通过微分方程可以用数学表达式反映世界上各种各样的自然现象与社会现象，而通过解微分方程，理论上可以预测事物未来的发展趋势。

现在来思考一下如方程式（1）所示的最简单的一阶线性微分方程。

```
f'(x)+f(x) = 0 ——方程式(1)
```

这样的方程称为“齐次方程”[①]，是最简单、最容易解的微分方程。若要用 SymPy 库来求解这个微分方程，就需要先了解代表函数的 Function 对象与代表方程式的 Equality 对象的使用方法。

Function 对象可以通过以下方式创建。

```
f = Function('f')
```

这样以符号 x 为自变量的函数就可以写作如下形式。

```
f(x)
```

对 f（x）进行一次微分后得到的一阶导函数则可以写作如下形式。

```
f(x).diff(x)
```

其输出格式如图 2.17 般工整美观。

```
In [11]: f(x).diff(x)
```

Out[11]: $\frac{d}{dx}f(x)$

图 2.17　输出导函数

接下来创建 Equality 对象。使用 Equality 对象可以将刚才的微分方程式（1）写作如下形式。“Eq”为“Equality”的缩略形式。

```
diffeq = Eq(f(x).diff(x) + f(x), 0)
```

这里将微分方程式存储在变量 diffeq 中。构成 Equality 对象的第一个参数为微分方程式中等号左边的代数式，第二个参数为等号右边的值。

至此，我们已经完成了求解微分方程的所有准备工作，可以开始用 dsolve 函数求解微分方程了。

```
reseq = dsolve(diffeq, f(x))
```

输出变量 reseq 的值，即可顺利得到微分方程式（1）的通解（见图 2.18）。

在求解微分方程时，如果需要计算具体数值的话，就需要求特解[②]。在本例中即确

```
In [2]: f = Function('f')
        diffeq = Eq(f(x).diff(x) + f(x), 0)
        reseq = dsolve(diffeq, f(x))
        reseq
```

Out[2]: $f(x)=C_1e^{-x}$

图 2.18　使用 dsolve 函数可以一键求解微分方程的通解

① 译者注：齐次方程是指简化后所有非零项的指数相等的方程。

② 译者注：通解是指微分方程的所有解，是满足某种形式的一个函数族。例如 y'=0 的通解是 y=C（C 为常数）。特解是这个函数族中的一个函数。这个函数是微分方程的一个解，但是微分方程可能还有其他的解。如 y=0 就是 y'=0 的一个特解。

定 C_1 的值。求微分方程的特解需要设定初始条件。这里我们设定 $f(0)=1$。

实际上，dsolve 函数有如下使用参数进行初始条件设定的功能。但是在撰写本文时，由于该功能尚未完善，故并不能正常运行。

```
dsolve (diffeq,  f (x) ,  ics={f (0) :1})
# 这句代码无法正常运行
```

于是我们需要用其他方法来求特解。首先，我们需要明确 $f(0)$ 是指什么——将 0 代入 x 后 $f(x)$ 的值。$f(x)$ 的具体表达式为等号右边的 C_1e^{-x}。使用 SymPy 库的话，调用 subs 函数即可将具体数值代入自变量 x。让我们调用这个函数，并如下所示将 0 代入 reseq 微分方程式等号右边（即 C_1e^{-x}）的 x，并将计算结果存储于变量 $f(0)$ 中。“rhs”意为 Equality 对象中等号的右边。

```
f0 = reseq.rhs.susb (x,  0)
```

由于我们设定 $f(0)=1$，所以接下来需要将 1 代入计算结果。

```
reseq01 = reseq.subs (f0, 1)
```

reseq01 即 C_1 值为 1 时的特解（见图 2.19）。

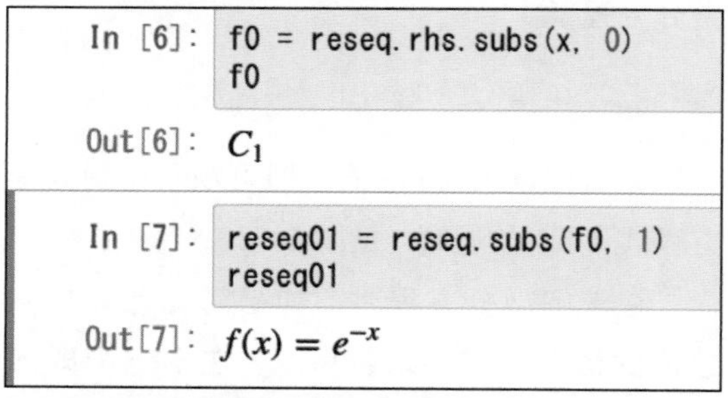

```
In [6]: f0 = reseq.rhs.subs(x, 0)
        f0
Out[6]: C₁

In [7]: reseq01 = reseq.subs(f0, 1)
        reseq01
Out[7]: f(x) = e^{-x}
```

$$C_1$$

$$f(x) = e^{-x}$$

图 2.19　设置初始条件求微分方程的特解

虽然最后不是用一行代码得到微分方程的解，但由本节中介绍的众多例子可见，使用 SymPy 库，各种计算题都可以轻松地得到答案——即用函数一键解决。

使用 SymPy 库绘制函数图像

之前只是围绕数学表达式介绍 SymPy 库中的各种功能，内容实在有些枯燥。因此，本节最后将介绍用 SymPy 库绘制函数图像的方法。这其实也出人意料的简单。例如，在 Jupyter Notebook 中运行以下代码。

```
plot (x**3)
```

使用 plot 函数可以一键绘制如图 2.20 所示的三次函数曲线的图像。读者或许会疑惑：不需要导入 matplotlib 库吗？不需要设定取值范围吗？无须担心，SymPy 库已经帮我们完成了这些烦琐的工作。需要我们事先做的，就只是本章开头时介绍的导入 SymPy 库与设置“符号”。plot 函数默认设置 x 的取值范围为 -10~10，并在这个范围内取 100 个点绘制函数图像。对于观察函数曲线的形状而言，这已经足够了。

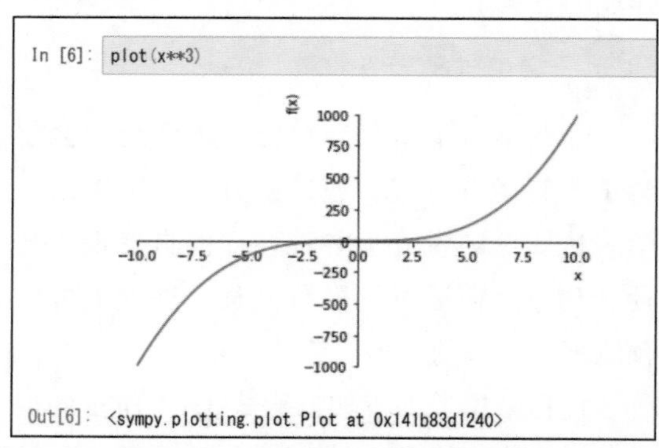

图 2.20　使用 plot 函数可以一键绘制函数图像

若想自定义取值范围则可以用参数进行设置。此外还可以设置坐标系原点。让我们尝试将 x 的取值范围设为 0~10，将坐标系原点设置为（0，0），并绘制刚才求得的微分方程的特解。

```
plot (reseq01.rhs,  (x, 0, 10) ,  axis_
center= (0, 0) )
```

输出结果如图 2.21 所示。

如果想将两个函数图像绘制在一个坐标系中，就可以将两个函数表达式都传递给 plot 函数的参数。以下展示将抛物线与直线绘制在一个坐标系中的例子。

```
plot (x**2,  -x+6,  (x, -5, 5))
```

输出结果如图 2.22 所示。连函数图像都可以如此轻松地绘制，看来很快就能完成作业了。但是作为学生，一定要先用自己的大脑和手算出结果之后，再灵活地运用 SymPy 库确定正确答案。

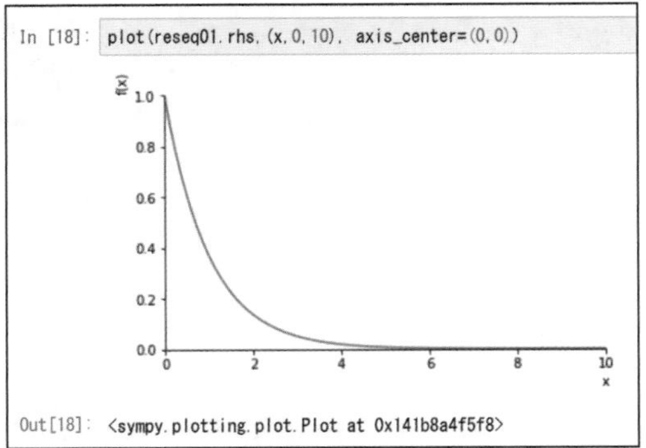

图 2.21　自定义取值范围与坐标系原点并绘制函数图像

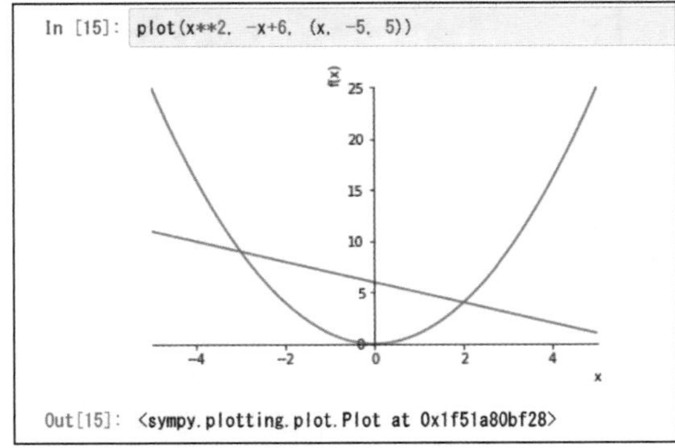

图 2.22　将两个函数图像绘制在一个坐标系中

Python 因库而精彩

Part 2 使用 Bokeh 库绘制精美图表

Bokeh 库是用于绘制图表的 Python 库。这个名字虽然令人想吐槽，但实际上是来源于日语中的“ボケ（模糊）”一词——这不是搞笑，而是一种摄影技巧。然而，Bokeh 库的性能、功能及其绘制出的精美图表却与它的名字正好相反。这个库不仅上手容易、使用方便，还可以绘制双向图表。

这里说的“双向图表”指的是 Bokeh 库不仅可以绘制一张指定大小与参数的图表，还可以对图表进行放大、部分选取、设置鼠标悬停时显示的信息等各种操作。

Bokeh 库也内置于本章所用的 Python 编程环境 Anaconda 中，因此本章将继续使用 Anaconda 自带的、以网页浏览器为基础的编程工具 Jupyter Notebook 来介绍 Bokeh 库的各种功能。

有一个用于操作图表的工具箱

尝试用 Jupyter Notebook 运行如图 2.23 所示的程序。这是绘制三次函数——$f(x) = x**3$ 的图像的代码。“$x**3$”意为 x 的三次方。写好代码之后点击“Run”按钮即可运行，网页浏览器将在一个新标签页中显示如图 2.24 所示的图像。

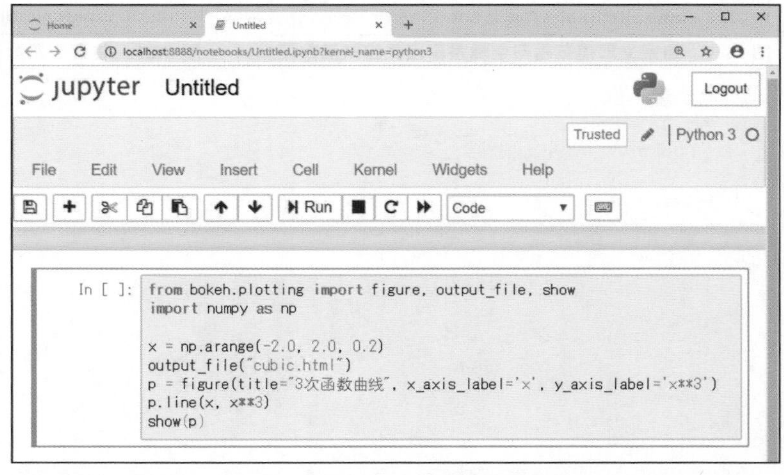

图 2.23　在 Anaconda 自带的、以网页浏览器为基础的编程工具 Jupyter Notebook 中输入程序代码并运行

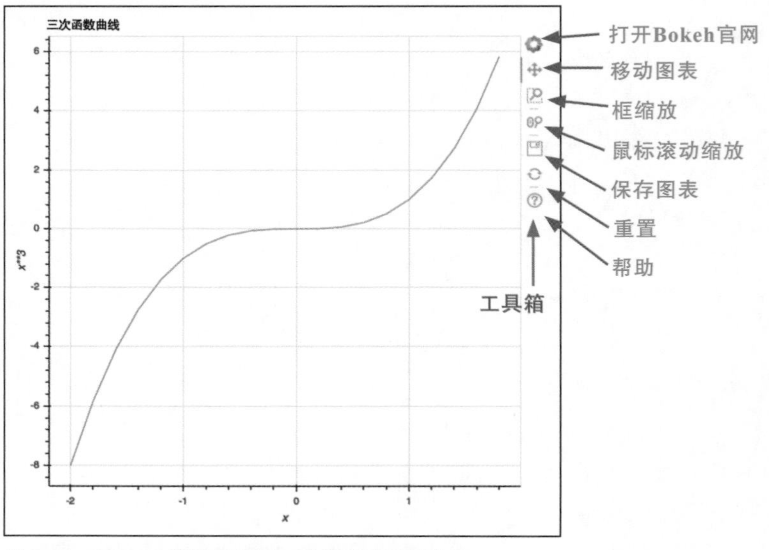

图 2.24　图 2.23 的运行结果，默认显示工具箱

看到这个图像时第一眼注意到的便是右上角的图标。这就是操作图像的工具箱，不需要进行特别的设置即可默认显示。工具箱中的内容从上往下依次为：打开 Bokeh 官网、移动图表、框缩放、鼠标滚动缩放、保存图表、重置与帮助。作为试验，让我们尝试用框缩放来放大刚才绘制的函数图像中的一部分（见图 2.25）。

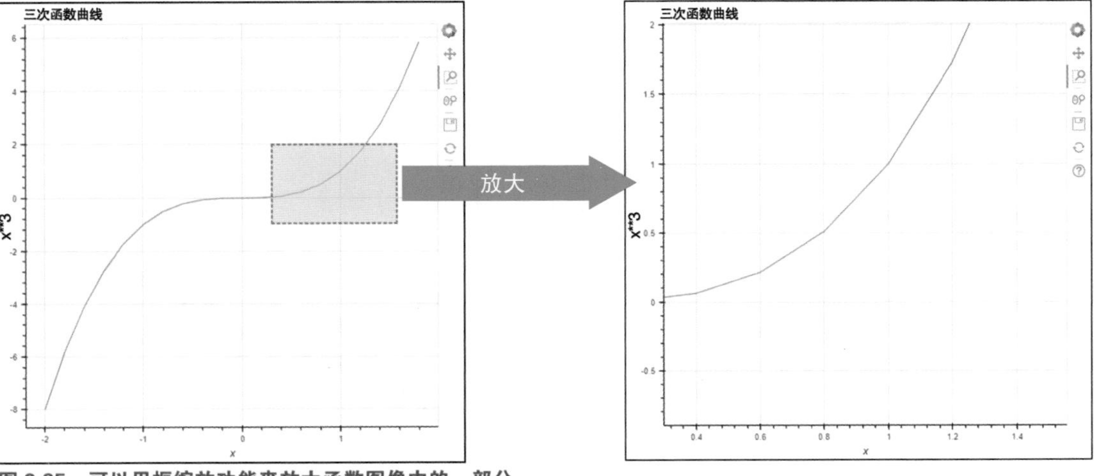

图 2.25　可以用框缩放功能来放大函数图像中的一部分

如此，通过鼠标操作即可轻松实现图像的移动、扩大或缩小。

讲解一下图 2.23 中的代码。这段代码中，函数图像作为一个属于 Figure 类的对象被创建（下面称这个新创建的对象为“Figure 对象”）。在创建 Figure 对象的 figure 函数中，可以通过参数设置图像标题与坐标轴标签等内容。

Figure 对象的 line 函数用于绘制曲线。将这个函数的参数设置为 *x* 和 *x***3 即可绘制三次函数的图像。如果不使用 line 函数而改用 triangle、circle、square、cross 等函数，便可如图 2.26 所示用点来表示函数图像。

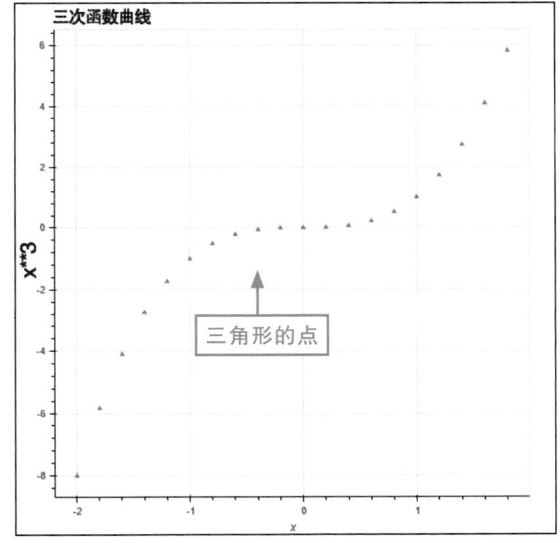

图 2.26　调用 triangle 函数用点表示函数图像的示例

绘制好的图表可以通过 output_file 函数导出为 HTML 文件。这个 HTML 文件由用于绘制图表的 JavaScript 与 JSON 数据组成。用网页浏览器打开 HTML 文件，即使不运行 Python 程序也可通过 JavaScript 与 JSON 绘制出双向图表。

最后的 show 函数用于输出图表。从第一行代码即可看出，figure 函数、output_file 函数与 show 函数都是 Bokeh 库提供的函数。之后的讲解将以已通过如图 2.23 中第一行、第二行代码导入 Bokeh 库中函数与 Numpy 库为前提进行。

```
from bokeh.plotting import figure,
output_file, show
import numpy as np
```

Numpy 库实际上为 Python 中的标准数值

计算库。

绘制多个图表

现在尝试绘制多个图表。本节我们将绘制以下 3 个函数表达式的图像。

```
y1 = 3x - 2
y2 = x**2 +x -1
y3 = x**3 +2x -2
```

函数图像的 x 轴取值范围设置为 -2.0~2.4。使用 Numpy 库中的 arange 函数，将这个范围内的数字以 0.2 为间隔存储于列表 x 中。

```
x = np.arange(-2.0, 2.4, 0.2)
```

列表 x 中的元素如图 2.27 所示。

接下来使用 Python 的列表解析功能创建存储 y 值的列表 $y1$、$y2$ 与 $y3$。

```
y1 = [3*i-2 for i in x]
y2 = [i**2+i-1 for i in x]
y3 = [i**3+2*i-2 for i in x]
```

用 output_file 函数将导出的 HTML 文件命名为 “plottest.html”。

```
In [5]: x = np.arange(-2.0, 2.4, 0.2)

In [6]: print(x)
        [-2.0000000e+00 -1.8000000e+00 -1.6000000e+00 -1.4000000e+00
         -1.2000000e+00 -1.0000000e+00 -8.0000000e-01 -6.0000000e-01
         -4.0000000e-01 -2.0000000e-01 -4.4408921e-16  2.0000000e-01
          4.0000000e-01  6.0000000e-01  8.0000000e-01  1.0000000e+00
          1.2000000e+00  1.4000000e+00  1.6000000e+00  1.8000000e+00
          2.0000000e+00  2.2000000e+00]
```

图 2.27　查看列表 *x* 中的元素

```
output_file("plottest.html")
```

创建 Figure 对象并赋值给变量 f。

```
f = figure(title="绘图测试", x_axis_
label='x', y_axis_label='output')
```

接下来依次调用 circle 函数、square 函数与 cross 函数，用点描绘 3 个函数的图像，并用 show 函数输出。

```
f.circle(x, y1, legend="y=3*x-2",
fill_color="red", size=20)
f.square(x, y2, legend="x**2+x-1",
fill_color="green", size=15)
f.cross(x, y3, legend="x**3+2*x-2",
fill_color="blue", size=15)
show(f)
```

legend 参数用于设置图例中显示的文字。运行代码，输出结果如图 2.28 所示。

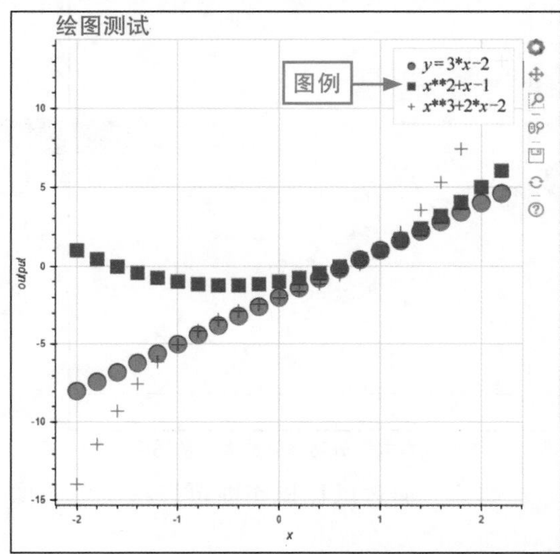

图 2.28　在同一个坐标系中绘制 3 个函数表达式的图像

并列输出多个图表

有时我们不希望把多个函数图像画在一个坐标系中，而是希望绘制在多个坐标系中并列输出。为此，Bokeh 库中预置了 gridplot 函数，首先导入这个函数。

```
from bokeh.layouts import gridplot
```

然后绘制需要并列输出的 4 个函数图像。此处以三角函数为例，读者也可以换成其他函数。先将 0~360 范围内间隔为 5 的数字保存在列表 deg 中。

```
deg = np.arange(0, 360, 5)
```

由于传递给三角函数的变量需为弧度值，因此需要通过以下代码用列表 deg 中的元素生成弧度值并存储于列表 rad 中。

```
rad = [np.radians(d) for d in deg]
```

使用 np.sin 函数与 np.cos 函数创建 4 组 y 值并分别存储于列表 ys1、yc1、ys2、yc2 中。

```
ys1 = [np.sin(r) for r in rad]
yc1 = [np.cos(r) for r in rad]
```

```
ys2 = [np.sin(2*r) for r in rad]
yc2 = [np.cos(2*r) for r in rad]
```

如图 2.29 所示，创建 4 个可通过以上 4 个列表绘制函数图像的 Figure 对象，并用 line 函数绘制各个函数的图像。

```
fs1 = figure(title="sin(x)", x_axis_label='x(degree)', y_axis_label='output',
width=250, plot_height=250)
fs1.line(deg, ys1, line_width=3, color="red")

fc1 = figure(title="cos(x)", x_axis_label='x(degree)', y_axis_label='output',
width=250, plot_height=250)
fc1.line(deg, yc1, line_width=3, color="blue")

fs2 = figure(title="sin(2x)", x_axis_label='x(degree)', y_axis_label='output',
width=250, plot_height=250)
fs2.line(deg, ys2, line_width=3, color="orange")

fc2 = figure(title="cos(2x)", x_axis_label='x(degree)', y_axis_label='output',
width=250, plot_height=250)
fc2.line(deg, yc2, line_width=3, color="green")
```

图 2.29　编写 4 幅函数图像的代码

最后调用 gridplot 函数，将 Figure 对象传递给参数以设置这 4 幅函数图像的输出布局。此处使用二维列表来排列这 4 个 Figure 对象。

```
f = gridplot([[fs1, fc1], [fs2, fc2]])
show(f)
```

如此便可得到如图 2.30 所示的并列输出图像。

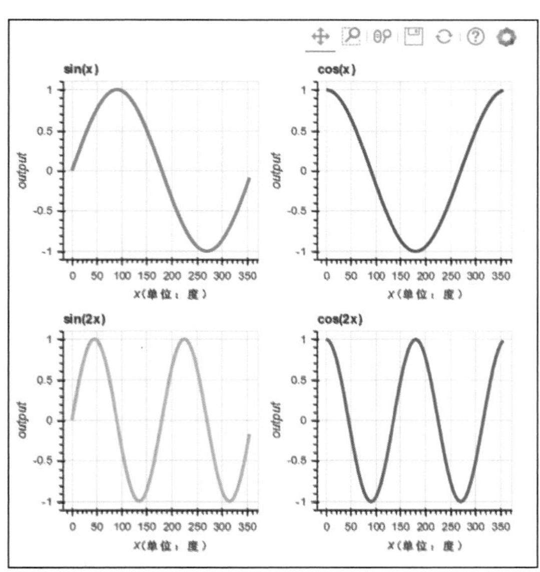

图 2.30　并列输出 4 幅函数图像示例

同时操作多个图表

Bokeh 库的有趣之处在于，它有着能够同时操作如图 2.30 所示并列输出图表的功能。例如，若想同时操作图 2.30 中的 sin(*x*) 与 cos(*x*) 的图像，可以在 show(*f*) 之前加入以下代码。

```
fc1.x_range = fs1.x_range
fc1.y_range = fs1.y_range
```

该代码用于将两幅图像中的 x_range(x 取值范围）与 y_range(y 取值范围）进行关联。运行程序后，对 sin(x) 图像进行的操作将同时反映到 cos(x) 图像上（见图 2.31）。

接下来尝试绘制如图 2.32 所示的函数图像。例如，在选中 sin(x) 图像上的某些点之后，其余图像上相对应的点也会被选中。这个功能在比较多个图像时十分方便。

可以通过 ColumnDataSource 对象实现这个功能。首先让我们导入它。

```
from bokeh.models import Column DataSource
```

然后将刚才创建的列表 ys1、yc1、ys2、yc2 存储到 ColumnDataSource 对象之中。

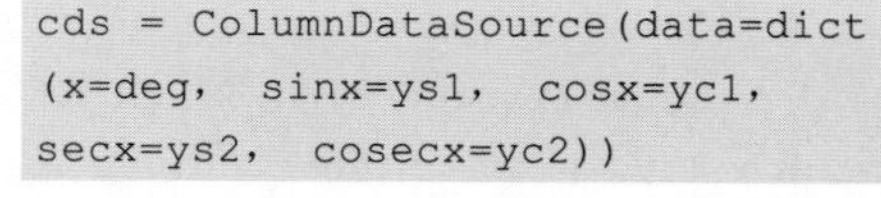

```
cds = ColumnDataSource(data=dict
(x=deg,  sinx=ys1,  cosx=yc1,
secx=ys2,  cosecx=yc2))
```

由于需要让 4 幅图像共享工具箱，如下所示为创建 TOOLS 字符串。

```
TOOLS = "pan, box_zoom, box_
select, lasso_select, reset"
```

将需要在工具箱中显示的按钮的名称以逗号分隔后赋值给 TOOLS。非默认显示的 box_select 为框选功能，而 lasso_select 为套索选择功能，可以用任意形状选取图表中的一部分。

最后编写如图 2.33 所示 4 幅函数图像的代码并调用 gridplot 函数与 show 函数。此处将字符串 TOOLS 和 cds 分别传递给 figure 函数和 circle 函数的参数。运行程序将得到如图 2.32 所示的函数图像。

使用提示条显示信息

让我们再添加一个功能：当把鼠标光标放到图像上时将通过提示条显示坐标等信息。为此，我们需要创建一个 HoverTool 对象，并如下所示，将需要在提示条中显示的内容放在由元组构成的列表中。

```
from bokeh.models import HoverTool
hover = HoverTool()
hover.tooltip = [
  ("元素",  "$index"),
  ("坐标", "($x, $y)"),
]
```

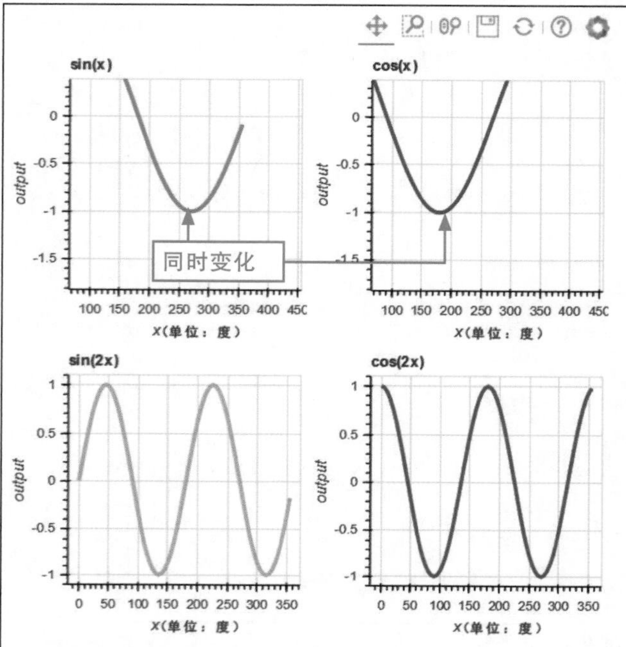

图 2.31　sin(x) 图像与 cos(x) 图像同时发生变化

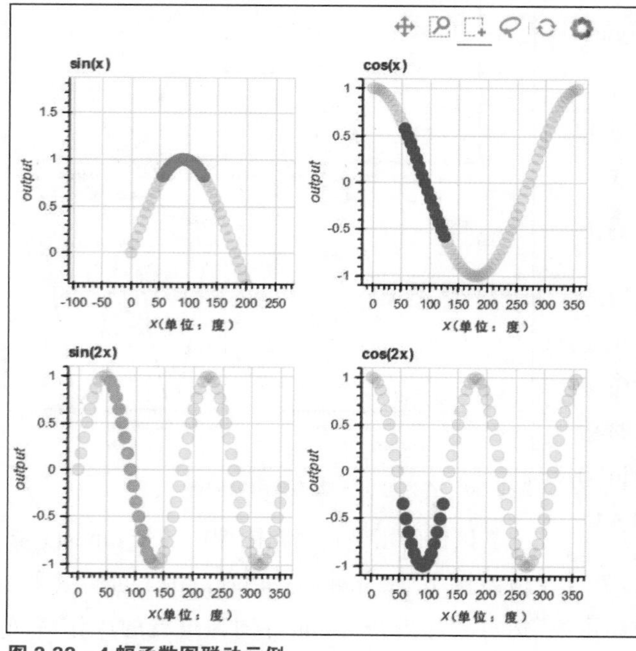

图 2.32　4 幅函数图联动示例

```
fs1 = figure(title="sin(x)", x_axis_label='x(degree)', y_axis_label='output',
width=250, height=250, tools=TOOLS)
fs1.circle('x', 'sinx', source=cds, size=10, color="red")
fc1 = figure(title="cos(x)", x_axis_label='x(degree)', y_axis_label='output',
width=250, height=250, tools=TOOLS)
fc1.circle('x', 'cosx', source=cds, size=10, color="blue")
fs2 = figure(title="sin(2x)", x_axis_label='x(degree)', y_axis_label='output',
width=250, height=250, tools=TOOLS)
fs2.circle('x', 'secx', source=cds, size=10, color="orange")
fc2 = figure(title="cos(2x)", x_axis_label='x(degree)', y_axis_label='output',
width=250, height=250, tools=TOOLS)
fc2.circle('x', 'cosecx', source=cds, size=10, color="green")
f = gridplot([[fs1, fc1], [fs2, fc2]])
show(f)
```

图 2.33 使用 ColumnDataSource 对象绘制 4 幅函数图像的代码

$index 与 $x、$y 都是预先内置的变量，用于存储图表相关的各种信息。

然后将这个 hover 添加到 Figure 对象的 tools 中。

```
fs1.tools.append(hover)
show(f)
```

运行后便可显示如图 2.34 所示的坐标等信息。

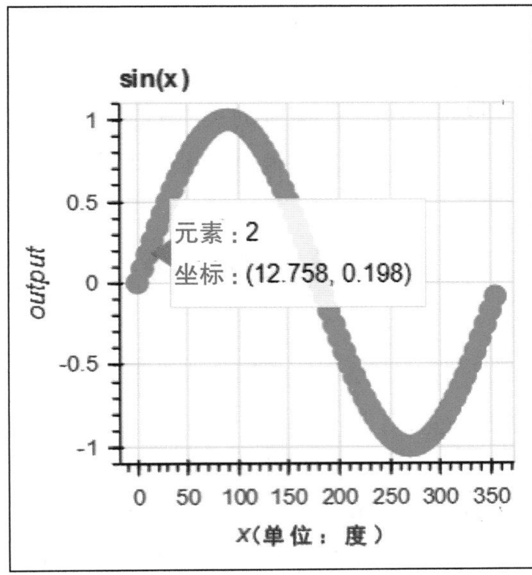

图 2.34 通过提示条显示坐标等信息

绘制柱状图

想必读者此时已经厌倦了三角函数之类的函数图像，那就让我们来绘制一些其他形状的图表。首先尝试绘制在统计资料中不可或缺的柱状图。

表 2.1 所示为某家咖啡厅 1 年内的订单数。当然，这是虚构的数据。我们就试着用这份数据来绘制柱状图。

表 2.1 某咖啡厅 1 年内的订单数

咖啡	红茶	绿茶	橙汁	葡萄汁	牛奶
19 380	9010	4610	3000	2315	1285

首先用表 2.1 中的数据创建两个列表——将表中第一行和第二行的内容分别转化为列表 drinks 和 orders。

```
drinks = ['咖啡', '红茶', '绿茶', '橙汁',
'葡萄汁', '牛奶']
orders = [19380, 9010, 4610, 3000, 2315,
1285]
```

接着调用 figure 函数创建绘制柱状图所需的 Figure 对象。

```
fg = figure(x_range=drinks, plot_height
=250, title="一年内订单数")
```

再调用 Figure 对象的 vbar 函数将列表 drinks 和 orders 传递给相应参数即可绘制柱状图。

```
fg.vbar(x=drinks, top=orders, width
=0.9)
show(fg)
```

运行结果如图 2.35 所示。由于设置 width 为 0.9，所以柱子与柱子之间有一定的间隙。如果将 width 设置为 1，那么柱子之间将没有间隙，看起来就和直方图一样。

图 2.35 中所有柱子都是一个颜色，看起来不免有些单调。于是让我们试着将每个柱子都填充上不同颜色以示区分。为此，需要创建一个如下所示存储了十六进制颜色码的列表。颜色码的数量与柱子的数量一致。

```
drinksColors=['#8b4513', '#dc143c', '
#8fbc8f', '#ffa500', '#800080',
'#ffffe0']
```

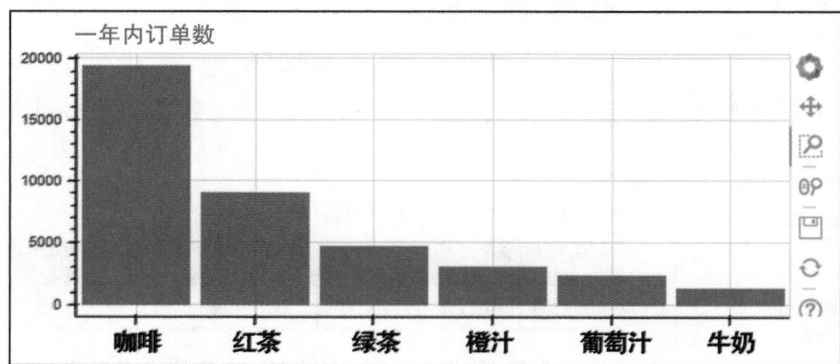

图 2.35　成功绘制柱状图

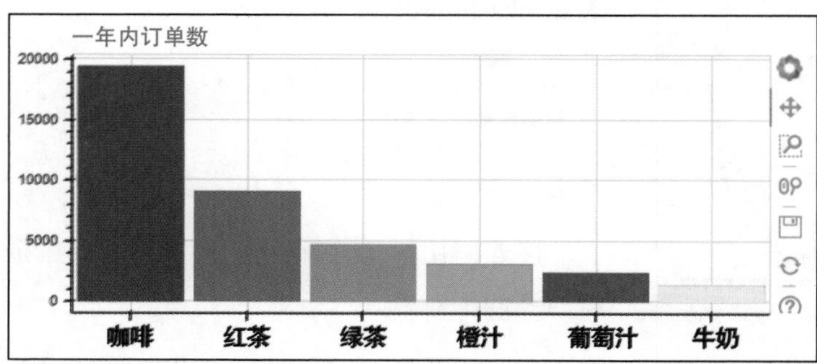

图 2.36　每根柱子颜色不同

然后把 drinksColor 列表传递给 vbar 函数。

```
fg.vbar(x=drinks, top=orders,
width=0.9, color=drinkColors)
```

如此便可绘制出如图 2.36 所示的色彩缤纷的柱状图，而且每根柱子的颜色都与其所代表的饮料相匹配。

vbar 函数中的 v 为 vertical（垂直）的省略。直觉敏锐的读者此时应该会想：那是不是有绘制水平柱状图的 hbar 函数呢？事实上确实如此，Figure 对象的确有 hbar 函数。

```
fg = figure(y_range=drinks,
 plot_height=250, title="
一年内订单数")
fg.hbar(y=drinks,
height=0.9, left=0,
right=orders,
color=drinkColors)
```

如此便可绘制如图 2.37 所示的水平柱状图。如果想调整柱状图中柱子的顺序，使用列表的切片功能便可轻松实现。

```
fg = figure(y_range
=drinks[::-1], plot_height
=250, title="一年内订单数")
fg.hbar(y=drinks[::-1],
height=0.9, left=0, right=
orders[::-1], color=
drinkColors[::-1])
```

通过列表 [::-1] 可以将列表逆序输出。运行代码后的结果如图 2.38 所示。

绘制网络图

本节最后，让我们来尝试绘制网络图。成品图如图 2.39 所示。

绘制上述图表也需要调用 figure 函数创建 Figure 对象。x 轴与 y 轴的取值范围对于网络图而言并不是很重要，取合适的值即可。

```
fn = figure(title='网络图样例', x_range=(0, 10), y_range=(0, 10))
```

网络图由节点与边线构成。在图2.39中，“服务器”“东京”等即为节点，连接“服务器”和“东京”的线即为边线。

绘制包含节点与边线的图表需要用到GraphRenderer对象。如下所示，导入相应模块后创建GraphRenderer对象并赋值给变量graph。此处顺便将之后需要用到的其他对象也一起导入了。

```
from bokeh.models import GraphRenderer, Oval
from bokeh.palettes import Spectral5
from bokeh.models import StaticLayoutProvider
graph = GraphRenderer()
```

绘制节点与边线分别需要用到GraphRenderer对象的node_renderer与edge_renderer属性。此外，创建一个LayoutProvider对象并赋值给变量layout_provider，用于设置节点与边线的布局。

现在从节点开始创建。首先创建分别用于存储节点名称与节点索引号的列表nodenames和nodes。

```
nodenames = ['服务器', '东京', '大阪', '纽约', '上海']
nodes = list(range(len(nodenames)))
```

nodes中的元素为[0, 1, 2, 3, 4]。将它添加到GraphRenderer对象的node_renderer.data_source中。

```
graph.node_renderer.data_source.add(nodes, 'index')
```

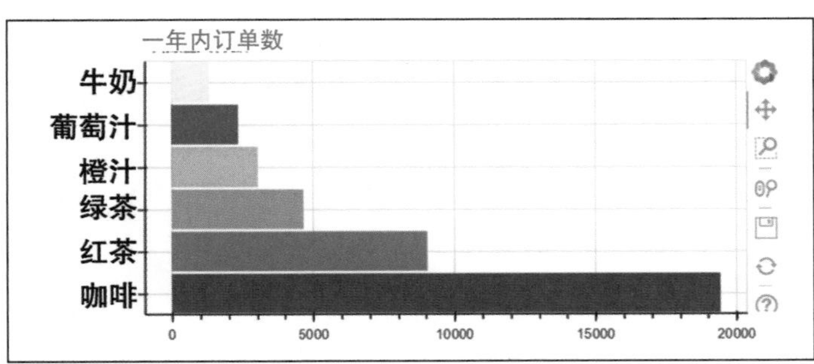

图2.37　使用hbar函数绘制水平柱状图

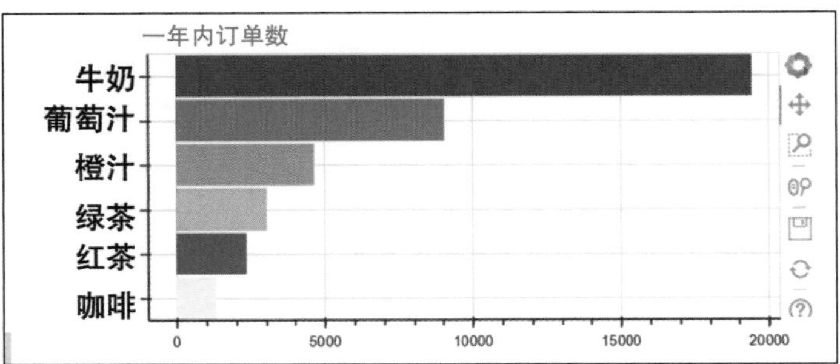

图2.38　改变柱子的排列顺序

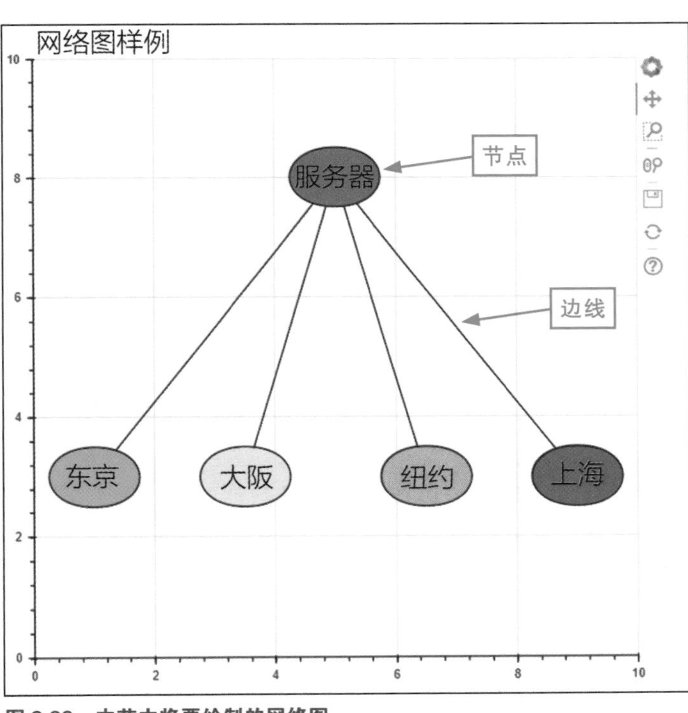

图2.39　本节中将要绘制的网络图

“index”为键。之后与节点有关的绘制全都需要用到存储于列表 nodes 中的节点索引号。存储于 nodenames 中的节点名称需要用其他方式添加到图表中。

接着设置节点的颜色。虽然之前一直是自定义颜色，但其实也可以使用 Bokeh 预置的“调色板”。这里我们将使用一个名为“Spectral5”的调色板。将 Spectral5 调色板添加到 Graph Renderer 对象的 node_renderer.data_source 属性中，设置键为“color5”。

```
graph.node_renderer.data_source.
add(Spectral5, 'color5')
```

Spectral5 是一个 5 色的调色板。调色板分为 Spectral3（3 色）至 Spectral11（11 色）。

现在我们已经设置好了节点数、节点索引号以及节点颜色，只剩下形状设置了。节点形状需要通过 GraphRenderer 对象的 node_renderer.glyph 属性进行设置。由于此处我们想将节点设置为椭圆形，故需要创建一个 Oval 对象。

```
graph.node_renderer.glyph =
Oval(height=1, width=2, fill_color
='color5')
```

将刚才创建的 Spectral5 的键传递给 fill_color 参数。至此我们完成了对节点的所有设置。

接下来是边线。边线的相关参数通过如下代码进行设置。

```
graph.edge_renderer.data_source.data =
dict(start=[0, 0, 0, 0, 0], # 边线的起点
end=nodes)                  # 边线的终点
```

由于 start 参数的值为 [0, 0, 0, 0, 0]，故所有边线的起点都是索引号为 0 的节点。而控制边线终点的 end 参数值则被设为 nodes，即 [0, 1, 2, 3, 4]。换言之，通过以上设置可以绘制连接索引号为 0 的节点与索引号为 0 的节点的边线、连接索引号为 0 的节点与索引号为 1 的节点的边线以及连接索引号为 0 的节点与索引号为 4 的节点的边线等。

设置完节点和边线，接下来进行布局的设置。此时需要创建一个列表，用于存储由 5 个节点的 x 坐标与 y 坐标所组成的元组。

```
XY = [(5,8), (1,3), (3.5,3), (6.5,3),
(9,3)]
```

然后使用字典将 nodes 与 XY 对应起来。

```
positions = dict(zip(nodes, XY))
```

positions 中的元素如下。

```
{0: (5,8), 1: (1,3), 2: (3.5,3), 3:
(6.5,3), 4: (9,3)}
```

通过 StaticLayoutProvider 对象将 positions 传递给 GraphRenderer 对象的 layout_provider 属性。

```
graph.layout_provider =
StaticLayoutProvider(graph_
layout=positions)
```

至此 GraphRenderer 对象的所有必要属性都已设置完成。将对象 graph 添加到 Figure 对象的 renderers 属性中。

```
fn.renderers.append(graph)
```

之后就只剩下添加节点名称了。添加节点名称的代码如下所示。

```
x = [x for (x,y) in XY]
y = [y for (x,y) in XY]
fn.text(x, y, text=[name for name in
nodenames], text_baseline="middle",
text_align="center")
```

参数 text_baseline 和 text_align 用于调整节点名称显示的位置。

我们已经完成了所有的绘图准备，现在调用 output_file 函数与 show 函数。

```
output_file('network.html')
show(fn)
```

以上我们介绍了可轻松绘制并对其进行各种操作的精美图表的 Bokeh 库。使用 Bokeh 库时不需要花很多工夫在绘图上，因而可以将思路更多地集中在数据分析等方面。

第2章 Python因库而精彩

Part 3 使用Flask库与Bottle库轻松开发网络应用程序

Python 被评价为高效编程语言的原因之一，就在于其具有包含众多随手可用的库这一优势。当需要立刻得出某个结果或实现某个功能时，使用库就能轻松解决实在是一件再好不过的事情。

本章主题为网络应用程序。

不可不知的网络应用程序制作方法

说到网络应用程序，首先浮现在脑海中的大概是 HTML+JaveScript、PHP、Ruby on Rails，或是更加成熟的 Java 或 .NET。那么这一领域中是否有让 Python 进入的余地呢？毕竟有些人是为了数字计算或人工智能而使用 Python，对于网络服务并没有兴趣。

然而网络应用程序并不仅局限于网络服务，它存在于工作和生活的方方面面。例如我们身边的无线局域网路由器、网络打印机等也属于网络应用程序。使用这些设备进行初始化设定或固件更新时，面对“从浏览器登录这个网址，打开管理控制台”之类的指示，读者是否曾一边操作一边抱怨麻烦呢？这个管理控制台其实就是安装在电子设备中的一个简单的网络应用程序。

因此，即使是觉得发布于网络上的网络服务应用程序与自己无关的人，如果能够通过 Python 掌握一些快速编写网络应用程序的小技巧，也能在各种场合中发挥作用。比如，当希望往自己制作的数字计算或人工智能应用程序中增加设置界面时，将其作为网络应用程序进行开发大概是最快捷的方法。

很久以前，网络应用程序的开发一直给人以一种十分棘手的印象。因为它的架构十分复杂——需要网络服务器、界面显示需要用 HTML 语言、具体功能却需要用 HTML 之外的编程语言。由此，Ruby on Rails 应运而生并迅速广受欢迎。Ruby on Rails 中附带有网络服务器，而且只用 Ruby 就可以完成界面与功能的设计。

那么 Python 呢？使用本章即将介绍的网页框架之一的 Bottle 库，便可在 Python 的控制台上一口气编写完网络应用程序的界面与功能设计，甚至是需要在服务器上执行的操作。图 2.40 所示即为控制台，可以在上面直接输入使用 Bottle 库的短小程序代码。连续按两下换行键确认输入的代码之后，作为对这段程序的响应，将出现内置的网络浏览器的标志。这就编好了一个本地的网络应用程序。

这个网络应用程序并不仅是简单地显示文字。根据设置的地址的不同，浏览器中显示的内容将发生相应的变化。例如，在地址的最后加上“清水”的话，显示内容将变为“您好，清水先生 / 小姐”（见图 2.41）。

```
http://localhost:8080/hello/清水
```

当然，如果把“清水”换成“陀思妥耶夫斯基”再访问该地址，显示的文字将相应地变为“您好，陀思妥耶夫斯基先生 / 小姐”。

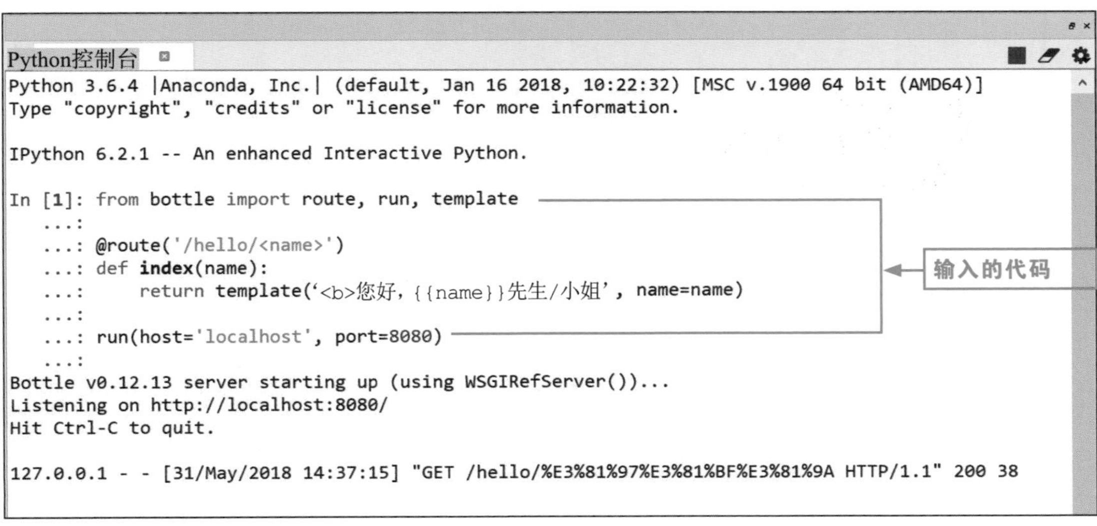

图 2.40　在控制台编写网络应用程序并启动浏览器

图 2.41　网络应用程序运行实例

这个架构在用于制作用户的个人简介页面时十分方便。下面我们就来介绍这个网络架构。

> 实际上，Python 的标准库中就有网络服务器，通过以下控制语句即可启动。
>
> ```
> python -m http.server 8782
> ```
>
> “-m”选项用于指定模块。8782 指端口号。读者可尝试用浏览器访问 http://localhost:8782。

标准方法 WSGI

Python 遵循目标相同便用相同方法的方针。这是因为若不同人用不同方法来实现同样操作，那么写出来的代码就只有开发者自己能明白了。

对于网络架构，便有叫作“WSGI（Web Server Gateway Interface）”的标准方法。

接下来介绍的网络架构 Flask 和之前介绍的 Bottle 都符合 WSGI 标准。

“Flask”本意是指化学实验中用的烧瓶，也可指美国冷硬派侦探们随身携带的用于装威士忌的扁平状金属容器（见图 2.42）。而“Bottle”则如字面意思，指在日常光顾的店里可以见到的威士忌酒瓶。是的，Flask 和 Bottle 都是装威士忌的容器。

图 2.42　Flask 库和 Bottle 库都符合 WSGI 标准

Flask 库

首先介绍 Flask 库。Flask 库是 Anaconda 自带的库，故可以直接在程序中导入使用。Flask 官网上的标志并非冷硬派侦探用的扁平状酒瓶，而是一个可以在远足时携带的水囊（见图 2.43）。

在合适的路径下创建一个 hello.py 文件，输入如图 2.44 所示的代码。图 2.44 中的各行代码后面添加了注释编号，（1）~（4）分别为如下含义。

图 2.43　Flask 库官网

```
from flask import Flask

myapp = Flask(__name__) # (1)

@myapp.route('/') # (2)
def index(): # (3)
  return '你好' # (4)
```

图 2.44　hello.py，最简单的 Flask 程序代码示例

（1）创建 Flask 对象 myapp 作为网络架构的主体。

（2）设置要在 myapp 上显示的页面的地址“/”(即路径)。

（3）定义在呼叫地址“/”时调用的 index 方法。将（2）语句加上“@”后写在紧邻（3）语句上方的位置可以将二者进行关联（（2）语句加上“@”后被称为装饰器）。方法的名称可以根据喜好来取，不过最好是能够体现页面特点的名称。

（4）用字符串设置地址所关联的方法的返回值，即要在页面上显示的内容。

在 Flask 库中，需要通过 flask 命令启动网络服务器。在启动网络服务器之前，运行以下命令，为环境变量 FLASK_APP 指定需要读取的脚本文件名。

```
set FLASK_APP=hello.py
```

然后通过以下命令启动网络服务器。

```
flask run
```

出现网络服务器的标志之后，启动浏览器访问以下地址。

```
http://localhost:5000/
```

端口为 5000。由于在图 2.44 中呼叫 index 方法的地址设定为“/”，所以访问的地址如上所示。结果如图 2.45 所示，显示“您好”，和之前的例子看起来差别不大。

图 2.45　运行图 2.44 后的页面

在修改网络应用并重新读取脚本文件之前需要按“Ctrl+C”组合键关闭网络服务器。

增加网页页面数量

现在尝试制作一个更加精致的页面。如图 2.46 所示，修改 hello.py 中 index 的方法。

Python 通过引用符号“'''”设置包含换行符的长字符串。图 2.46 中便是用这个功能将 HTML 代码设置为返回值。

```
@myapp.route('/')
def index():
  return '''
  <h2>这是一个 Flask 练习网站</h2>
  <p><a href="/hello">前往 Hello 页面
</a></p>
  '''
```

图 2.46　修改 index 方法

这段 HTML 代码中将接下来要制作的新页面的地址设置为“/hello”。

如图 2.47 所示，编写地址“/hello”所对应的 hello 方法并添加到 hello.py 文件中。

```
@myapp.route('/hello')
def hello():
  return '您好'
```

图 2.47　hello 方法，需要添加到 hello.py 文件中

再次执行“ flask run” 命令后，当通过浏览器访问 http://localhost:5000/ 时将出现如图 2.48 所示的页面。点击“前往 Hello 页面”，将跳转到刚才的“你好”界面，不过这时地址栏中的地址变成了“ http://localhost:5000/hello”。

图 2.48　运行修改后的 hello.py 文件时显示的页面

通过地址改变页面内容

现在尝试添加本节开头所示的功能——根据地址改变页面内容。思考一下在地址中加入诸如编号等数字的例子。具体来说，即定义以下地址与方法。

```
@myapp.route('/item/<int:item_id>')
def select_item(item_id):
```

这样当地址为“ /item/1”时，整数 1 将被传递给 select_item 方法的参数“item_id”。

接下来准备可以根据接收到的不同值而改变页面内容的数据。如下所示，在 select_item 方法的函数体中，创建由商品名称（字符串）和价格（整数）组成的元组为元素的列表。

```
items = [('咖啡', 300), ('红茶', 300),
 ('果汁', 280), ('牛奶', 250), ('乌龙茶',
220)]
```

然后将包含 items[items_id][0] 和 items[item_id][1] 的字符串作为该方法的返回值。

```
item = items[item_id]
return '{0}为{1}日元'.format(item[0],
item[1])
```

{0} 处和 {1} 处将分别被 item[0] 和 item[1] 填充。例如，当 item_id 为 4 时，items[4] 为 items 列表中从 0 开始数的第 4 个元组（'乌龙茶', 220 ），items[4][0](item[0]) 为“乌龙茶”，items[4][1](item[1]) 为 220。

select_item 方法的完整代码如图 2.49 所示，这也需要添加到 hello.py 文件中。

```
@myapp.route('/item/<int:item_id>')
def select_item(item_id):
  items = [('咖啡', 300), ('红茶', 300),
  ('果汁', 280), ('牛奶', 250), ('乌龙茶',
  220)]
  item = items[item_id]
  return '{0}为{1}日元'.format (item[0],
  item[1])
```

图 2.49　select_item 方法，也需要添加到 hello.py 文件中

再次启动网络服务器。以访问 http://localhost:5000/item/4 为例，输出结果如图 2.50 所示。

图 2.50　运行修改后的 hello.py 时的页面，以访问图中所示的网站为例

接收查询参数

现在我们来思考一个接收查询参数而非地址的网络应用。传值需要有一个发送窗体。之后我们将用 HTML 来编写这个窗体。

查询参数可以通过如下方式添加到地址中进行传递，让我们先试着接收一下这个地址。

```
http://localhost:5000/booksearch?title=
奔跑吧，梅勒斯 &author= 太宰治
```

这是模拟一个通过书名与作者搜索书本的网络应用，但本节不会涉及如何真正实现搜索功能。新建一个名为 booksearch.py 的文件。

通过在地址上添加查询参数来访问网页需要用到网络通信方式 HTTP 协议中的“GET”方法。如下所示，通过装饰器在地址上添加“booksearch”字符串，并设置参数 methods 的值为“['GET']”。传递给 methods 参数的值需为列表形式。

```
@myapp.route('/booksearch', methods=
['GET'])
```

列表中需要包含代表 HTTP 方法的字符串——“GET”“POST”“PUT”“DELETE”——中的一个或多个。

在通过地址传递的参数中，参数名为“title”的参数值可以通过以下方式传递给 Python 程序中的变量“title”。

```
title = request.args.get('title')
```

这里的 request 并不是一个任意取的变量名，而是一个导入的对象。

现在来完成 booksearch.py 文件。完整代码如图 2.51 所示。由于我们新建了一个文件来制作这个网络应用，所以需要将环境变量 FLASK_APP 的值修改为“booksearch.py”。然后启动网络服务器，访问 http://localhost:5000/booksearch?title= 奔跑吧，梅勒斯 &author= 太宰治。运行结果如图 2.52 所示。

```
from flask import Flask
from flask import request

myapp = Flask(__name__)

@myapp.route('/booksearch', methods=['GET'])
def booksearch():
  title = request.args.get('title')
  author = request.args.get('author')
  return '您需要查找的是 {1} 所著的《{0}》。准备搜索。'.
  fotmat (title, author)
```

图 2.51　booksearch.py

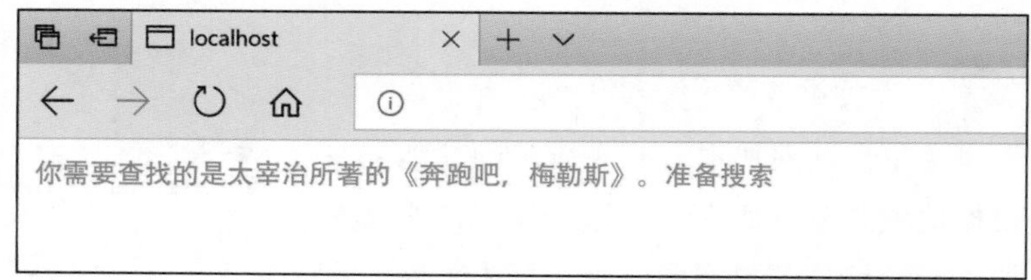

图 2.52　booksearch.py 运行结果示例

将 HTML 文件设为模板

接下来设计发送窗体并把它和 booksearch.py 文件相关联。发送窗体由文本输入框与按钮等元素构成。这里把这些元素都编写在 HTML 文件 searchform.html 中，并把这个文件作为模板用于 Python 程序中。

依照惯例，模板文件都会被保存在一个名为“templates”的文件夹中。templates 文件夹与 booksearch.py 文件在同一层级。

```
├─templates 文件夹
│   └searchform.html
│
└─booksearch.py
```

searchform.html 的代码如图 2.53 所示——一个非常常见的 HTML 文件。在 form 标签下，将“/result”指定为发送对象的地址，并将书名窗体的 name 属性值设为“title”，将作者窗体的 name 属性值设为“author”。

另外还需要在 booksearch.py 中添加如图 2.54 所示的 searchform 方法。装饰器中将地址设为“/searchform”。

图 2.54 中调用了 render_template 函数进行模板文件 searchform.html 的读取处理。由于这个函数需要从 flask 模块中导入后使用，因此在图 2.54 中还需要添加以下代码。

```
from flask import render_template
```

图 2.54 中还定义了地址“/result”所对应的 show_result 方法。在这个方法中，用变量 title 与变量 author 接收从发送窗体传递来的值——request.form['title'] 与 request.form['author'] 中分别保存了从 name 属性值分别为“title”与“author”的两个窗体所发

```
<html>
  <head>
    <title> 这是一个模拟书籍搜索的页面
    <meta http-equiv="Content-Type" content="text/html; charset=utf-8"/>
  </head>
  <body>
    <h2> 模拟书籍搜索操作 </h2>
    <form action="/result" method="POST">
      <p> 书名：<input type="text" name="title" size="30"></p>
      <p> 作者：<input type="text" name="author" size="20"></p>
      <p>
        <input type="submit" value=" 搜索 "/>
      </p>
    </form>
  </body>
</html>
```

窗体

图 2.53　searchform.html，这是一个模板文件

```
@myapp.route('/searchform')
def searchform():
  renderpage = render_template("searchform.html")
  return renderpage

@myapp.route('/result', methods=['POST'])
def show_result():
  title = request.form['title']
  author = request.form['author']
  the_result = '<p> 您需要查找的是 {1} 所著的《{0}》。准备搜索。</p>'.fotmat(title, author)
  link_back = '<p><a href="/searchform"> 返回搜索页面 </a>'
  return the_result + link_back
```

图 2.54　searchform 方法与 show_result 方法。添加到 booksearch.py 文件中

送的值。而在装饰器中，设置使用 HTTP 的 POST 方法。

启动网络服务器，通过浏览器访问以下地址。

```
http://localhost:5000/searchform
```

如图 2.55 所示，在出现的窗体中输入搜索内容并点击“搜索”按钮，将出现如图 2.56 所示的页面。

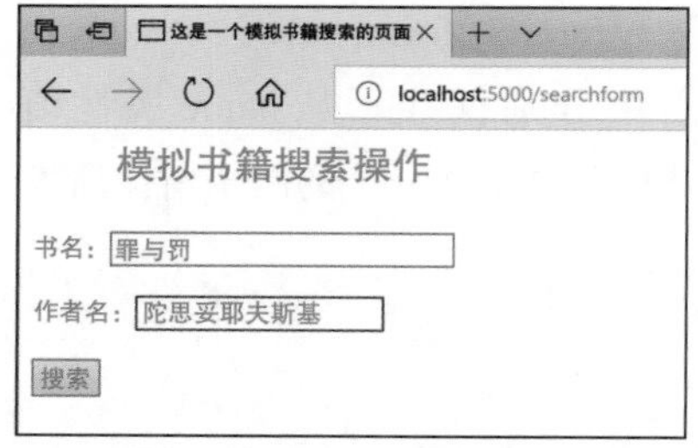

图 2.55　网络应用运行示例，在窗体中输入搜索内容

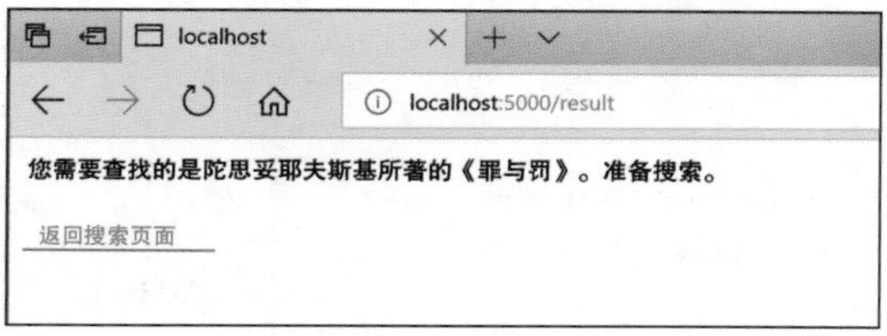

图 2.56　地址“/result”所对应的页面

Bottle 库

相比于 Flask 库，Bottle 库官网（见图 2.57）上的标志更像烧瓶，以致于网络上甚至有人问为什么 Bottle 库的标志比 Flask 库的更具有烧瓶的特点。

Bottle 库并不是 Anaconda 自带的库，因此需要先用 Python 的库管理系统 pip 安装后才能使用。在命令行程序[①] 中输入以下代码安装 Bottle 库（见图 2.58）。

```
pip install Bottle
```

① 译者注：即 Anaconda Prompt。

本节开头，图 2.23 中展示的即为用 Bottle 库开发的网络应用程序的示例。不过那是一个使用控制台开发网络应用程序的极端例子，实际上更稳妥的方法是将代码保存为文件。创建 bottllo.py（“bottllo”是将“Bottle”和“Hello”组合后自创的单词，并没有实际含义）与 hello.html 文件，分别输入图 2.59 与图 2.60 中的代码。hello.html 为模板文件，与 bottllo.py 存储于同一路径下。

从图 2.59 中便可看出，Bottle 库的语法结构与 Flask 库几乎一模一样。其实 Bottle 库与 Flask 库本来就十分相似，区别只在于使用 Bottle 库的时候需要在程序中输入启动网络服务器的命令，即图 2.59 中最后的 run 语句。

```
run(host='localhost', port=8080)
```

由于 run 函数中指定了主机与端口，因此运行 bottllo.py 后会直接启动网络服务器。

再举一个其他的例子。尝试用 Bottle 库制作一个网络应用程序。在这个应用程序中，返回值将显示在与发送窗体同一地址的页面中。图 2.61 中的 bottlesearch.py 为程序样本。

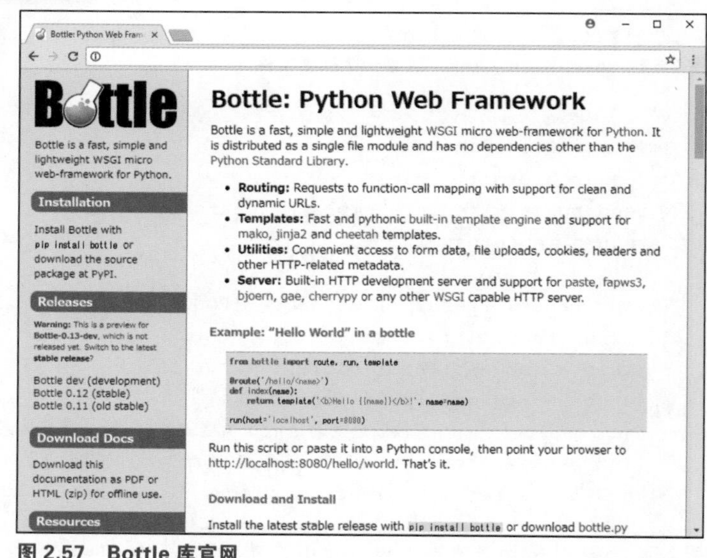

图 2.57　Bottle 库官网

```
Anaconda Prompt

(base) C:¥Users¥Supportdoc>pip install bottle
Collecting bottle
  Downloading https://files.pythonhosted.org/packages/bd/99/04dc59ced52a8261ee0f965a8968717a255ea84a36013e527944dbf3468c
/bottle-0.12.13.tar.gz (70kB)
    100% |████████████████████████████████| 71kB 4.6MB/s
Building wheels for collected packages: bottle
  Running setup.py bdist_wheel for bottle ... done
  Stored in directory: C:¥Users¥Supportdoc¥AppData¥Local¥pip¥Cache¥wheels¥76¥a0¥b4¥2a3ee1a32d0506931e558530258de1cc04b62
8eff1b2f008e0
Successfully built bottle
Installing collected packages: bottle
Successfully installed bottle-0.12.13

(base) C:¥Users¥Supportdoc>_
```

图 2.58　用 pip 安装 Bottle

```
from bottle import route, run, template

@route('/hello/<name>')
def index(name):
  return template('hello.html',name=name)

run(host='localhost', port=8080)
```

图 2.59　bottlo.py

```
<b>您好，{{name}}先生 / 小姐。</b>
```

图 2.60　hello.html 此为模板文件

变量 drawform 用于将发送窗体的 HTML 代码存储为字符串。窗体的发送对象设为“/bottlesearch”。

注意，这里的两个装饰器——“@get”和“@post”，其中的网页地址都是“/bottlesearch”。

在通过 HTTP 的 GET 方法访问地址“/bottlesearch”时，将调用添加了“@get”装饰器的 search 方法。其执行的操作只是将之前定义的 drawform 变量作为返回值返回

```
from bottle import get, post, request, run

drawform = '''
        <h2>您需要查找哪一种酒？</h2>
        <form action="/bottlesearch" method="post">
            <p>Brand: <input type="text" name="brand"/></p>
            <p>Since: <input type="text" name="since"/></p>
            <p><input value="Search" type="submit"/></p>
        </form>
    '''

@get('/bottlesearch')
def search():
  return drawform

@post('/bottlesearch')
def result():
  brand = request.forms.brand
  since = request.forms.since
  result = ('<p>您需要查找的是{0}{1}年份的酒。准备搜索。</p>').format(brand, since)
  return drawform + result

run(host='localhost', port=8080)
```

窗体部分的HTML代码

图 2.61　bottlesearch.py

给页面，其实就是一个在页面上显示窗体的方法。

而在通过POST方法访问地址“/bottlesearch”时，将调用添加了“@post”装饰器的result方法。这个方法可以获取在窗体中输入的数据，返回值为将这些数据进行加工后的结果。

运行bottlesearch.py。如图2.62所示，输入数据并点击“Search”发送数据，看返回值是否与图2.63一样显示在同一页面中。

图 2.62　bottlesearch.py 运行示例，在窗体中输入数据

图 2.63　发送的数据将显示在同一页面中

第3章

使用Python实现自动化

开发带AI功能的图片处理自动化程序

说到Python，在很多人的印象中，它是一门在AI或数据分析中大显身手的编程语言。其实，无论是在工作中还是在私人生活中，Python还都十分适合做自动化处理的工作。

作为其中的一个例子，本章将制作一个图片处理自动化程序。把自己拍摄的图片上传到博客或社交平台上时，往往会根据需要对图片进行缩放或重命名。同时，出于防止别人擅自挪用等目的，会在图片上添加水印。当图片中的人物不方便露脸时，便需要通过覆盖贴图之类的图片或打马赛克等方法隐藏人脸。此外，还会需要根据日期将图片文件分别存放在不同的文件夹中进行整理，等等。本章便要制作一款将这一系列操作全部自动化的样例程序。

隐藏人脸的操作需要从图片中自动识别人脸并覆盖上贴图风格的图标，即程序中需要带有AI图像识别功能。

具体功能将在之后详细介绍。本章将先进行环境搭建，再学习人脸识别的基础知识，最后讲解样例程序。

Step 1 搭建开发环境

现在搭建开发环境。本章将基于Windows 10操作系统进行环境的搭建。

● 搭建Python与OpenCV环境

首先是Python环境。使用自带常用库的“Anaconda”可以相对容易地搭建编程环境。在浏览器中打开Anaconda官网，下载与所用操作系统相匹配的安装包（见图3.1）。Python版本选择3.x。下载完成后双击打开，并按照界面上的指示完成安装。

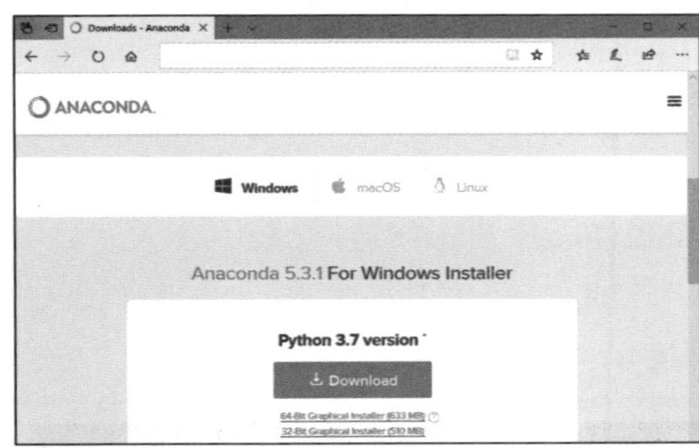

图3.1 Anaconda安装包下载页面，显示与所用操作系统相匹配的版本

安装完Anaconda之后，安装用于处理图片与动画的开源库OpenCV。这个库可以轻松地进行图片筛选、人脸识别等各种操作。

OpenCV库需要用Anaconda Prompt进行安装。在Windows 10的“开始”菜单中点击“Anaconda3” →“Anaconda Prompt”，打开Anaconda Prompt，输入以下命令并按“Enter”键。

```
conda install -c conda-forge opencv
```

界面上将出现“Proceed([y]/n)?”以询问是否安装。输入“y”并按“Enter”键确认，便可开始下载 OpenCV 库（见图 3.2 中（A）部分）。此时还可根据需要安装或更新其他的库。

安装完 OpenCV 库之后需要检查是否安装成功。在 Anaconda Prompt 中输入“Python”启动 Python，然后输入并运行以下命令。这是导入 OpenCV 库的代码。

```
import cv2
```

若成功导入 OpenCV 库，则将如图 3.2 中（B）部分所示，不出现任何内容便返回命令行。若导入失败则会出现错误信息，此时需要重新安装。

本章中，Python 程序的编写将在 Anaconda 自带的 Jupyter Notebook 中进行。点击“开始”菜单中的“Anaconda”→“Jupyter Notebook”，启动 Jupyter Notebook。通过“Home”标签右上方的“New”→“Python3”等方式新建一个 Python3 文件，并根据需要重命名。然后便可以在合适的单元格中输入代码并按“Shift+Enter”组合键运行。

至此，我们成功搭建了 Python 与 OpenCV 环境。

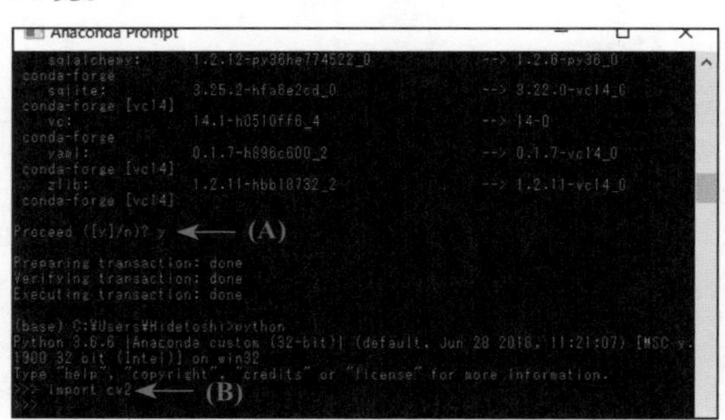

图 3.2　执行安装 OpenCV 库的 conda 命令，片刻后界面上出现“Proceed([y]/n)?”，输入“y”(A)。安装完成后启动 Python，通过 (B) 检查是否安装成功

Step 2 学习人脸识别的基础知识

搭建完 Python 与 OpenCV 环境之后，现在学习人脸识别处理的基础知识，它是程序的核心。首先创建一个用于学习人脸识别编程的测试程序。

粗略来说，OpenCV 库的人脸识别是以机器学习中学习到的特征量为基础进行模式识别[①]。虽然听起来很难，但使用方法却十分简单。导入 OpenCV 库之后，便同时导入了各种 XML 文件（级联文件），这些文件中记录着机器学习过的特征数据。在 Windows 10 操作系统中，这些文件被保存在“C:/Users/<用户名>/AppData/Local/Continuum/anaconda3/Library/etc/haarcascades”路径下的文件夹中（见图 3.3）。“AppData”是一个隐藏文件夹，可以通过 Windows 的设置使其可见。本章将使用“haarcascades”文件夹中的 haarcascade_frontalface_default.xml 文件。这是用于识别正面人脸的级联文件。万一在所用的计算机上找不到这些级联文件，可以从 GitHub 的资料库中下载。

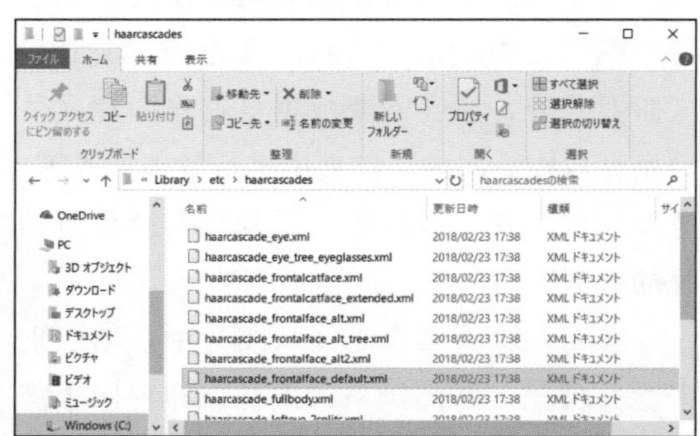

图 3.3　安装的 OpenCV 库中自带的级联文件。除了用于正面人脸识别的 haarcascade_frontalface_default.xml 之外，还有如眼部识别等各种用于人脸识别的级联文件

对于本章制作的样例程序，需要把级联文件与 Python 程序放在同一路径下。Jupyter Notebook 上存储 Python 程序的文件（笔记本）扩展名为“.ipynb”，保存于“C:/Users/<用户名>”路径下。

① 译者注：模式识别即用计算的方法，根据样本的特征将样本划分到一定的类别中去。

那么，作为准备工作，将 haarcascade_frontalface_default.xml 文件从“haarcascade”文件夹中复制到“C:/Users/< 用户名 >”文件夹中。再把用于人脸识别的图片文件也放在与程序相同的文件夹“C:/Users/< 用户名 >”中。图 3.4 中的 photo.jpg 文件将被用作图片文件。如果用户名中包含中文，则需要留意保存图片文件的文件夹，具体参考本节最后的提示栏。

图 3.4 用于此次人脸识别的图片——一张拍摄了一家三口的家庭照，大小为 640 × 427 像素的 JPEG 文件

● 两行代码实现人脸识别

至此，准备工作已全部完成。下面讲解人脸识别的测试程序——一个输出识别到的人脸区域的 *x* 坐标、*y* 坐标、宽度及高度的程序（见图 3.5）。

在程序一开始便导入 OpenCV 库中的模块，然后通过（1）处的代码创建“检测器”。具体来说，即调用 cv2.CascadeClassifier 函数。

<语法格式>

```
cv2.CascadeClassifier(filename)
```

<参数>

filename：级联文件

参数 filename 以字符串形式接收级联文件。若这个文件和程序文件不在同一个文件夹中，则传递给参数时需要添加具体路径。本章中已将 haarcascade_frontalface_default.xml 和程序文件放在同一路径下，故只传递文件名即可。cv2.cascadeClassifier 函数返回一个检测器对象。（1）处将返回值赋值给变量 cascade 以备后用。

然后在（2）处的代码中，通过 cv2.imread 函数读取作为人脸识别对象的图片。

<语法格式>

```
cv2.imread(filename[, flags])
```

<参数>

filename：图片文件

flags　：读取模式

参数 filename 以字符串形式接收目标图片文件名。由于 photo.jpg 与程序在同一路径下，故（2）处只传递文件名即可。

参数 flags 以枚举型[①]变量设置读取模式。如以灰度模式读取图片时，设置这个参数值为“cv2.IMREAD_GRAYSCALE”（这里不一一介绍其他可用的值）。若省略这个参数则将以彩色模式读取图片。理论上，OpenCV 库的人脸识别需要在灰度模式下进行。（2）处将参数 flags 的值设为 cv2.IMREAD_GRAYSCALE，一开始便以灰度模式读取图片，并将返回值存储于变量 gray 中以备后用。

人脸识别处理的主体在（3）处，即调用检测器对象的 detectMultiScale 方法，其基本语法格式如下。

```
import cv2

cascade = cv2.CascadeClassifier('haarcascade_frontalface_default.xml')———（1）
gray = cv2.imread('photo.jpg', cv2.IMREAD_GRAYSCALE)———（2）
faces = cascade.detectMultiScale(gray, scaleFactor=1.5)———（3）
print(faces)
```

图 3.5 输出用 OpenCV 库识别到的人脸的位置信息的程序

① 译者注：枚举型是指变量取值被限定在某个圈定范围之内的数据类型。

<语法格式>

```
CascadeClassifier.detectMultiScale
(image[, scaleFactor])

CascadeClassifier：检测器对象
```

<参数>

```
image      ：图片文件
scaleFactor：图片尺寸缩小比例①
```

参数 image 用于指定作为人脸识别对象的图片文件。（3）处将它设置为存储了（2）处读取的图片的变量 gray。参数 scaleFactor 用小数设置图片尺寸每次缩小的比例，这个值会极大地影响识别精度。（3）处将这个值设为 1.5，若省略则看作设置为默认值 1.1。关于这个参数以后会详细介绍。

运行 detectMultiScale 函数之后，可以得到作为返回值的识别到的人脸区域的 *x* 坐标、*y* 坐标、宽度以及高度数据。其特点在于输出形式为 ndarray 形式。ndarray 是数字计算库“Numpy”中的列表形式。每个人脸区域都被转化为 [*x* 坐标 *y* 坐标 宽度 高度] 形式的列表——列表数与识别到的人脸数相同——这些列表再组成一个新列表。（3）处将返回值存储在变量 faces 中。

detectMultiScale 函数还有另外 4 个可省略的参数。关于这些参数将在本章最后的提示栏中简单介绍。

最后用 print 函数输出变量 faces。运行结果如图 3.6 所示。从图片文件 photo.jpg 中共识别到了 3 张人脸，分别以 [*x* 坐标 *y* 坐标 宽度 高度] 的形式输出。如此处所示，OpenCV 库的优势便在于实际上只需要（1）处与（3）处的两句代码便可轻松实现人脸识别。

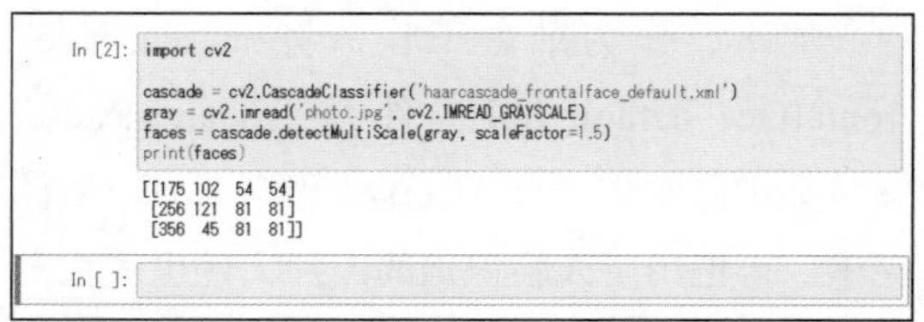

图 3.6　列表 1 运行结果。以 ndarray 形式输出识别到的 3 张人脸的 *x* 坐标、*y* 坐标、宽度以及高度。ndarray 与通常意义上的列表不同，各元素之间不以“,”分隔

● 用红线框出识别到的人脸

图 3.5 只是以 ndarray 形式输出识别到的人脸区域的相关数字信息，无法一目了然地看出具体在图片中的哪个位置。对此，接下来我们便尝试用红色边线框出识别到的人脸区域，并将图片输出。此时若图片为灰度则难以观察到边框线，故这次我们把边框线画在彩色图片上。

相关代码如图 3.7 所示。运行结果如图 3.8 所示，在新窗口中输出了以红色边线框出识别到的人脸区域的图片。按任意键可关闭该窗口。

讲解一下图 3.7 中的代码。（1）处调用 cv2.imread 函数读取图片文件 photo.jpg 并存储于变量 img 中。这里省略了参数 flag，默认以彩色模式读取图片。之后将在变量 img 所对应的彩色图片上，用红色边线框出识别到的人脸。

OpenCV 库的人脸识别基于灰度模式，故（2）处将以彩色模式读取图片的变量 img 转换为灰度。该转换通过 cv2.cvtColor 函数实现，其基本语法格式如下所示。这里不一一介绍其他可省略的参数。

<语法格式>

```
cv2.cvtColor(src, code)
```

① 译者注：OpenCV 库的人脸识别是用一个检测窗口在图片上扫描以寻找符合人脸特征的矩形区域。为了能在图片中识别到不同大小的人脸，一般有两种方法——逐步缩小图片或逐步放大检测窗口。缩小图片就是把图片的长和宽同时按照一定比例逐步缩小，然后检测；放大检测窗口是把检测窗口的长和宽按照一定比例逐步放大，然后检测。OpenCV 库默认采取逐步缩小图片的方法，CascadeClassifier.detectMultiScale 方法的 scaleFactor 参数便是用于控制图片在相邻的两次扫描中缩小的比例。

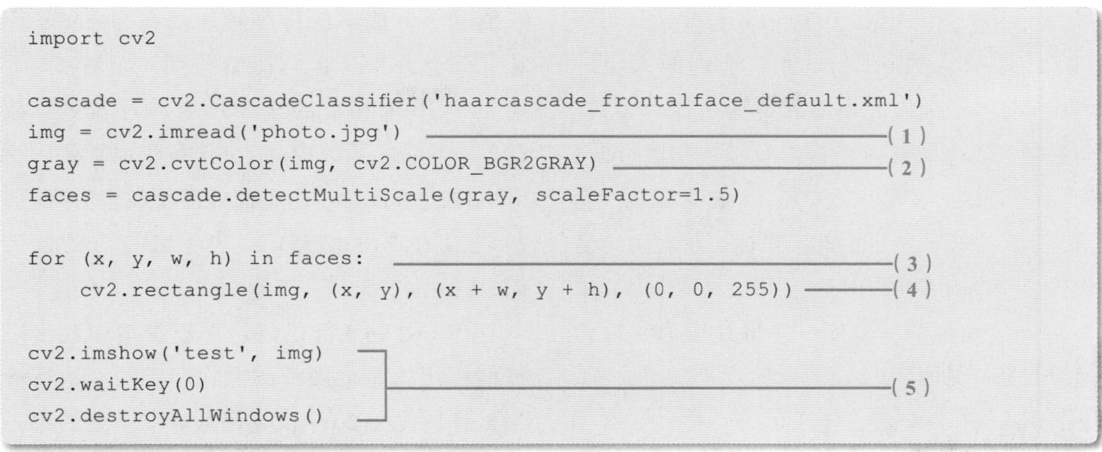

```
import cv2

cascade = cv2.CascadeClassifier('haarcascade_frontalface_default.xml')
img = cv2.imread('photo.jpg')  ——(1)
gray = cv2.cvtColor(img, cv2.COLOR_BGR2GRAY)  ——(2)
faces = cascade.detectMultiScale(gray, scaleFactor=1.5)

for (x, y, w, h) in faces:  ——(3)
    cv2.rectangle(img, (x, y), (x + w, y + h), (0, 0, 255))  ——(4)

cv2.imshow('test', img)
cv2.waitKey(0)                ——(5)
cv2.destroyAllWindows()
```

图 3.7　用红线框出识别到的人脸，并输出图片的程序

图 3.8　图 3.7 的运行结果，在新窗口中输出以红线框出人脸的图片

```
<参数>
src ：图片文件
code：转换方式
```

参数 src 接收需要转换的图片。（2）处将其设置为以彩色模式读取了 photo.py 的变量 img。参数 code 设置转换方式，需要转换为灰度时可设为“cv2.COLOR_BGR2GRAY”。这里不一一介绍其他可用的转换方式。

cv2.cvtColor 函数返回转换后的图片。（2）处将其赋值给变量 gray，用于下一行代码中基于 detectMultiScale 方法的识别处理。图 3.7 和图 3.5 一样，将 detectMultiScale 方法的返回值赋值给变量 faces。

（3）处与（4）处的 for 语句是用红色边线框出识别到的人脸的操作。（3）处通过“for (x, y, w, h) in faces:”语句，从变量 faces 中存储的代表识别结果的 ndarray 中的第一个元素开始，每循环一次便取出一张人脸的 [*x* 坐标 *y* 坐标 宽度 高度] 信息，并将 *x* 坐标、*y* 坐标、宽度与高度分别赋值给变量 *x*、*y*、*w* 和 *h*。识别到了多少张人脸，这个操作便会被执行多少次。

以红色边框标示人脸的操作为（4）处。框线的绘制通过 cv2.rectangle 函数实现，其基本语法格式如下。这里不一一介绍其他可省略的参数。

```
<语法格式>
cv2.rectangle(img, pt1, pt2, color)
参数
img  ：图片文件
pt1  ：边框左上角坐标
pt2  ：边框右下角坐标
color：边框颜色
```

参数 img 接收需要绘制红框的图片。（4）处将其设置为通过（1）处的操作读取了彩色图片的变量 img。

需要绘制的边框的位置与大小由矩形的左上角坐标与右下角坐标共同决定。左上角坐标与右下角坐标需要分别传递给参数 pt1 与 pt2，两者都接收以 *x* 坐标与 *y* 坐标的值组成的元组。（4）处用“(x, y)”将变量 *x* 与变量 *y* 传递给参数 pt1，即将识别到的人脸的 *x* 坐标与 *y* 坐标以元组形式传递给这个参数。而参数 pt2 被设置为“(*x* + *w*, *y* + *h*)”，即将左上角坐标的 *x* 坐标（变量 *x*）加上宽度（变量 *w*）求得右下角坐标的 *x* 坐标，将左上角坐标的 *y* 坐标（变量 *y*）加上高度（变量 *h*）求得右下角坐标的 *y* 坐标，并将其作为元组传递给参数（见图 3.9）。

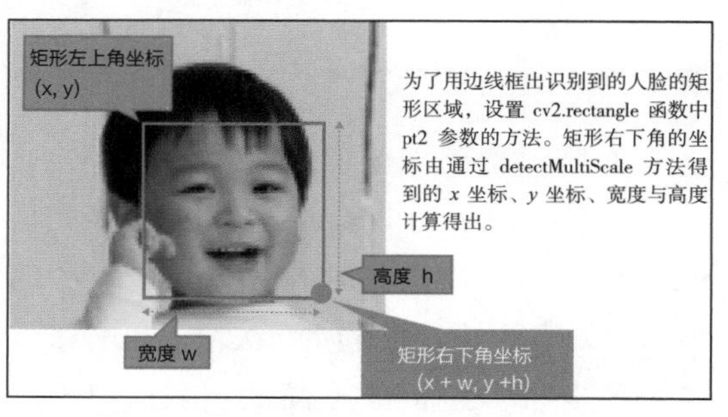

图 3.9　设置 cv2.rectangle 函数中的参数 pt2

参数 color 通过由 RGB 值组成的元组设置边框颜色。需要注意的是分别代表 R、G、B 值的 3 个数字的排列顺序。在 OpenCV 库中，颜色并非以 R、G、B 排列，而是以与通常的 RGB 值相反的 B、G、R 顺序排列。故 cv2.rectangle 函数中的 color 参数也需要以这个顺序进行设置。由于此处需要设置为红色，故设置为“(0,0,255)”，表示 B 与 G 的值为 0，R 值为 255。

（5）处的 3 行代码是在新窗口中输出以红线框出人脸的图片的操作。实际上执行输出操作的是 cv2.imshow 函数。（5）处的第一个参数以字符串形式设置显示在新窗口的标题栏中的文字，第二个参数设置为存储了需要输出的图片的 img 变量。之后的代码中通过 cv2.waitKey 函数，设置当没有按下键盘上的任何按键时保持等待状态。参数设置为 0 时等待时间为无限长。按下任意键后，将调用 cv2.destroyAllWindows 函数关闭并不保存所有窗口。

提示栏 1　让 OpenCV 库能够打开带中文的路径

若文件名或文件夹名等路径中带有中文，则 OpenCV 库的 cv2.imread 函数将无法读取图片文件。读取失败将返回“None”值，导致代码 A（1）~（3）处的程序无法正常运行。

cv2.read 函数无法读取带中文的路径是由于这个函数最初只能处理 ASCII 编码的字符。为了解决这个问题，这里重新定义一个可以读取中文路径的替代函数并介绍其使用方法。替代函数的名称可以根据喜好来取，这里将其命名为“imread2”。

如代码 A 所示，除去 return 语句，实际的处理语句只有两行。本章中无论是代码 A（1）~（3）处的哪一段代码，cv2.imread 函数都只在其中出现一次，因而没有必要单独定义一个函数。但由于设想今后可能会遇到用 OpenCV 库读取中文路径的情况，所以最好单独定义一个函数。

由于这里除了 OpenCV 库之外还需要用到 Numpy 库，故将其导入并命名为 np。

代码 A　定义 cv2.imread 的替代函数 imread2 的代码，需要的库为 Numpy 库与 OpenCV 库

```
import numpy as np
import cv2

def imread2(filename, flags=cv2.IMREAD_
    COLOR):  ←————————————————(1)
    buf = np.fromfile(filename, np.
    uint8)  ←—————————————————(2)
    img = cv2.imdecode(buf, flags) ←┐
    return img                      (3)
```

为了保持参数的用法与 cv2.imread 一致，替代函数中的参数设置与 cv2.imread 完全一样（代码 A 中（1）处）。

在 imread2 函数一开始的操作（2）处，以 Numpy 格式读取传递给参数 filename 的图片文件。读取用到 numpy.fromfile 函数，其基本语法格式如下。

```
<语法格式>
numpy.fromfile(file, dtype=float)
<参数>
file  : 文件
dtype: 数据类型
```

参数 file 接收代表目标文件路径的字符串，也可以接收通过 open 等函数读取的文件对象。参数 dtype 设置读取的数据的类型。此外还有 count、sep 等可省略的参数，这里不一一介绍了。

（2）处将 imread2 函数的参数 filename 原封不动地传递给参数 file。参数 dtype1 被设置为 np.uint8——不带符号的 8 比特整数。读取的文件被作为返回值存储在变量 buf 中以备后用。

（3）处通过 cv2.imdecode 函数将（2）处读取的 Numpy 文件用 OpenCV 库重新读取并解码。

```
<语法结构>
cv2.imdecode(buf, flags)
<参数>
buf : 图片
flags: 读取模式
```

参数 buf 用于指定需要解码的图片。（3）处将其设置为存储了（2）处读取的图片的变量 buf。参数 flags 与 cv2.imread 中使用的 flags 参数含义相同，（3）处将 imread2 函数的参数 flags 直接传递给它。cv2.imdecode 函数返回 OpenCV 格式的文件，（3）处将其存储于变量 img 中，并用之后的 return 语句返回。

使用这个 imread2 函数，就可以用 OpenCV 库读取路径带中文的图片文件了。如需要以彩色模式读取程序同目录下的照片 .jpg 文件时，可通过以下代码实现。

```
imread2('照片.jpg')
```

参数 flags 的默认值为“cv2.IMREAD_COLOR”，故省略这个参数将以彩色模式读取图片。若要以灰度模式读取图片，则设置这个参数为“cv2.IMREAD_GRAYSCALE”。这部分的用法与 imread 函数相同。

如果想让代码 A（1）~（3）处的程序能够读取中文路径，就在其中加入定义 imread2 函数的代码 A 中的代码，并把 cv2.imread 函数直接改成 imread2 函数即可。

除了这里介绍的例子之外，imread2 函数还可用于其他需要用 OpenCV 库处理中文路径的场景。其实只需添加如代码 B 所示的异常处理即可——当发生找不到目标文件等错误时，和 cv2.imread 函数一样返回“None”。

代码 B　在代码 A 的 imread2 函数中添加异常处理后的代码

```
import numpy as np
import cv2

def imread2(filename, flags=cv2.
IMREAD_COLOR):
    try:
        buf = np.fromfile(filename,
np.uint8)
        img = cv2.imdecode(buf, flags)
        return img
    except Exception as e:   ←(1)
        print(e)
        return None
```

代码 B 中（1）处的 except 语句使用起来十分简便。只要最终能返回“None”，函数定义中更详细地捕捉异常也并无不可。此外，还可以不使用 print 函数输出异常信息而改用其他处理方式，读者根据需要修改即可。

Step 3 样例程序的功能与使用方法

现在我们已经掌握了基于 OpenCV 库的人脸识别的基础知识，接下来便讲解本章要解决的问题——图片处理自动化程序。首先介绍它的功能。其功能与使用方法如下（见图 3.10）。

1. 运行程序后将弹出“选择图片文件夹”对话框，用户可以选择保存需要处理的图片（下称“原图片”）的文件夹。

2. 接着弹出“选择输出文件夹”对话框，选择用于保存处理后的图片的文件夹。

3. 然后对所有原图片执行以下 <A>~<D> 操作。

<A> 创建目标文件夹并移动原图片

- 在输出文件夹下创建目标文件夹，文件夹名为“yyyymmdd”格式（yyyy 为 4 位公历年，mm 为月份、dd 为日期，月份和日期若只有 1 位则用 0 补足）的图片拍摄日期。若已有同名文件夹，则不新建文件夹。

<B> 移动原图片

- 将原图片文件移动到目标文件夹中。

<C> 创建博客用图片

- 在面部粘贴图标以遮挡人脸，并根据人脸区域的大小调整图标尺寸。
- 在右下角粘贴原尺寸水印图片。
- 调整图片，宽度与高度都不超过 600 像素。
- 在原文件名末尾添加“_s”并另存为图片到目标文件夹中。

<D> 创建缩略图

- 在面部粘贴图标以遮挡人脸，并根据人脸区域的大小调整图标尺寸。
- 在右下角粘贴原尺寸水印图片。
- 调整图片，宽度与高度都不超过 300 像素。
- 在原文件名末尾添加“_tmb”并另存为图片到目标文件夹中。

调整图片大小的方法为“达到指定宽度或高度的上限值”，即保持原图片的长宽比不变，将宽度与高度中数值较大的一方调整为上限值。

如前所述，由于会导致文件读取失败，故此处假定原图片的文件名和路径中不含中文。中文路径的处理方法如上节最后的提示栏所示。但输出文件夹路径可包含中文。

图标图片为 smile.png，水印图片为 watermark.png。两者都是透明的 PNG 文件，与程序文件在同一路径下。

● 图片处理主要靠 Pillow 库

现在开始讲解样例程序。代码如图 3.11 所示，从上至下大致由以下 3 个部分构成。

- 导入模块并定义 3 个常量。（众所周知 Python 中并没有常量，故这里将变量当作常量使用）。
- 定义一个枚举型（Enum 型）变量与 (a)~(c) 3 个函数。
- 主程序。

开头导入模块的代码将和之后代码中用到相应模块的部分一起讲解。导入模块之后

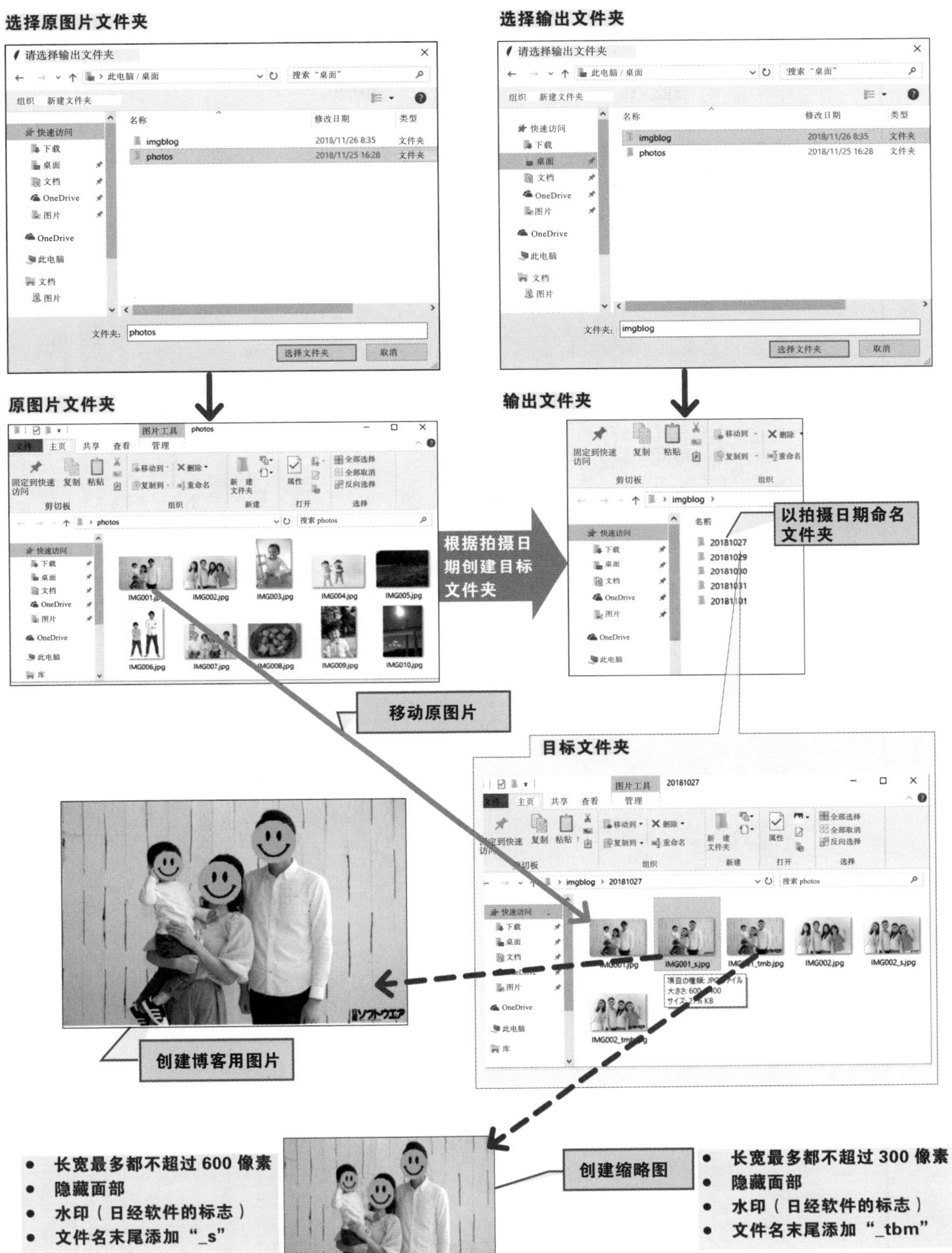

- 长宽最多都不超过 600 像素
- 隐藏面部
- 水印（日经软件的标志）
- 文件名末尾添加“_s”

- 长宽最多都不超过 300 像素
- 隐藏面部
- 水印（日经软件的标志）
- 文件名末尾添加“_tbm”

图 3.10　本章中样例程序的功能与操作顺序，并介绍用于运行结果示例的原图片文件

```
import os
import sys
import shutil
from datetime import datetime
from enum import Enum, auto

import tkinter, tkinter.filedialog
from PIL import Image
import cv2

FACE_ICON_FILE = 'smile.png' # 图标图片
WM_FILE = 'watermark.png' # 水印图片
CASCADE_FILE = 'haarcascade_frontalface_default.xml' # 级联文件

class Mode(Enum):                                   (16)
    BLG = auto() # 博客用
    TMB = auto() # 缩略图用
  (a)
def mask_face(img_cv, cascade, img_pil, mask):
    """ 用图标图片遮挡面部
    :param img_cv: 原图片 (OpenCV)
    :param cascade: 级联文件
    :param img_pil: 原图片 (PIL)
    :param mask: 用于遮挡面部的图片 (PIL)
    """
    # 进行人脸识别
    faces = cascade.detectMultiScale(img_cv, scaleFactor=1.5)

    # 往识别到的人脸上粘贴图标
    for (x, y, w, h) in faces:
        mask = mask.resize((w, h))                  (12)
        img_pil.paste(mask, (x, y), mask)
  (b)
def mkdir_dto(img, output_dir_path):
    """ 创建图片拍摄日期文件夹
    :param img: 图片 (PIL)
    :param output_dir_path: 输出文件夹路径
    :return: 新创建的文件夹路径
    """
    EXIF_DTO = 36867 # Exif 信息中拍摄日期 (DateTimeOriginal) 的标签号

    # 创建目标文件夹。文件夹名为“yyyymmdd”格式的 Exif 信息中的拍摄日期
    exif = img._getexif()                           (13)
    dt = datetime.strptime(exif[EXIF_DTO], '%Y:%m:%d %H:%M:%S')
    output_sub_dir = dt.strftime('%Y%m%d')          (14)
    output_path = os.path.join(output_dir_path, output_sub_dir)
    os.makedirs(output_path, exist_ok=True)         (15)

    return output_path
```

图 3.11　图片处理自动化样例代码，定义三个函数

(c)

```
def make_img(img, img_name, mode, watermark, output_path):
    """调整图片大小，添加水印，另存为
    :param img: 图片（PIL）
    :param img_name: 图片（PIL）文件名
    :param mode: Mode.BLG 为博客用，Mode.TMB 为缩略图用
    :param watermark: 水印图片（PIL）
    :param output_path: 输出文件夹路径
    """
    BLG_CHAR = '_s' # 博客图片的文件名中需要添加的字符串
    TMB_CHAR = '_tmb' # 缩略图的文件名中需要添加的字符串
    MAX_W_BLG = 600 # 博客图片宽度上限
    MAX_H_BLG = 600 # 博客图片高度上限
    MAX_W_TMB = 300 # 缩略图宽度上限
    MAX_H_TMB = 300 # 缩略图高度上限

    # 设置图片大小及文件名末尾需要添加的字符串
    if (mode == Mode.BLG): # 博客用
        w, h = MAX_W_BLG, MAX_H_BLG
        add_chr = BLG_CHAR
    elif (mode == Mode.TMB): # 缩略图用
        w, h = MAX_W_TMB, MAX_H_TMB
        add_chr = TMB_CHAR
    else:
        return None                                              (17)

    # 缩放
    img.thumbnail((w, h))                                        (18)

    # 添加水印
    w_img, h_img = img.size
    w_wm, h_wm = watermark.size
    img.paste(watermark, (w_img - w_wm, h_img- h_wm), watermark) (19)

    # 在文件名中添加相应的字符串并保存
    fname, ext = os.path.splitext(img_name)
    img.save(os.path.join(output_path, fname + add_chr + ext))   (20)
```

(以下为主程序)

```
# 读取面部图标图片与水印图片
face_icon = Image.open(FACE_ICON_FILE)
watermark = Image.open(WM_FILE)                                  (1)

# 创建检测器
cascade = cv2.CascadeClassifier(CASCADE_FILE)                    (2)

# 选择原图片文件夹
root = tkinter.Tk()
root.withdraw()
msg = '请选择图片文件夹'                                            (3)
```

图 3.11 续

```
img_dir_path = tkinter.filedialog.askdirectory(title=msg)    (3)
if (not img_dir_path): # 点击“取消”时执行的操作
    print('请选择文件夹')                                      (4)
    sys.exit()

# 选择输出文件夹
msg = '请选择输出文件夹'
output_dir_path = tkinter.filedialog.askdirectory(title=msg)
if (not output_dir_path): # 点击“取消”时执行的操作
    print('请选择文件夹')
    sys.exit()

# 逐个处理原图片文件夹中的所有文件
for img_file in os.listdir(img_dir_path):                    (5)
    # 读取原图片 (PIL)
    img_path = os.path.join(img_dir_path, img_file)
    img_pil = Image.open(img_path)                           (6)

    # 为进行人脸识别，用 OpenCV 库以灰度模式另行读取文件
    img_cv = cv2.imread(img_path, cv2.IMREAD_GRAYSCALE)      (7)

    # 遮挡面部
    mask_face(img_cv, cascade, img_pil, face_icon)           (8)

    # 创建移动文件的目标文件夹
    output_path = mkdir_dto(img_pil, output_dir_path)        (9)

    # 创建博客用图与缩略图
    make_img(img_pil.copy(), img_file, Mode.BLG, watermark, output_path)
    make_img(img_pil, img_file, Mode.TMB, watermark, output_path)
                                                             (10)
    # 关闭原图片
    img_pil.close()

    # 移动原图片
    shutil.move(img_path, output_path)                       (11)
```

图 3.11 续

定义的“FACE_ICON_FILE”等常量为字符串，分别代表图标图片、水印图片与级联文件的文件名。由于被作为常量使用，故依照惯例以大写字母和下划线命名变量。

先从主程序开始讲解。这部分从图 3.11 的（1）处——面部图标图片与水印图片的读取——开始。

这里使用第三方库 Pillow 进行图片处理。该库可以轻松地进行各种图片的处理。OpenCV 库也可以实现同样的图片处理，但针对本例中的处理内容，使用 Pillow 库的话，代码会更加简单。因此本例中图片处理全部使用 Pillow 库，OpenCV 库只用于人脸识别。

导入 Pillow 库的代码为开头部分的“from PIL import Image”。import 语句中的库名指定为“PIL”。由于通常情况下只会用到 Pillow 库下的 Image 模块内的函数，所以一般在“from...import...”语句中只导入

Image 模块。

使用 Pillow 库进行图片处理之前需要打开并读取对象图片。这个操作通过 Image.open 函数进行。

<语法格式>

```
Image.open(fp, mode='r')
```

<参数>

```
fp   ：图片文件
mode：只读模式设为“r”。可省略
```

参数 fp 接收字符串形式的对象图片文件名（带路径）。参数 mode 在只读模式时设置为“r”。由读取的图片文件所生成的对象（Image 对象）将被作为返回值返回。

（1）处用变量 face_icon 与 watermark 分别读取图标图片与水印图片。两者都将代表文件名的常量传递给参数 fp。由于需要对这两张图片进行加工，故不设置参数 mode 的值。

之后的（2）处是在图 3.5 和图 3.7 中学过的操作——为人脸识别创建检测器并存储于变量 cascade 中。

● 使用对话框选择文件夹

（3）处是用对话框选择原图片文件夹的操作。对话框相关的操作需要用到 Tkinter 模块——一个用于操作 GUI[①] 的模块。导入该模块的代码为开头部分的“import tkinter.tkinter.filedialog”。在大部分编程环境中，只导入 tkinter 模块会报错，故此处直接导入 tkinter.filedialog 模块。虽然用“as”可以简化输入，但这里先不使用。

接下来的两行代码“root = tkinter.Tk()”和“root.withdraw()”是隐藏 Tkinter 主窗口的操作。即使不进行这步操作，对话框也会出现且可以使用。但由于会同时出现 Tkinter 主窗口，故这步操作逐渐成了一个约定俗成的惯例。（3）处最后的如下代码执行弹出选择文件夹的对话框的操作。

```
img_dir_path = tkinter.filedialog.
askdirectory(title=msg)
```

文件夹显示由 tkinter.filedialog.askdirectory 函数实现，其基本语法格式如下。

<语法格式>

```
tkinter.filedialog.askdirectory(title)
```

<参数>

```
title：对话框的标题
```

参数 title 接收字符串形式的对话框标题。函数运行后将弹出对话框，并以字符串形式返回所选择的文件夹的路径。本例中，用变量 msg 存储标题字符串“请选择图片文件”并传递给参数 title。函数的返回值保存于变量 img_dir_path 中以备后用。

（4）处的 if 语句设置了未在对话框中选择文件夹并点击“取消”时的操作。点击“取消”后，tkinter.filedialog.askdirectory 函数将返回一个空字符串。（4）处使用 not 运算符判断变量 img_dir_path 是否为空。若为空则调用 print 函数输出“请选择文件夹”，然后执行“sys.exit()”终止程序。为了使用 sys.exit 函数，在程序开始时通过“import sys”语句导入了 sys 模块。

对于其他超出用户预想的操作，以及诸如图片文件无法打开、保存失败等异常情况，通常还应该详细设置相应的处理方法，但此处略去。

在（4）处下方的注释“# 选择输出文件夹”之后的代码是用对话框选择输出文件夹的操作。操作内容与（4）处基本相同，不同之处只在于选取的文件夹路径的存储对象换成了变量 output_dir_path。

● 使用 for 循环逐张处理原图片

在（5）处的 for 循环中，将按顺序逐张

① 译者注：Graphical User Interface 的缩写，即图形用户界面。

处理所选取的原图片文件夹中的图片文件。for 语句中的循环变量设为 img_file，in 之后的遍历结构设为“os.listdir(img_dir_path)”。

```
for img_file in os.listdir(img_dir_
path):
```

这里的 os.listdir 函数是获取并返回指定目录下所有文件与文件夹的名称列表的函数。

```
&lt;语法格式&gt;
os.listdir(path)
&lt;参数&gt;
path：对象目录的路径
```

参数 path 以字符串形式接收对象文件夹等目录的路径。

例如，图 3.10 中原图片文件夹（photos 文件夹）在“C:/Users/Hidetoshi/Desktop/”目录下。获取并输出该文件夹下的文件名列表的代码如下所示。Hidetoshi 是作者计算机的用户名。读者可以替换成自己的用户名并尝试运行。

```
print(os.listdir('C:¥¥Users¥¥Hidetoshi
¥¥Desktop¥¥photos'))
```

此处需要将 Windows 环境下分隔路径的字符“¥”用“¥”进行转义，即需要写两个“¥”。当然，为了能够使用这个函数，需要导入 os 模块。

将上述代码单独在 Jupyter Notebook 的一个单元格中运行后的结果如图 3.12 所示。该代码输出以“IMG001.jpg”为首的文件名列表。本例中（5）处的 for 循环在运行时，将从由“os.listdir(img_dir_path)”获得的原图片文件夹的文件名列表中的第一个开始，把文件名依次存入变量 img_file 中。

```
In [1]: import os

        print(os.listdir('C:¥¥Users¥¥Hidetoshi¥¥Desktop¥¥photos'))

        ['IMG001.jpg', 'IMG002.jpg', 'IMG003.jpg', 'IMG004.jpg', 'IMG005.jpg', 'IMG006.jpg', 'I
        MG007.jpg', 'IMG008.jpg', 'IMG009.jpg', 'IMG010.jpg']
```

图 3.12　在 Windows 环境下，调用 os.listdir 函数获取并输出指定文件夹中的文件名列表的结果

● 拼接路径需用 os.path.join 函数

在 for 循环的循环体中，首先在（6）处用 Pillow（PIL）库打开需要处理的原图片。传递给 Image.open 函数的参数 fp 的图片文件路径由以下代码拼接而成，并存储于变量 img_path 中。

```
img_path = os.path.join(img_dir_path,
 img_file)
```

目标图片文件的路径由两个字符串——变量 img_dir_path（通过对话框选取的原图片文件夹路径）和变量 img_file（for 语句中依次获取的原图片文件名）——经 os.path.join 函数拼接而成。

虽然用“+”运算符号也可实现路径字符串的拼接，但是由于使用 os.path.join 函数更加方便，故强烈建议使用 os.path.join 函数。除了能够自动添加路径分隔符之外，还可以根据所使用的操作系统的不同选取相应的路径分隔符，当在 Windows 操作系统下时使用“\”，其语法格式如下。

```
&lt;语法格式&gt;
os.path.join(path1, path2,…)
&lt;参数&gt;
path：组成需要拼接的路径的各个字符串
```

传递给参数的字符串将以与操作系统相应的路径分隔符拼接后返回。在 Windows 操作系统中，转义处理也将自动执行。如在 Windows 环境下运行以下代码将返回字符串“boo\\foo”。

```
os.path.join('boo', 'foo')
```

继续以逗号分隔排列，可指定 3 个以上的参数。

若运行“print(os.path.join('boo', 'foo'))”这句代码，将输出“boo\foo”——只会输出一个“\”。这是由于 print 函数不会输出转

义符。

（6）处通过将变量 img_path 传递给 Image.open 函数的参数 fp 打开原图片文件，并将创建的 Image 对象存储于变量 img_fil 中。

● **用 shutil.move 函数移动文件**

为进行人脸识别，在用 Pillow 库读取原图片文件之后，还需要通过（7）处的操作，用 OpenCV 库再次打开原图片并存储于变量 img_cv 中。由于这次读取的图片只用于人脸识别，故 cv2.imread 函数的参数 flags 设置为 cv2.IMREAD_GRAYSCALE，即一开始便以灰度模式读取图片。

接着执行（8）~（10）处 3 步操作。如下所示，需要在主程序之前定义每步操作中要用到函数，然后分别在（8）（9）（10）处调用。

```
（8）遮挡面部
mask_face 函数　(a) 处定义
（9）创建目标文件夹
mkdir_dto 函数　(b) 处定义
（10）创建博客用图与缩略图
make_img 函数　(c) 处定义
```

（10）处改变参数设置两次调用 make_img 函数。我们先掌握以上 3 步操作之后的操作流程，之后再详细介绍各个函数的函数体与需要传递的参数。

通过（10）处之后的代码“img_pil.close()”，关闭在循环开始时用 PIL 打开的原图片。关闭图片文件的操作由 Image 对象的 close 方法实现。

在 for 循环的最后，把原图片文件移动到目标文件夹中的（11）处。文件的移动由 shutil 模块的 shutil.move 函数执行。shutil 模块是用于操作文件或文件夹的模块。当然，为了能够使用它，需要先导入 shutil 模块。本例中已在开头部分中将其导入。

shutil.move 函数的基本语法格式如下所示。此外还有一个可省略的参数 copy_function，这里略去不表。

```
&lt;语法格式&gt;
shutil.move(src, dst)
&lt;参数&gt;
src：需要移动的文件或文件夹的路径
dst：目标路径
```

参数 src 与参数 dst 分别以字符串形式接收需要移动的文件或文件夹的路径与目标路径。（11）处的代码如下所示，设置这两个参数。

```
shutil.move(img_path, output_path)
```

传递给参数 src 的变量 img_path 是由（6）处的操作拼成的目标图片文件的路径。

传递给参数 dst 的变量 output_path 通过（9）处的代码存储了目标文件夹的路径。（9）处调用的 mkdir_dto 函数是创建目标文件夹并以字符串形式返回新创建的文件夹路径的函数，之后将详细介绍其具体细节。

这些就是（5）处 for 循环中的操作。如前所述，原图片文件夹中含有多少个图片文件，这些操作就会重复多少次。

● **将图标粘贴到用 OpenCV 库识别到的人脸上**

现在回头来讲解在（8）~（10）处调用的 3 个函数。

第一个是 mask_face 函数。其作用是用图标遮盖图片中的人脸。人脸由 OpenCV 库自动识别。这个函数的定义与代码在图 3.11 中的（a）处。参数为（a）处注释中的 4 个。其中有 2 个参数用于原图片——第一个参数 img_cv 是由 OpenCV 库读取的图片，第三个参数 img_pil 是由 Pillow（PIL）库读取的图片。前者用于人脸识别，后者用于操作图标图片遮挡人脸。

函数中的代码和图 3.7 的前半部分十分相似。首先调用 detectMultiScale 方法进行人脸识别，并将结果保存在变量 faces 中。然后在 for 循环中分别用变量 *x*、*y*、*w* 和 *h* 依次读取识别到的人脸的 *x* 坐标、*y* 坐标、宽度和高度。

实际的面部遮挡操作是在（12）处。在用 Pillow 库读取的图片中，找到识别到的人脸所对应的区域，并将图标文件粘贴到该区域。第一行代码"mask = mask.resize((w,h))"将参数 mask 接收的图标图片缩放至与识别到的人脸相同的大小。缩放需要用到 Pillow 库中 Image 对象的 resize 方法。

<语法格式>

```
Image 对象 .resize(size)
```

<参数>

size：缩放后的大小

参数 size 以元组（宽度，高度）的形式接收图片缩放后的大小。本例中需要将图标图片缩放至与识别到的人脸相同的大小，故使用变量 *w* 和变量 *h* 将该参数值设为"(*w*, *h*)"。

resize 方法将缩放后的图片以 Image 对象的形式作为返回值返回。本例中将缩放后的图片赋值给变量 mask 以备后用。

（12）处的第二行代码"img_pil.paste(mask, (x,y), mask)"将缩放后的图标图片粘贴到人脸区域。粘贴操作由 Pillow 库中的 paste 方法完成。本例中使用的图标图片 smile.png 是透明 PNG 文件，虽然也可以使用 OpenCV 库增加透明度（阿尔法通道）进行粘贴，但由于 Pillow 库中的 paste 方法用起来更方便，故这里使用后者。其语法格式如下。

<语法格式>

```
Image 对象 .paste(im, box, mask)
```

<参数>

im ：用于粘贴的图片

box ：需要粘贴图片的位置

mask：蒙版[①]

Image 对象为需要粘贴图片的目标图片。这里设为 mask_face 函数的参数 img_pil。参数 im 用于设置往目标图片上粘贴的图片，这里设置为变量 mask 即可。

参数 box 以元组（*x* 坐标，*y* 坐标）的形式接收粘贴图片的位置。这里设置为识别到的人脸的 x/y 坐标即可，故设置为"(x，y)"。参数 mask 用于指定蒙版，这里和参数 im 一样设置为变量 mask。

调用 mask_face 函数的地方如前所述为（8）处。第四个参数 mask 设置为（1）处读取了图标图片的变量 face_icon。

● 创建以拍摄日期命名的文件夹

接下来讲解 mkdir_dto 函数。这是用于创建目标文件夹的函数。文件夹名为"yyyymmdd"格式的原图片拍摄日期。其定义位置与代码位于图 3.11 的（b）处，参数如注释中所示。

原图片的拍摄日期可从图片文件所包含的 Exif[②] 信息中获取。拍摄日期对应的属性为 DateTimeOriginal。CIPA（日本国际相机影像器材工业协会）官网上发布有 Exif 的中文版资料（"数码相机图片文件格式标准 Exif 2.31"）。

① 译者注：透明 PNG 图片的透明像素在粘贴时会被默认为实心像素，若要如实体现透明效果则需要添加一个蒙版，用透明像素遮掩实心像素。mask 参数的作用便在于此。因此，参数 mask 通常设置为与参数 im 一样的透明 PNG 图片。

② 译者注：可交换图像文件格式（Exchangeable image file format，Exif），是专门为数码相机的照片设定的，可以记录数码照片的属性信息和拍摄数据。

从上述资料中可知拍摄日期（Date Time Original）的标签号为36867，具体信息显示为“2018:09:27 15:38:20”格式的字符串。mkdir函数中首先将这个标签号的值定义为常量EXIF_DTO。

Python用Pillow库Image对象的_getexif函数从图片中获取Exif信息。这个函数没有参数。运行后将用一个以标签号为键、以每个标签号所对应的具体数据信息为值的字典返回Exif信息。调用mkdir_dto函数获取Exif信息的操作为（13）处。用img._getexif()获取信息后存储于变量exif中，然后通过以下代码便可获得字符串形式的拍摄日期。

```
exif[EXIF_DTO]
```

（14）处的两行代码以Exif信息中的拍摄日期作为将要创建的文件夹的名称，生成“yyyymmdd”格式的字符串。为生成代表目标文件夹名称的字符串，需要先将代表拍摄日期的字符串数据转换为datetime对象。datetime是处理日期和时间的对象。该操作为（14）处的第一行代码“dt = datetime.strptime(exif[EXIF_DTO], '%Y:%M:%d %H:%M:%S')”。数据转换由datatime模块中的datetime.strptime函数实现。这是将日期、时间字符串转换为datetime对象并返回的函数。

```
<语法格式>
datetime.strptime(date_string, format)
<参数>
date_string: 日期、时间字符串
format      : 日期、时间格式
```

（14）处，参数date_string设置为代表Exif信息中的拍摄日期的字符串数据“exif[EXIF_DTO]”。参数format接收用格式化符号说明日期格式的字符串。（14）处将其设置为“%Y:%M:%d %H:%M:%S”，即用格式化符号说明Exif信息中的拍摄日期的格式。可用的格式化符号如表3.1所示。这样就可以得到代表Exif信息中的拍摄日期的datetime对象，并赋值给变量dt以备后用。datetime模块的导入操作在图3.11的开头部分。导入时使用from import语句，可以不一一写出模块名。

（14）处的第二行代码output_sub_dir = dt.stftime('%Y%M%d')由代表拍摄日期的datetime对象生成“yyyymmdd”格式的字符串。生成目标字符串通过date对象的strftime方法实现。该函数可将日期数据转换为指定格式的字符串并返回。

表3.1 （14）处使用的格式化符号

格式化符号	含 义
%Y	公历（4位）十进制年份
%m	以十进制表示的月份，只有一位时需补零
%d	以十进制表示的日期，只有一位时需补零
%H	以十进制表示的小时（24小时制），只有一位时需补零
%M	以十进制表示的分钟，只有一位时需补零
%S	以十进制表示的秒，只有一位时需补零

```
<语法格式>
date 对象 .strftime(format)
<参数>
format: 字符串格式
```

参数format设置为以格式化符号表示目标格式的字符串。（14）处的第二行代码中通过将其设置为“‘%Y%m%d’”，将目标字符串设置为“yyyymmdd”格式。date对象部分设置为变量dt。变量dt虽然是datetime对象，但也可以直接使用。如此这般，通过调用strftime方法生成的、代表目标文件夹名称的字符串将被保存于变量output_sub_dir中以备后用。

创建文件夹的操作在（15）处。首先通过第一行代码“output_path = os.path.join(output_dir_path, output_sub_dir)”，将保存了目标目录的路径的参数 output_dir_path 和保存了（13）处生成的文件夹名称字符串的变量 output_sub_dir 用 os.path.join 函数拼接，并存储于变量 output_path 中。

实际创建文件夹的是第二行代码“os.makedirs(output_path, exist_ok=True)”。创建文件夹由 os.makedirs 函数完成。

<语法格式>

```
os.makedirs(name[, mode[, exist_ok]])
```

<参数>

name　　：需要创建的文件夹路径

mode　　：权限设置。省略则默认为 777（允许所有用户访问、编辑或执行）[①]

exist_ok：当存在同名文件夹时，若这个参数被设为 True，则不新建文件夹；若为 False 或省略，则抛出异常

在（15）处，参数 name 设置为代表目标文件夹名称的字符串变量 output_path。参数 mode 被省略。

参数 exit_ok 被设置为 True，即当存在同名文件夹时不新建文件夹。由此可以避免当原图片文件夹中存在拍摄日期相同的图片时重复创建文件夹。os.makedirs 函数是个高性能的函数，除了创建最下层的文件夹之外，当参数 name 分层级接收文件夹路径时，还可同时创建中间层级中所有不存在的文件夹。

在 mikdir_dto 函数的最后，用 return 语句返回变量 output_path。调用 mkdir_dto 函数的位置如前所述为（9）处。第一个参数 img 接收代表用 Pillow 库读取的原图片变量 img_pil。返回值存储于变量 output_path 中以备后用。

● 创建博客图片 / 缩略图的函数

最后讲解 make_img 函数。这是用于创建博客图片或缩略图的函数。根据参数设置将图片缩放至博客图片或缩略图所设定的大小、添加水印后按照规定的文件名保存。保存路径为原图片的目标文件夹（用 make_dto 函数创建的以拍摄日期命名的文件夹）。函数的定义位置与代码为图 3.11 中的（c）处，参数如注释中所示。

第二个参数控制创建博客用图片还是缩略图。本例中该参数的值为 Enum 型（枚举型）数据，需从（16）处定义的枚举项 Mode.BLG 或 Mode.TMB 中选择其一。

Enum 型是 Python 3.4 之后新增加的数据类型，作为 Enum 类的子类，使用 class 语句进行定义。这里类名设为“Mode”。

本例中有两个枚举项——“BLG”与“TMB”。前者意为博客用，后者意为缩略图用。各个枚举项的值可以用数字直接设定，而这里使用 auto 函数进行设定。这是能自动为各个枚举项分配合适的值的函数，用起来十分方便。在图 3.11 的开头部分，用“from enum import Enum, auto”导入了 Enum 类与 auto 函数。

其实也可以不用 Enum 型而直接定义两个常量。但使用 Enum 型有着管理更加高效且能够使用 auto 函数等优点。本例中由于只有两个枚举项，故用常量来管理也并无不可。但今后在别的程序中，当需要管理多个枚举项时，Enum 型便可大显身手——例如可以按类别定义 Enum 型变量以实现分类管理，等等。

接下来讲解 make_img 函数的函数体。程序开头部分已定义了保存文件时往文件名中添加的字符以及与图片大小相关的数值常量。然后通过（17）处的 if 语句，根据参

---

① 译者注：执行操作只适用于该文件为可执行程序时。

数 mode 接收的值是 Mode.BLG 还是 Mode.TMB，设置博客用图片与缩略图的大小以及添加到文件名中的字符串。

缩放图片的操作为（18）处。如功能介绍中所述，博客图片与缩略图的的缩放都是保持原图片的长宽比不变，将宽度与高度中数值较大的一方调整为上限值。在（17）处，宽度与高度的上限值分别赋值给了变量 *w* 与变量 *h*。

实际的缩放处理通过 Pillow 库 Image 对象的 thumbnail 方法进行。

<语法格式>

```
Image 对象 .thumbnail(size)
```

<参数>

size：图片尺寸的上限值

参数 size 通过元组（宽度，高度）接收缩放后图片尺寸的上限值，可将原图片的宽度与高度中数值较大的一方调整为相应的上限值并等比例缩小。（12）处用到的 resize 方法则是把原图片的宽度与高度都调整为指定的长度，并不会保持原图片的长宽比。这便是两者的不同之处。

（18）处将 thumbnail 函数的参数 size 设置为“(*w*, *h*)”。原图片的宽度与高度中数值较大的一方将被相应地调整为变量 *w* 所代表的宽度上限值或变量 *h* 所代表的高度上限值。

接下来的（19）处的操作是在缩放后的图片上添加水印图片。水印图片也是 PNG 透明图片，粘贴操作由（12）处出现过的 paste 方法执行。为了能准确粘贴在缩放后的图片的右下角，需要计算粘贴位置。

首先由第一行代码读取缩放后图片的宽度与高度并分别存储于变量 w_img 与 h_img 中。Image 对象可以通过代表 size 属性的“.size”以元组（宽度，高度）形式获取图片大小。第二行代码同理获取水印图片的宽度与高度并存储于变量 w_wm 和 h_wm 中。然后在第三行的 paste 方法中，参数 box 被设为“(w_img - w_wm, h_img - h_wm)”。由于粘贴位置的 *x* 坐标为“w_img – w_wm”，*y* 坐标为“h_img - h_wm”，水印图片将正好被粘贴在图片的右下角（见图 3.13）。

最后的（20）处的操作是在文件名的

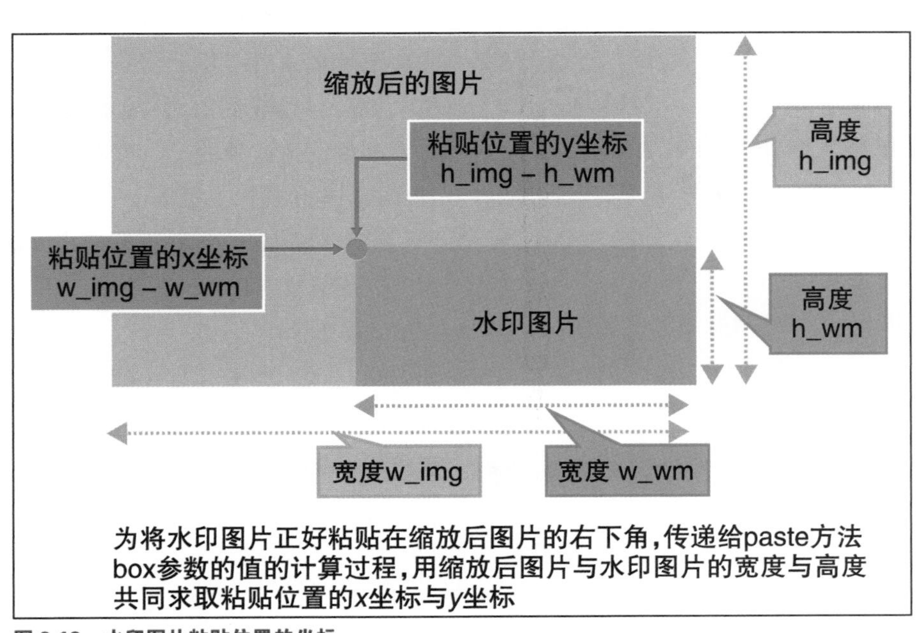

图 3.13　水印图片粘贴位置的坐标

末尾添加字符串“_s”或“_tmb”并保存于目标文件夹。第一行代码“fname，ext = os.path.splitext(img_name)”将带路径的原图片文件名与文件扩展名分割后分别存储于变量 fname 与 ext 中。该分割操作用一个 os.path.splitext 函数即可实现。

```
<语法格式>
os.path.splitext(path)
<参数>
path：带路径的文件名
```

将参数 path 设置为代表带路径的目标文件名的字符串，便可将文件名分割成扩展名之前的部分与扩展名，并以元组形式返回。例如运行“os.path.splitext('C:\\boo\\foo\\hoge.txt')”后，将返回元组“('C:\\boo\\foo\\hoge', 'txt)”。

然后用（20）处的第二行代码将文件以指定的文件名保存。保存用 Pillow 库读取的图片的操作由 Image 对象的 save 方法执行，其基本语法格式如下。此外还有两个可省略的参数，此处略去不表。

```
<语法格式>
Image 对象 .save(fp)
<参数>
fp：需要保存的文件名
```

参数 fp 以字符串形式设置带路径的新文件名。（2）处参数 fp 设置为“os.path.join(output_path, fname + add_chr + ext)”。新文件名由变量 fname——原图片文件名经 os.path.splitext 函数分割后的前半部分、变量 add_chr——需要添加的字符串与变量 ext——原图片文件名被分割后的后半部分（扩展名）——通过“+”运算符拼接而成。

然后再用 os.path.join 函数连接代表保存目录的变量 output_path 与拼接而成的文件名。这样便可在原图片文件名末尾添加“_s”或“_tmb”并保存于目标文件夹中。

调用 make_img 函数的地方如前所述为（10）处。代码如下所示。第一行代码创建博客图片，第二行创建缩略图。

```
make_img(img_pil.copy(), img_file, Mode.
BLG, watermark, output_path)
make_img(img_pil, img_file, Mode.TMB,
watermark, output_path)
```

需要注意的是，第一行代码中参数 img 设置为“img_pil.copy()”，即传递代表原图片的 Image 对象的副本。图片的复制由 Image 对象的 copy 方法实现。

其原因在于 paste 方法所执行的操作。该方法会在 Image 对象上直接进行粘贴操作，运行后 Image 对象将变为添加水印后的图片。因此，如果在第一行代码中调用 make_img 函数时直接将代表原图片的变量 img_pil 传递给参数 img，那么在创建博客图片之后，变量 img_pil 将变为粘贴了水印的图片。再把变量 img_pil 传递给第二行代码中的 img 参数，就会把带水印的图片进行缩放后再次添加水印，从而导致成品上奇怪地出现两重水印。为了避免发生这种情况，第一行代码中将原图片的副本传递给参数 img（见图 3.14）。

同理，thumbnail 方法也是将 Image 对象本身进行缩放。在其他程序中使用 thumbnail 方法时需十分小心这一点。

而（12）处使用的 resize 方法返回缩放后的图片，并不会改变 Image 对象。这也是它和 thumbnail 方法的不同之处。

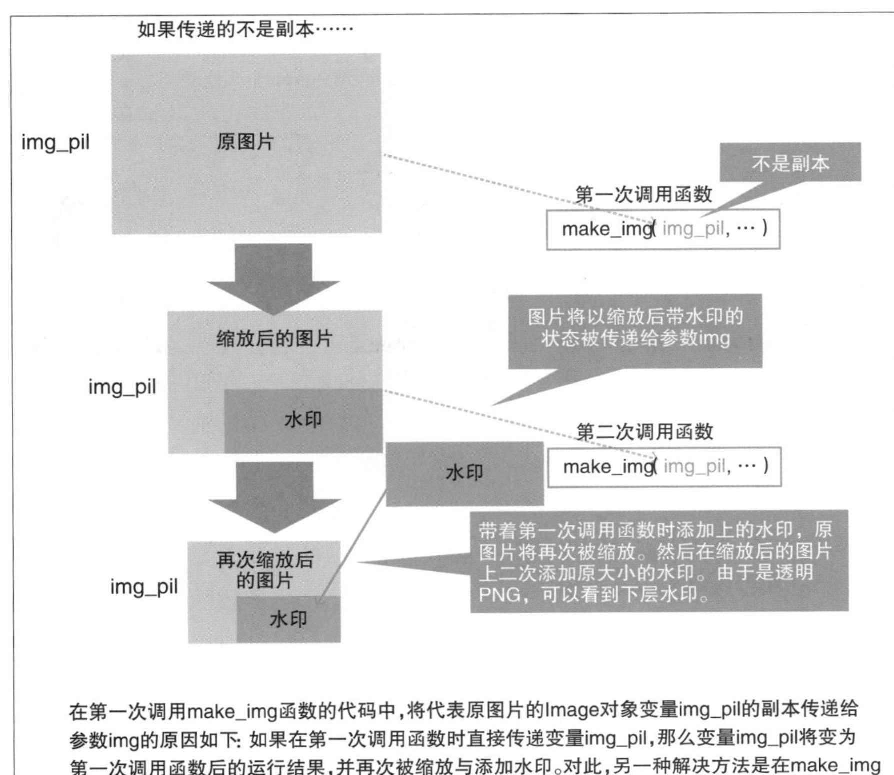

在第一次调用make_img函数的代码中，将代表原图片的Image对象变量img_pil的副本传递给参数img的原因如下：如果在第一次调用函数时直接传递变量img_pil，那么变量img_pil将变为第一次调用函数后的运行结果，并再次被缩放与添加水印。对此，另一种解决方法是在make_img函数中添加"img = img.copy()"，保证将原图片复制后再使用。

图 3.14　将原图片的副本传递给参数 img 的原因

提示栏 2　人脸识别的决定因素

在实现人脸识别的 OpenCV 库的 detectMultiScale 方法中，除了指定对象图片的参数 image，在决定人脸识别结果的因素中，只对参数 scaleFactor 进行了设置。其余作为决定因素的参数主要有以下几个，皆可省略。此外还有 objects 和 flags 参数，但由于基本不会用到，故此处略去不表。

<语法格式>

```
CascadeClassifer.detectMultiScale
(image[, scaleFactor[, minNeighbors[,
```

代码 C mark_faces 函数中调用 detectMultiScale 方法的代码

```
faces = cascade.detectMultiScale(img_cv, scaleFactor=□ )
```

改变这个值

■scaleFactor=1.1　一处误识别

■scaleFactor=1.5　正确识别

■scaleFactor=1.7　无法识别到人脸

图 A　3 次改变参数 scaleFactor 的值的试验结果。该参数的默认值为 1.1，但针对本章中使用的图片，设为 1.5 时识别准确率最高。此处省略其余参数

代码 D　mark_faces 函数中调用 detectMultiScale 方法的代码（2）

```
faces = cascade.detectMultiScale(img_cv, scaleFactor=1.5, minNeighbors=□)
```

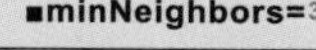

改变这个值

■minNeighbors=0

■minNeighbors=3

■minNeighbors=4

图 B　3 次改变参数 minNeighbors 值的试验结果。只将参数 scaleFactor 设为 1.5，省略其余参数

```
minSize[, maxSize]]]]])
```

＜参数＞

```
scaleFactor ：图片尺寸缩小比例
minNeighbors：构成识别目标的相邻矩形的最小个数①
minSize     ：候选人脸的最小尺寸
maxSize     ：候选人脸的最大尺寸
```

本栏讲解上述 4 个参数——scaleFactor、minNeighbors、minSize、maxSize。

先声明结论：不论哪个参数，都没有一个无论在什么图片中都能实现高精度人脸识别的绝对值。同样的参数值在作用于不同的对象图片时，识别精度会有所不同。故需要根据图片与其他参数随时调整为合适的参数值。

■minSize=(60,60)

```
faces = cascade.detectMultiScale(img_cv, scaleFactor=1.5, minSize= (60,60))
```

由于小于设置的最小尺寸60×60，区域大小为54像素×54像素的孩子的脸无法被识别

■maxSize=(60,60)

```
faces = cascade.detectMultiScale(img_cv, scaleFactor=1.5, maxSize= (60,60))
```

由于大于设置的最大尺寸60×60，区域大小为81像素×81像素的两个大人的脸无法被识别

图 C　将参数 minSize 和 maxSize 依次设置为 (60,60) 的实验结果。只将参数 scaleFactor 设置为 1.5，省略其余参数

● 参数 scaleFactor

根据参数 scaleFactor 的值，detectMultiScale 方法边缩小图片尺度边进行人脸识别。换言之，这个值越接近 1，越能够边细微地缩小尺寸边识别人脸。因此若设的值太大则容易导致漏识别，而设得过小将导致误识别（见图 A）。而且若此参数的值很小（非常接近 1），处理时间将成倍增加。该参数可以被省略，其默认值为 1.1。需要注意的是，此参数的值需要设置为一个大于 1 且带小数点的数，若设置为小于 1 的数则会报错。

① 译者注：CascadeClassifier.detectMultiScale 方法在进行人脸识别时，检测器以多尺度的方式运行，因此针对单个人脸区域会有多个响应结果（相邻矩形）。只有当针对某个区域的响应数大于 minNeighbors 的值时，该区域才会被视为一个有效的人脸区域。

● **参数 minNeighbors**

作为人脸候选的矩形区域需要有至少与参数 minNeighbors 所设置的值相等的相邻矩形。需要指定一个大于 0 的整数，该参数的默认值为 3。若此参数值过大则容易发生漏识别。反之，若设置过小（例如，0）的数字，将容易导致误识别——如识别到多个矩形（见图 B）。

● **参数 minSize、maxSize**

参数 minSize 通过元组设置宽度与高度。小于这个大小的物体将被忽略。若省略则根据图片自动选取合适的值以便进行处理。若设置的值过大则容易导致漏识别，过小则容易导致误识别（见图 C 中的上图）。参数 maxSize 同样接收元组。大于指定大小的物体将被忽略（见图 C 中的下图）。

第4章

广受欢迎的无人机的教育版 Tello EDU 编程

6 类编程挑战：从官方应用到联合 OpenCV

2018 年 11 月，广受欢迎的无人机“Tello”的编程教育版——“Tello EDU”——正式发布。价格为 16 800 日元（约 1000 元人民币），可从 DJI 商城等渠道购得。

Tello 是中国深圳睿炽科技有限公司推出的，融合了中国大疆（DJI）与美国 Intel 两家公司的技术的无人机。虽然是不受航空法限制、重量不足 200 克的“玩具无人机”，但高度的悬停稳定性使它在 2018 年成为了一款大受欢迎的产品。

Tello 一开始便具备了可用 Scratch 或 Python 等编程的教育功能，而 Tello EDU 可以说是强化了 Tello 的教育功能之后的产品。

除颜色外，Tello 与 Tello EDU 在外观上无甚差异（见图 4.1）。表 4.1 总结了二者的各项参数。虽然基本性能几乎相同，但 Tello EDU 最多可支持 4 架无人机编队飞行，且支持使用“任务垫”。

表 4.1 Tello 与 Tello EDU 的主要参数

	Tello	Tello EDU
重量	80g	87g
大小	98 mm × 92.5 mm × 41 mm	
内置功能	定高计、气压计、LED 指示灯、下视视觉、2.4GHz 802.11n Wi-Fi 连接、720p 实时图传	
最高飞行速度	8 m/s	
最长飞行时间	13 分钟	
任务垫	不支持	支持
多机编队飞行	不支持	支持
价格	12 800 日元（约 760 元人民币）	16 800 日元（约 1000 元人民币）

图 4.1 小型无人机“Tello”（左）与“Tello EDU”（右）

任务垫是 Tello EDU 附带的如图 4.2 所示的垫子。使用它可以开发使用位置信息的程序。

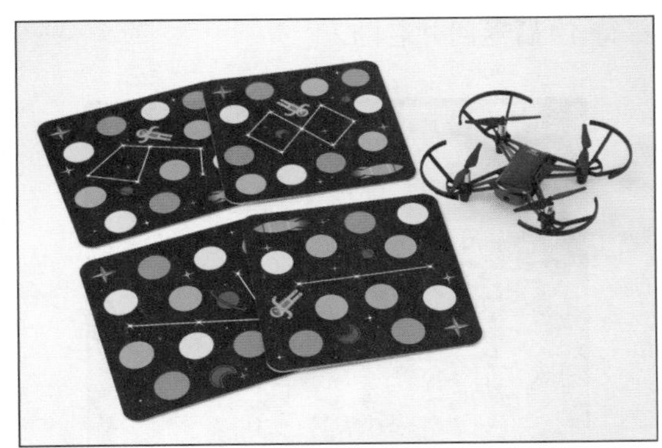

图 4.2 Tello EDU 附带的任务垫（共 4 张），可用作定位当前位置的标记

Tello EDU 可通过无线 LAN 连接智能手机或平板电脑，并使用用于 Tello 的 iOS/Android 应用程序“TELLO”（见图 4.3）进行操控。用户可以一边看着通过标配摄像头拍摄的景象一边操纵 Tello EDU（见图 4.4）。Tello EDU 还可以拍摄照片或视频。然而，这个 TELLO 应用程序并不具备编程元素。编程需要用到之后介绍的“TELLO EDU”等应用程序。

图 4.5 所示为 Tello EDU 在飞行时的样子。和 Tello 一样，若在无风的室内，悬停时便可完全静止在空中。这对于无人机操控而言实在令人激动。此外，Tello EDU 对操控者的操作所做出的反应也准确无误——当操控者进行往右移动的操作时，无人机便准确地往右移动。读者或许会将此视为理所当然，但玩具无人机中能够被如此精确操作的并不多见。由于能够完全按照操控者的操作移动，即使在较狭窄的室内也能放心使用。这在用于编程教育时是很重要的一点。

图 4.3 官方应用“TELLO”

本章将使用 Tello EDU 讲解 6 类编程。第 1 种到第 4 种为使用智能手机或平板电脑的编程，第 5 种和第 6 种为使用计算机的编程。

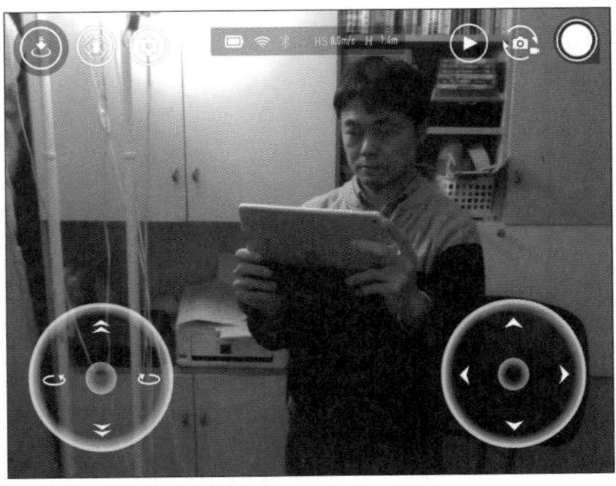

图 4.4 使用应用程序“TELLO”操纵无人机，可使用摄像头进行自拍

图 4.5 正在飞行的 Tello EDU，值得夸耀的出众稳定性

1 使用官方应用 TELLO EDU 进行编程

首先试着用睿炽科技官方授权的、用于 Tello EDU 的 iOS/Android 应用程序 TELLO EDU（见图 4.6）进行编程。

图 4.6　睿炽科技官方应用 TELLO EDU

TELLO EDU 中共有 3 种模式——通过触屏操纵 Tello EDU 的“遥控”模式、跟着应用程序上设置好的任务学习积木程序[1]的“飞行学校”模式与能够自由搭建积木程序的“积木”模式。与 Scratch 相似，积木程序通过组合积木完成编程。

TELLO EDU 中的积木多达 57 种。仅是和移动相关的积木便有许多，如图 4.7 所示，其中还有能够控制曲线飞行的积木。

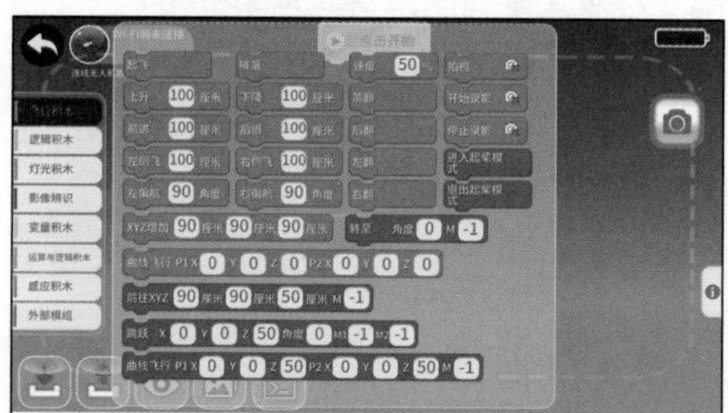

图 4.7　应用程序 TELLO EDU 中预置的积木，通过组合这些积木进行编程

图 4.8 所示为一个简单程序的例子。运行该程序后，无人机起飞并向斜上方飞行，等待 1s 后返回并着陆。

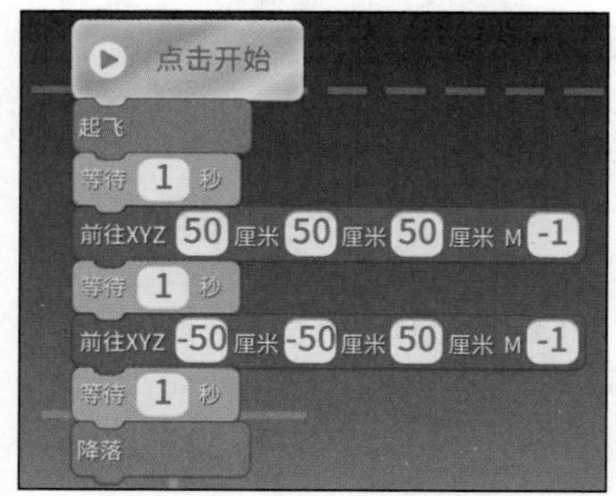

图 4.8　用“TELLO EDU”制作的程序示例

2 用“DroneBlocks”进行编程

DroneBlocks 也是用积木程序控制 Tello EDU 的 iOS/Android 应用程序（见图 4.9）。但是并没有触屏操纵功能，只是一款单纯的编程应用程序。

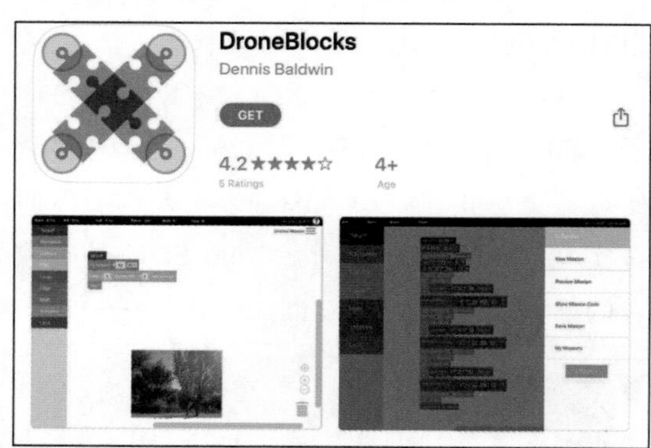

图 4.9　应用程序 DroneBlocks

DroneBlocks 中共有 28 种积木。图 4.10 所示为一个简单程序的示例。运行该程序后，Tello EDU 将在起飞后前进 50cm，然后返回并着陆。

顺便一提的是，DroneBLocks 的 iOS 版不仅支持 Tello EDU，还支持“ DJI Phantom 4”“DJI Mavic Pro”“DJI Mavic Air”与“DJI Spark”等大疆无人机。因此，通过积木程序便可操控这些正式的无人机。

① 译者注：在 TELLO EDU 应用程序中，对无人机的各种操作都被预设成一块块的“积木”，使用者通过将需要用的积木拖曳到编程界面中即可像搭积木一样编写控制无人机的程序。

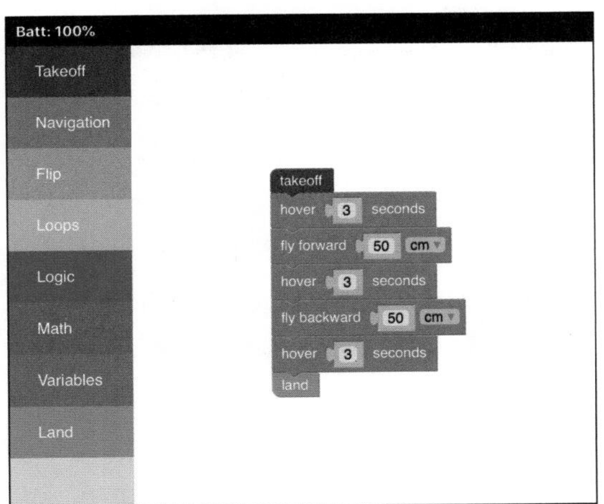

图 4.10 用 DroneBlocks 制作的程序示例

3 使用 Swift Playgrounds 进行编程

Swift Playground 是美国 Apple 公司提供的在 iPad 上运行的编程学习应用程序（见图 4.11）。如其名字所示，这款应用使用 Apple 开发的编程语言“Swift”学习各种编程。

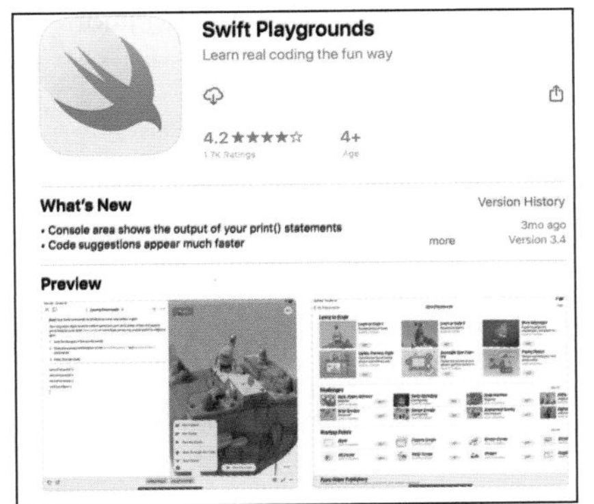

图 4.11 编程学习应用程序 Swift Playground，iPad 专用

Swift Playground 支持 Tello EDU 程序。在启动应用程序后的界面中点击“From Other Publishers”处的“Tello by Ryze”图标，再点击“订阅”按钮，便可下载名为“Tello Space Travel”的 Tello EDU 相关内容。

Tello Space Travel 中收录了很多用于记忆 Tello EDU 编程方法的任务。图 4.12 所示为其中一例。完成任务需在用四边形框起来的地方输入适当的命令。Swift Playgrounds 为 Tello EDU 预设了以下命令。

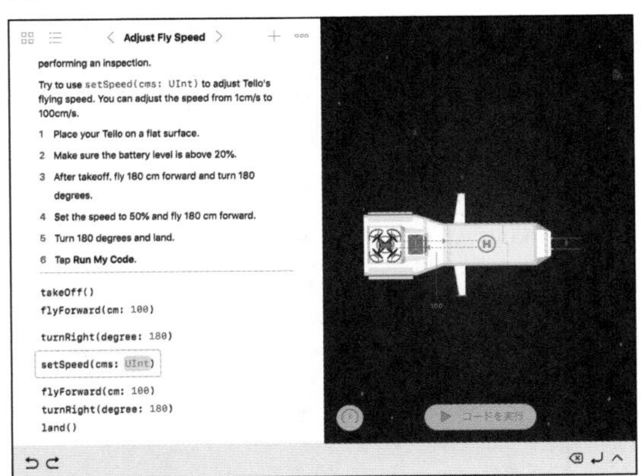

图 4.12 Tello Space Travel 的界面，以填空形式输入代码

```
takeoff()：起飞
flyForward(cm：距离)：前进
flyLeft(cm：距离)：向左平移
flyRight(cm：距离)：向右平移
flyBackward(cm：距离)：后退
turnRight(degree：角度)：顺时针旋转
turnLeft(degree：角度)：逆时针旋转
flyLine(x：x 坐标，y：y 坐标，z：z 坐标)：
移动到指定坐标
land()：降落
```

输入适当的命令后，点击“运行代码”按钮，若 Tello EDU 确实能够飞行则完成任务。

4 使用“任务垫”的编程

Swift Playgrounds 也支持使用之前提到的“任务垫”进行编程。Tello EDU 附带有 4 张任务垫。4 张任务垫乘正、反两面共 8 面，分别用 1~8 进行编号。Tello EDU 的腹部装有用于定位的摄像头，通过这个摄像头可以识别置于地板上的任务垫图像。

图 4.13 所示是一个放置了任务垫的例子。放置于图 4.2 中右下方的任务垫的位置为坐标原点（x=0, y=0, z=0）。x 轴与 y 轴的方向取决于任务垫放置的方向。

图 4.14 所示是收录于 Swift Playgrounds 的 Tello Space Travel 中的一个任务。在这

个程序中，Tello EDU 在起飞后将移动到坐标为（x=30, y=0, z=100）的位置，然后降落（见图 4.15）。坐标数值的单位为厘米。使用“getPadPos”函数可以获得以任务垫为原点的位置信息。换言之，使用任务垫可以以任务垫为原点对无人机进行正确操控。

图 4.13　放置任务垫作为标记

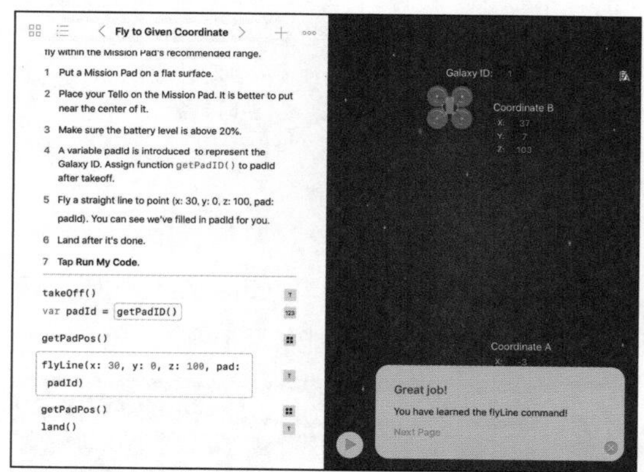

图 4.14　Tello Space Travel 的界面。以任务垫为标记可从 Tello EDU 端检测到坐标

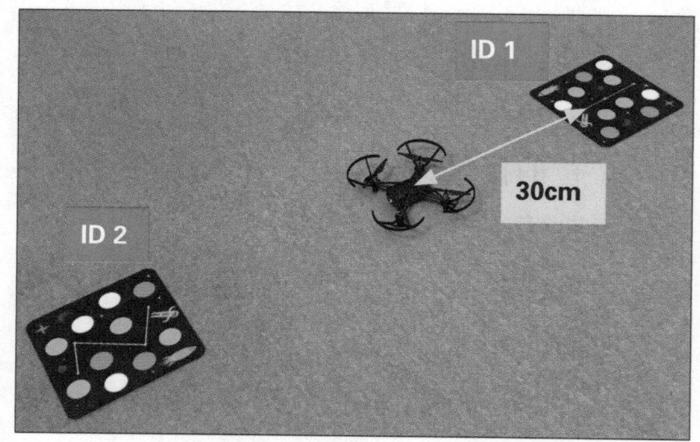

图 4.15　程序运行后的状态，无人机从任务垫前进 30cm 后降落

5　用计算机进行编程——飞行篇

接下来尝试在计算机上编写程序操纵 Tello EDU。

基于计算机的编程不止一种，本章使用 hangyazou 开发的 Python 库“TelloPy”。使用 TelloPy 库可以通过 Python 轻松操纵 Tello EDU。GitHub 上有 TelloPy 库的源码与文档。

Python 是在人工智能与教育等领域广受欢迎的编程语言。由于便于同时调用 TelloPy 库之外的各种丰富的库，因此用 Python 编写无人机程序有着明显的优势。

首先搭建开发环境。在计算机上下载 Python“Anaconda”的安装包并安装（见图 4.16）。Anaconda 有 Windows 版、MacOS 版与 Linux 版。由于本章用的是 Windows 操作系统的计算机，故使用 Windows 版的 Anaconda。Python 的版本选择“Python 3.7 version”。

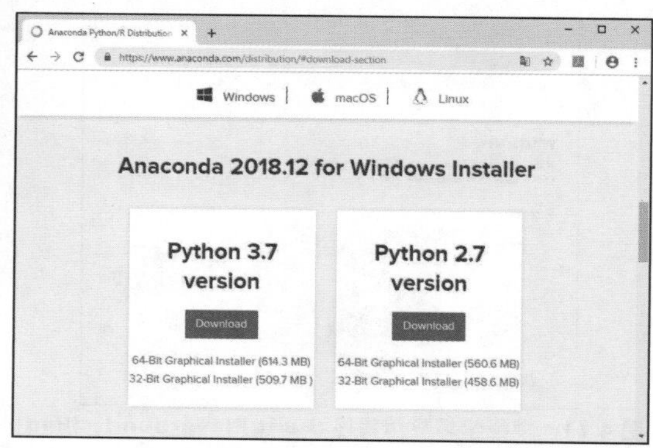

图 4.16　Anaconda 下载界面，在此下载安装包

完成 Anaconda 的安装之后，从开始菜单中启动“Anaconda Prompt”。此时，为了以防万一，如图 4.17 所示选择“以管理员身份运行”。这样可以提前避免与权限相关的问题。

然后用 pip 命令或 conda 命令安装 TelloPy 库与其他需要用到的库。在 Anaconda Prompt 中输入以下命令。

```
pip install tellopy
```

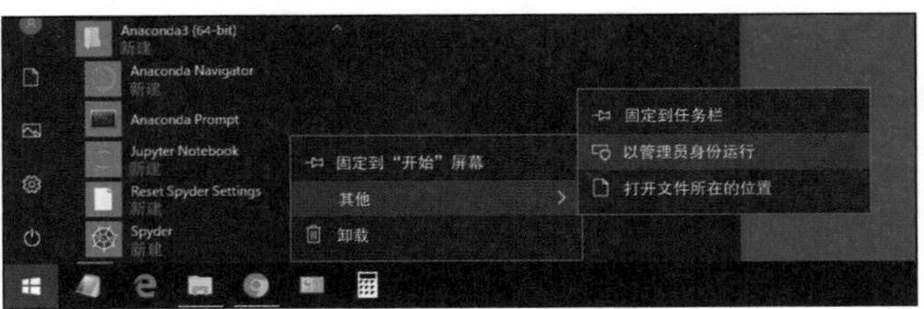

图 4.17　以管理员身份运行 Anaconda Prompt

```
conda install -c conda-forge av
pip install opencv-python
pip install image
```

第一行命令安装 TelloPy 库，同时安装样本程序。

第二行命令安装 PyAV 库。使用这个库可以在 Python 中处理 FFmpeg 格式的视频。

第三行命令安装 OpenCV 库。该库提供各种图片处理功能。

第四行命令安装的是一个对视频进行修剪或大小调整的库。至此开发环境搭建完毕。

- **让 Tello EDU 旋转**

现在尝试用 Python 和安装好的库编写一个简单的程序。代码 4.1 中的 takeoff.py 是让 Tello EDU 旋转的程序。在文本编辑器中输入该程序。

Python 程序有几点语法规范，这里说明其中的几个要点。程序开头用“import tellopy”语句让程序可以使用 TelloPy 库。之后运行“drone = tellopy.Tello()”，创建 Tello 类的 Tello 对象。由于这里将这个 Tello 对象命名为“drone”，故使用“drone. 函数名”语句可以向 Tello EDU 发送操控命令。Tello 对象有以下函数。

```
connect()：开始连接 Tello EDU
wait_for_connection(时长)：等待连接完成
takeoff()：起飞
clockwise(速度)：顺时针旋转
counter_clockwise(速度)：逆时针旋转
forward(速度)：前进
backward(速度)：后退
up(速度)：上升
down(速度)：下降
land()：降落
quit()：断开与 Tello EDU 的连接
```

代码 4.1 所示的程序中使用 counter_clockwise 函数与 clockwise 函数让无人机旋转。需要注意的是，运行一次移动或旋转函数后，无人机便会不停地移动或旋转。让 Tello EDU 停下来的方法是将速度参数设为 0 并运行函数。

运行程序需在 Tello EDU 接入电源的状态下，点击 Windows 任务栏中的网络图标。之后将出现访问点列表，在其中选择“Tello~”。这样就可以通过无线 LAN 连接

代码 4.1　让 Tello EDU 旋转的程序 takeoff.py

```
from time import sleep
import tellopy  ← 导入TelloPy库

def main():
  drone = tellopy.Tello()
  try:
    drone.connect() # 连接 Tello
    drone.wait_for_connection(60.0)
    drone.takeoff() # 起飞
    sleep(5)
    drone.clockwise(50) # 顺时针旋转
    sleep(3)
    drone.clockwise(0)
    sleep(1)
    drone.counter_clockwise(50) # 逆时针旋转
    sleep(3)
    drone.counter_clockwise(0)
    sleep(1)
    drone.land() # 降落
    sleep(5)
  except Exception as ex:
    print(ex)
  finally:
    drone.quit()

if __name__ == '__main__':
  main()
```

Tello EDU 与计算机。

然后在 Anaconda Prompt 中运行以下命令。

```
python takeoff.py
```

若程序启动且 Tello EDU 正常起飞、旋转并降落则代表成功完成了这个程序。

6 使用计算机进行编程——图像识别篇

接下来使用 OpenCV 库的功能来检测 Tello EDU 的摄像头所拍摄到的物体。本来想介绍边飞行边检测并追踪物体的程序，但由于稳定性与可重复性太低，这里只介绍用于检测物体的程序代码。

OpenCV 库中有各种各样的图像识别与物体检测功能。在这些功能中，此次尝试检测拍摄到的图像中“圆形”的部分。程序需在 Tello EDU 降落后运行。

代码 4.2 为完成的程序 findcircle.py。这是由 TelloPy 库附带的样本程序 video_effect.py 改写而成的。

用计算机接收 Tello EDU 的摄像头画面需要用到 TelloPy 库中的 get_video_stream 函数。接收到的数据将会被压缩成 FFmpeg 格式的视频，故需要使用 av 模块将每一帧画面都转化为静态图。转换后的图片存储于变量 frame 中。

虽然要从这些数据中检测圆形，但若图像处理的负担过重，则有可能无法跟上拍摄的速度。因此，程序中并不处理所有的图像，而是根据负荷，选取间隔一定帧数的图像进行处理。未被处理的图像的张数存储于变量 frame_skip 中。frame_skip 的值根据计算机的处理能力自动算出。

圆形的检测由两种图像处理函数实现。首先使用 Canny 函数勾画出图像的边缘。这个函数中用到了名为“Canny 算子”[1]的算法。Canny 函数的语法格式如下所示。

```
输出图像 = cv2.Canny(输入图像, 阈值1, 阈值2)
```

“cv2”是 OpenCV 的模块名。参数“阈值 1”与“阈值 2”中，较大的阈值将被作为开始对拍摄对象物体进行边缘检测的临界值，而较小的阈值则被作为停止检测的临界值[2]。顺便提一下，

代码 4.2 从摄像头画面中检测出圆形的程序 findcircle.py

```
import sys
import traceback
import tellopy
import av
import cv2.cv2 as cv2
import numpy
import time

def main():
  drone = tellopy.Tello() # 连接 Telllo EDU 这句代码实际为创建 Tello 对象，连接 Tello EDU 的代码为下两行的“drone.connet()”语句

  try:
    drone.connect()
    drone.wait_for_connection(60.0)

    retry = 3
    container = None
    while container is None and 0 < retry:
      retry -= 1
      try:
        # 开始接收视频
```

导入要使用的库

① 译者注：Canny 边缘检测算子是 John F. Canny 于 1986 年开发出来的一个多级边缘检测算法。

② 译者注：传统 Canny 算法采用双阈值法从候选边缘点中检测和连接出最终的边缘。双阈值法首先选取一高一低两个阈值，然后开始扫描图像，对候选边缘图像中标记为候选边缘点的任一像素进行检测。若某一像素的梯度幅值高于高阈值，则认为该点是边缘点；若梯度幅值低于低阈值，则认为不是边缘点。对于梯度幅值处于两个阈值之间的像素，则将其看作疑似边缘点，再进一步依据边缘的连通性对其进行判断——若该像素的邻接像素中有边缘点，则认为该点也为边缘点；否则认为该点为非边缘点。简而言之，较大的阈值用于检测图像中明显的边缘，但一般情况下会是断断续续的，这时便用较小的阈值将这些间断的边缘连接起来以平滑边缘线。

代码 4.2 续

```
        container = av.open(drone.get_video_stream())
      except av.AVError as ave:
        print(ave)
        print('retry...')

    frame_skip = 300
    while True:
      for frame in container.decode(video=0):
        if 0 < frame_skip: # 跳帧操作
          frame_skip = frame_skip - 1
          continue
        start_time = time.time()
        image = cv2.cvtColor(numpy.array(frame.to_image()), cv2.COLOR_RGB2BGR)
        image2 = cv2.Canny(image, 100, 200) # 边缘检测操作
        # 检测圆形
        circles = cv2.HoughCircles(image2, cv2.HOUGH_GRADIENT, dp=1, ¥
        minDist=20, param1=70, param2=25, minRadius=0, maxRadius=0)
        if (circles is not None) and (len(circles) > 0):
          circles = numpy.uint16(numpy.around(circles))
          for i in circles[0,:]: # 在图片上画圆
            cv2.circle(image, (i[0], i[1]), i[2], (0, 255, 0), 2)

        cv2.imshow('image', image) # 输出拍摄画面
        cv2.imshow('image2', image2) # 输出边缘检测图像
        cv2.waitKey(1)
        if frame.time_base < 1.0/60:
          time_base = 1.0/60
        else:
          time_base = frame.time_base
        # 算出跳帧数
        frame_skip = int((time.time() - start_time) / time_base)

  except Exception as ex:
    exc_type, exc_value, exc_traceback = sys.exc_info()
    traceback.print_exception(exc_type, exc_value, exc_traceback)
    print(ex)
  finally:
    drone.quit()
    cv2.destroyAllWindows()

if __name__ == '__main__':
  main()
```

接收摄像头画面

存储静态图

这样有两个不同阈值的情况被称为“滞后”。

然后将检测出边缘的图像输入到 HoughCircles 函数中，从而识别出图像中的圆形部分。这个函数中用到了名为“霍夫变换”[①]的算法。HoughCircles 函数中各个参数的含义如下。

① 译者注：霍夫变换是一种特征检测，用来找出物件中的特征。其算法流程大致为：给定一个物件、要辨别的形状的种类，算法会在参数空间中执行投票来决定物体的形状。

dp：设置输入图像的分辨率。为 1 时以相同的分辨率进行识别，为 2 时将图像大小缩小一半后进行识别。

minDist：两个圆形圆心间隔的最小值。这个值过小会导致错误识别圆形，过大则难以识别到圆形。

param1：检测阈值上限①，需设置一个大于 param2 的值。

param2：检测阈值下限②，这个值越小越容易识别到圆形。

minRadius：能够检测到的圆的半径最小值。

maxRadius：能够检测到的圆的半径最大值。设置为 0 则检测时无上限值限制。

这些参数中尤其重要的是 param1 和 param2。根据这两个值的不同，检测到的圆形的数量将大相径庭。若检测到的圆形过多，程序的运行速度将变得极其缓慢，故需要根据周围环境进行相应调整。

那么，用无线 LAN 连接 Tello EDU 后，输入“python findcircle.py”运行程序。片刻后计算机屏幕上将出现两幅图像。

下面展示程序的运行示例。如图 4.18 所示，在 Tello EDU 前放置了苹果和香蕉。此状态下，Tello EDU 的摄像头中出现如图 4.19 所示的画面。

图 4.20 为程序在摄像头拍摄到的画面中进行边缘检测后输出的图像。苹果的边缘被正确识别出。基于这个程序，最终如图 4.21 所示，圆形被成功检测到，而且都被直接画在了摄像头拍摄到的图像上。

至此我们介绍了与 Tello EDU 相关的各种程序。能够用价格便宜的玩具无人机轻松编写这些操控程序实在是一件美妙的事情。读者们一定要动手尝试一下！

图 4.18　在 Tello EDU 前放置苹果和香蕉

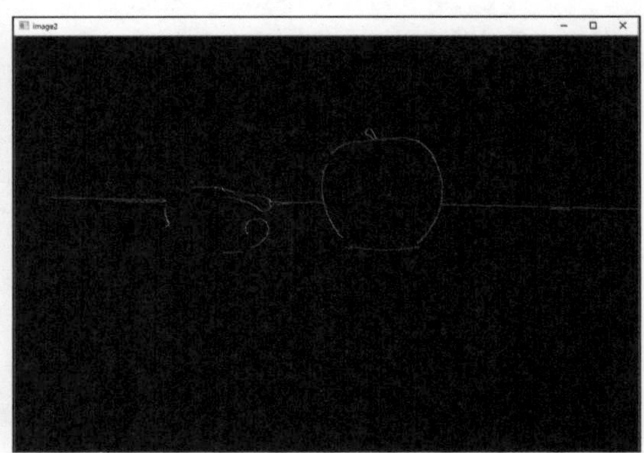

图 4.20　检测边缘

图 4.19　Tello EDU 的摄像头拍摄到的画面

图 4.21　最终输出的图像，完美检测出圆形

① 译者注：对应 Canny 边缘检测的最大阈值。Canny 边缘检测的最小阈值为此参数的一半。

② 译者注：这个参数并不对应 Canny 边缘检测的最小阈值，而是圆心检测阶段累加器的阈值。

第5章

用Pythonista 3开发iPhone应用程序

Part 1 前篇

1 在Pythonista3中使用Python

Pythonista 是什么？

用于 iPhone 的程序（iOS 应用程序）的开发通常需要用 Mac 进行。一般是在 Mac 上用名为“Xcode”的开发工具进行开发。

那么能不能不用 Mac，只用 iPhone 来开发程序呢？实际上有几种方法，也有能够实现这些方法的软件或应用程序。其中，目前最受关注的是一款名为“Pythonista3”的应用程序。这是能在 iPhone 或 iPad 上开发 Python 程序的应用程序。

Python 是一门能够用简单的语法编写易懂的代码的编程语言。而且由于库的种类丰富，在数据科学与 AI（人工智能）等领域中亦使用广泛。

Pythonista3 能够让你在 iPhone 上使用 Python 编程语言。虽然是一款收费的应用程序，但它的完整功能定能让本文的读者感到物有所值。在 App Store 中搜索“Pythonista”便可购得，价格为 68 元人民币（此价格为本书出版时的价格，后续价格可能发生变化，见图 5.1）。

图 5.1　App Store 中的 Pythonista3 页面，这里可购买该应用程序

调出控制台

那么我们就用 Pythonista3 来开发程序。这里不详细讲解 Python 的语法。但正如本文所述，使用 Pythonista3 的话总能大致看懂其中的语法含义。而对于已经掌握了 Python 语法的人而言，遇到语法相关的讲解时，以温习为目的的阅读即可。

使用 Pythonista3 开发 Python 程序的方

法不止一种。首先尝试操作简单的使用“控制台”的方法。

控制台是能够直接运行 Python 命令语句的界面，在输入代码并运行后，将以文字形式输出运行结果。

启动 Pythonista3 后从右往左滑动界面，便会从界面右端出现控制台界面（见图 5.2）。

控制台由输出文本的宽阔区域与其下方仅可输入一行代码的区域构成。在最下方的这个区域中输入 Python 命令语句，点击右侧的换行按钮（Enter 键）便可运行该命令语句。

为了试验，试着输入如下代码并按换行按钮。

```
print('Hello Pythonista 3!')
```

运行后将输出“ Hello Pythonista 3”文本（见图 5.3）。控制台便是如此，只需要“将想要运行的命令语句输入后按按钮”这一简单的操作便可测试 Python 代码。

下面是使用 print 函数输出文本。print 函数的使用方法如下。

```
print（需要输出的值）
```

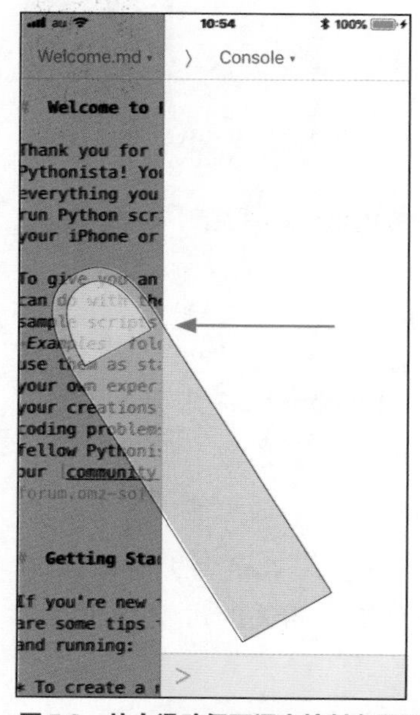

图 5.2　从右滑动便可调出控制台界面

基于文件运行

Pythonista3 还可以不用一行行运行命令语句，而是创建脚本文件并运行。这个方法可以运行真正的操作程序。

自左向右滑动界面，从控制台返回之前的界面（显示 Welcome.md 文档的界面）。点击右上方的“ + ”图标，出现一个有着“ New File... ”“Open Recent... ”与“Documentation”3 个按钮的界面（见图 5.4）。

在这个界面中点击“ New File... ”按钮，然后在出现的列表中点击“ Empty Script ”。再在出现的界面中输入文件名，点击右上方的“Create”便可创建一个脚本文件（这里为 Untitled.py，见图 5.5）。

在这个脚本文件中输入脚本。试着输入简单的操作代码并运行，如输入代码 5.1 中的操作代码。

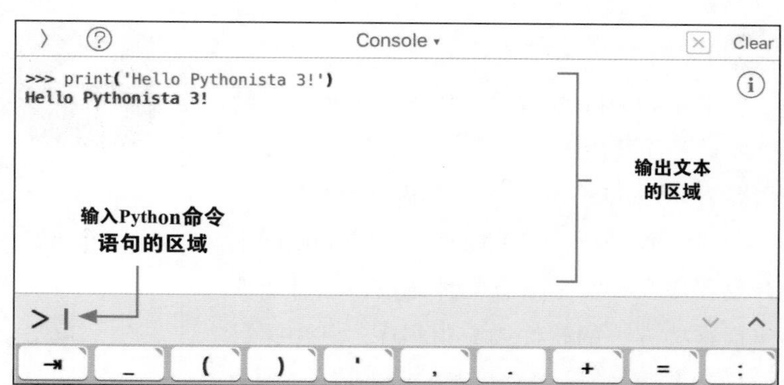

图 5.3　为了便于观看，将界面横置。运行命令语句后输出文本

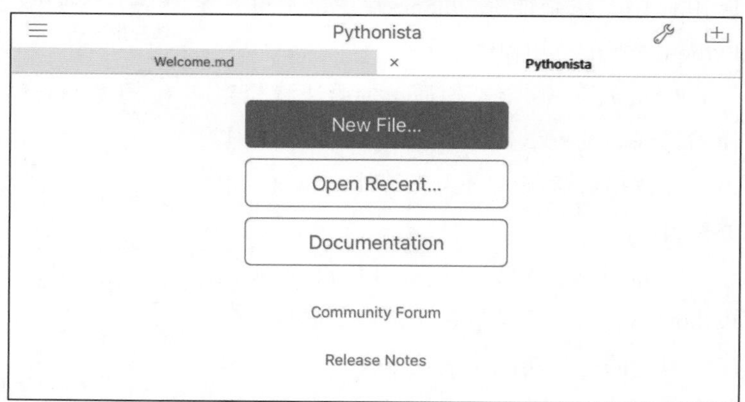

图 5.4　点击“+”图标后出现的界面

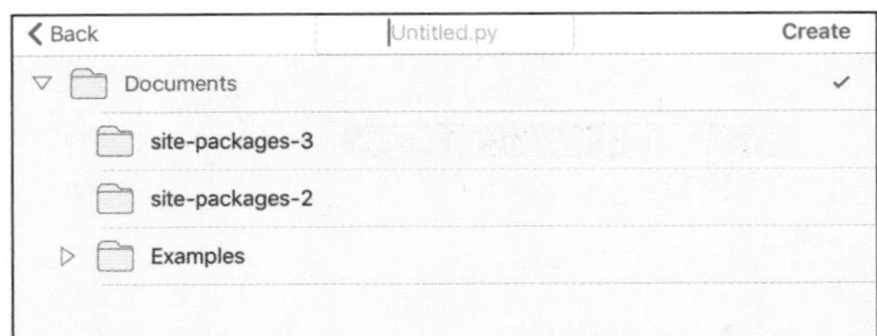

图 5.5 选择“Empty Script”，输入文件名后点击“Create”，便可创建一个新的脚本文件

代码 5.1 脚本文件

```
value =[98, 76, 54, 87, 65]
total = 0
for n in value:
    total = total + n
print(' 合计：' + str(total))
```

点击界面右上方的▷图标（朝右边的三角形）便可运行脚本。运行后将输出变量 value 中存储的所有值的合计结果。虽然是很简单的操作，但由此可见写在脚本文件中的操作确实被执行了（见图 5.6）。

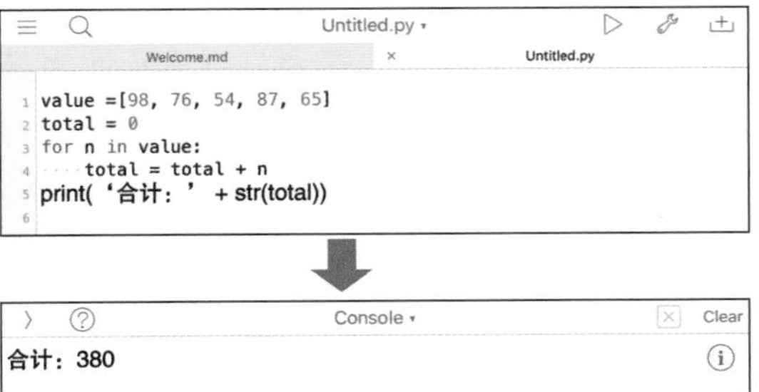

图 5.6 运行脚本后计算并输出变量 value 的合计

2 使用 numpy/matplotlib 库

使用 numpy 库

Pythonista3 中有一套 Python 标准库。不仅如此，常用的 numpy 库与 matplotlib 库也被作为标准库预置于 Pythonista3 之中。

numpy 是囊括了数学中会用到的各种函数的库，用于向量与矩阵计算处理的函数尤其丰富，故被技术系的 Python 用户广泛使用。实际尝试操作一下 numpy 库（见代码 5.2）。

代码 5.2 使用了 numpy 库的程序

```
import numpy as np

arr = np.random.randint(0, 9, 100)
print(arr)
print()
print(' 平均数 :'+str(np.mean(arr)))
print(' 中位数 :'+str(np.median(arr)))
print(' 标准差 :'+str(np.std(arr)))
```

这是一个随机生成 100 个数字并输出它们的平均数、中位数与标准差的例子（见图 5.7）。Numpy 库中有与随机数相关的功能。如下所示创建一个由随机数组成的列表。

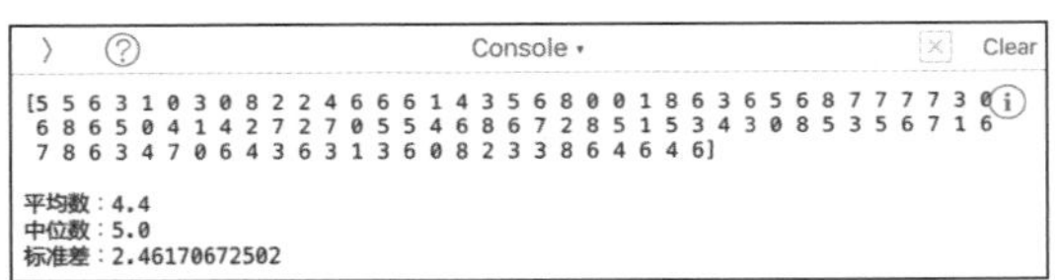

图 5.7 随机生成 100 个数字并计算平均数、中位数与标准差。由于是随机数，每次运行的结果都不一样

```
arr = np.random.randint(0, 9, 100)
```

randint 是生成随机整数的函数。这里用于生成 100 个 0~9 的随机数。randint 通过将最小值、最大值与数字个数传递给参数便可轻松生成随机数列表。

而平均数、中位数与标准差的值由 numpy 库的 mean、median 和 std 3 个函数求得。使用 numpy 库拥有的功能，在 iPhone 上也可以实现平常在计算机上进行的数字处理。

使用 matplotlib 库

matplotlib 库广泛用于数据可视化（图表化）等方面。这是一个以列表或 numpy 向量数据为基础绘制图表的库。在 Pythonista3 中，通过运行 matplotlib 库的代码，可以在控制台上绘制并输出图表。

代码 5.3 是一个实际的应用例子。这是输出 sin/cos 函数曲线的样例程序。运行后图表中绘制出 sin 和 cos 两条函数曲线（见图 5.8）。

代码 5.3 使用了 matplotlib 库的程序

```
import numpy as np
import matplotlib.pyplot as plt

x = np.arange(0, np.pi*2, 0.1)
y1 = np.sin(x)
y2 = np.cos(x)

plt.plot(x, y1)
plt.plot(x, y2)
plt.show()
```

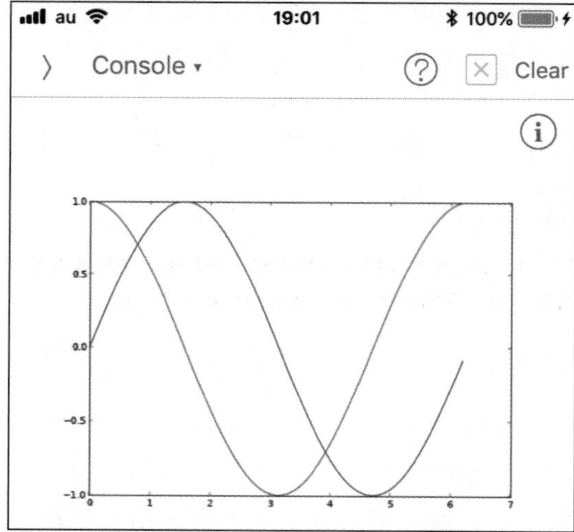

图 5.8 使用 matplotlib 库绘制 sin/cos 函数曲线

matplotlib.pyplot 模块的基本使用方法

matplotlib.pyplot 模块中囊括了图表绘制相关的功能。以下整理了使用 matplotlib.pyplot 模块进行图表绘制的流程。

（1）准备用于绘制图表的数据

图表基本是以事先准备好的 *X* 轴与 *Y* 轴的值为基础进行绘制的。这就需要先把相应的数字分别存储在两个列表中，而且两个列表中的元素个数必须一致。如下所示为准备 *X* 轴与 *Y* 轴的数据。

<X 轴数据>

```
x = np.arange(0, np.pi*2, 0.1)
```

<Y 轴数据（sin/cos 两种）>

```
y1 = np.sin(x)
y2 = np.cos(x)
```

（2）绘制图表

普通的图表（折线图）可用 plot 函数绘制。将 *X* 轴与 *Y* 轴的数据传递给参数即可绘制图表。如下所示为绘制 sin 与 cos 的图表。

```
plt.plot(x, y1)
plt.plot(x, y2)
```

（3）输出图表到界面

最后将绘制好的图表输出到界面上。如下所示为调用 pyplot 的 show 函数进行输出。

```
plt.show()
```

显示图例与标签

用 plot 函数绘制的图表只会显示图表最基本的组成部分。因此，需另外输出 *X* 轴与 *Y* 轴代表的内容（标签）与图例。将代码 5.3 修改成代码 5.4 便可显示标签与图例。图 5.9 所示为其运行结果。

代码 5.4 修改代码 5.3，显示标签与图例

```
import numpy as np
import matplotlib.pyplot as plt

x = np.arange(0, np.pi*2, 0.1)
y1 = np.sin(x)
y2 = np.cos(x)

plt.plot(x, y1, label='sin')
plt.plot(x, y2, label='cos')
plt.title('sin/cos graph')
plt.xlabel('degree')
plt.ylabel('value')
plt.legend()
plt.show()
```

为显示标签与图例而修改的部分

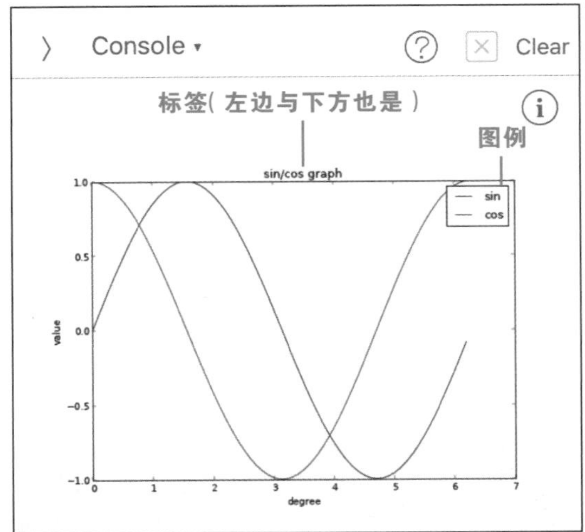

图 5.9　显示图例与 X/Y 轴标签

接下来讲解如何显示图例与标签。

显示图例十分简单。在绘制图表的一套代码结束后，调用 pyplot 的 legend 函数即可实现。这个函数没有什么特别的参数，调用后即根据所绘制的图表的内容自动添加图例。

只是需要为此事先设置在图例中显示的“图表的名称”。这是在调用 plot 函数时需要进行的操作。

```
plt.plot(x, y1, label='sin')
plt.plot(x, y2, label='cos')
```

在 plot 函数中增加“label”参数。该参数的值将在图例中作为各个图表的名称显示。这里将 sin 与 cos 显示在图例中。

接着讲解标签的显示。为显示 X 轴与 Y 轴的标签，需要用到 pyplot 的 xlabel 函数与 ylabel 函数。通过调用这两个函数可以设置 X 轴与 Y 轴上显示的标签。

```
plt.xlabel('degree')
plt.ylabel('value')
```

这里将“degree”和“value”作为标签分别显示在 X 轴与 Y 轴上。

各种各样的图表

除了折线图之外，pyplot 模块中还有绘制各种其他图表的功能。这里简单介绍几种主要的图表。

● 柱状图

柱状图由 pyplot 模块中的 bar 函数绘制。将 X 轴与 Y 轴的数据传递给参数并调用 bar 函数即可。代码 5.5 中列举了一个应用实例。运行结果如图 5.10 所示。

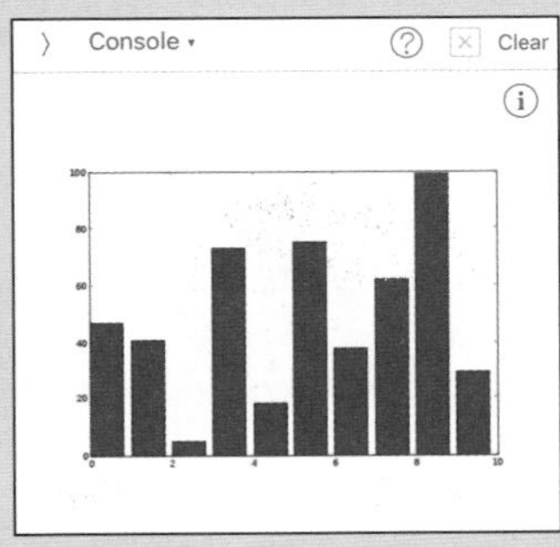

图 5.10　将 10 个随机数显示在柱状图中

● 饼图

饼图由 pyplot 模块中的 pie 函数绘制。把需要在饼图中展示的各部分的值存储在一个列表中并传递给参数即可。代码 5.6 列举了一个应用实例。运行结果如图 5.11 所示。

● 直方图

在统计等领域中，用直方图实现频数分布可视化。直方图由 pyplot 模块中的 hist 函数绘制。这个函数将数据（列表）与

代码 5.5　bar 函数应用实例

```
import numpy as np
import matplotlib.pyplot as plt

x = range(10)
y = np.array([np.random.randint(100) for i in
range(10)])

plt.bar(x, y)
plt.show()
```

代码 5.6　pie 函数应用实例

```
import numpy as np
import matplotlib.pyplot as plt

x = np.array([np.random.randint(100) for i in range(5)])
label  = ['Japan','USA','UK','Germany','French']

plt.pie(x, labels=label)
plt.legend()
plt.show()
```

层级数（组数）传递给参数进行绘图。

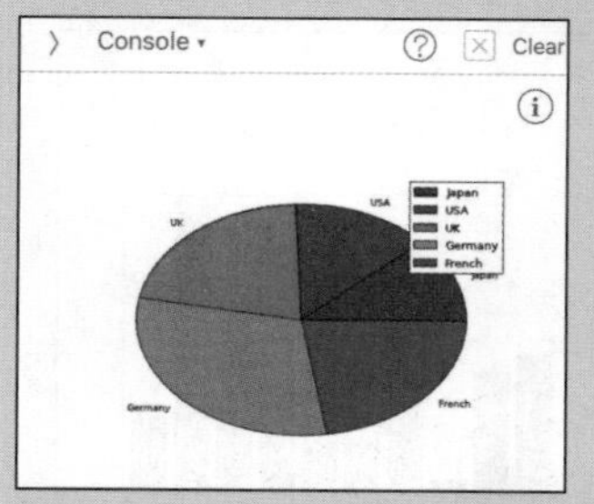

图 5.11　将 5 个随机数显示在饼图中

代码 5.7 列举了一个应用实例。这是准备了 5000 个随机数作为原始数据，并将它们分为 25 组绘制直方图的代码。可以看到 hist 函数中设置了原始数据 value 与组数 25，运行结果如图 5.12 所示。

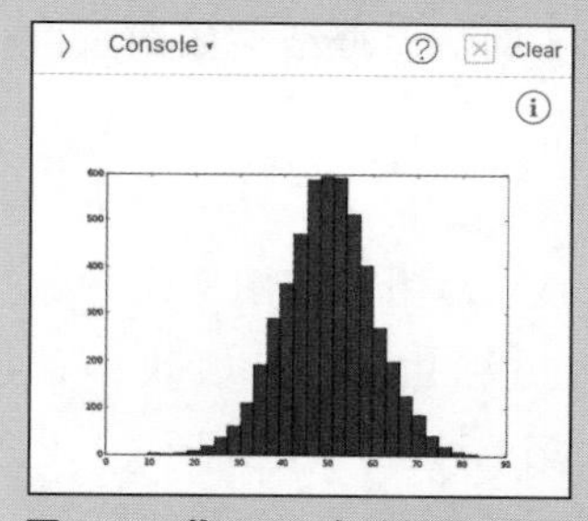

图 5.12　将 5000 个随机数分为 25 组后绘制成直方图

代码 5.7　hist 函数应用实例

```
import numpy as np
import matplotlib.pyplot as plt

(sgm, mu) = (10, 50)
value = np.random.randn(5000) * sgm + mu
plt.hist(value, 25)
plt.show()
```

3　制作 UI 应用程序

 创建 UI 文件

现在我们已经学会了简单的文本与图表输出。接下来尝试开发一个更加像 iPhone 应用程序的程序。

Pythonista3 中预置有专用的 UI（User Interface，按钮等可视化交互界面）控件。此外还有制作 UI 的设计器，使用它可在 Pythonista3 的界面上设计 iPhone 应用程序的 UI。

那么便试着实际操作一下。UI 的使用需要创建一个专用的文件方可进行。点击界面右上角的“+”图标，在出现的界面中点击“New File...”按钮。然后在出现的列表中点击“Script with UI”选项（见图 5.13）。

这是同时创建两个文件，即制作 UI 的文件和与其合作运行的脚本文件的选项。点击出现创建文件的界面后，输入文件名“UIApp”并点击“Create”创建文件（见图 5.14）。

 关于 UI 设计器

这里创建了两个文件——UIApp.pyui 和 UIApp.py。前者为 UI 文件，后者为脚本文件。创建后的文件可通过界面上方的标签切换显示。

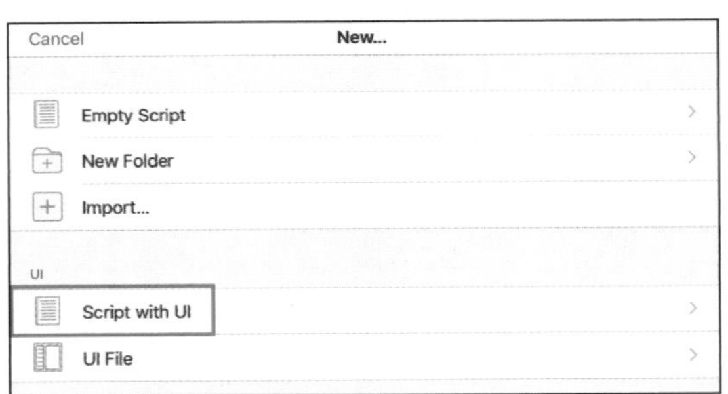

图 5.13 在选择新建文件的列表中选择“Script with UI”

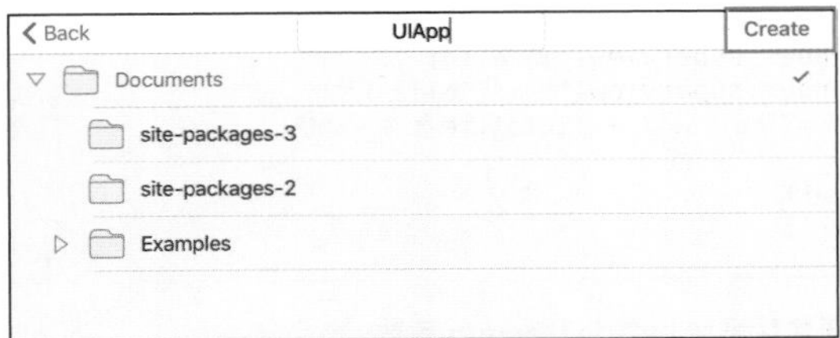

图 5.14 在创建文件界面输入文件名“UIApp”并点击右上角的“Create”

在 UIApp.pyui 中有一个正方形的灰色区域。这是用于设计 UI 的区域。在这里放置 UI 控件便可设计 UI 界面。拖曳区域的右下角可以调整区域大小。

点击左上角的“+”图标（一个用方形框着“+”符号的图标）可放置控件。而点击右上角的“i”图标将出现“Inspector”字样，所选中的控件的详细设置（属性）将被罗列出来并可进行编辑（见图 5.15）。

布置 UI

现在尝试布置 UI 上的控件。点击左上角的“+”将出现 UI 控件的列表，点击需要的控件便可将其放到 UI 设计器中。

UI 控件有标签、按钮、文本框、滑块与开关等共 15 种。用这些便可制作一个基本的 UI（见图 5.16）。

作为范例，试着将“Label（标签）”“Text Field（输入框）”和“Button（按钮）”控件放到 UI 设计器上（见图 5.17）。拖曳可调整这些控件的位置与大小。这些控件都有“Name”属性，使用这个属性值便可在脚本内操作它们。默认设置的 Name 值分别为“label1”“textfield1”和“button1”。

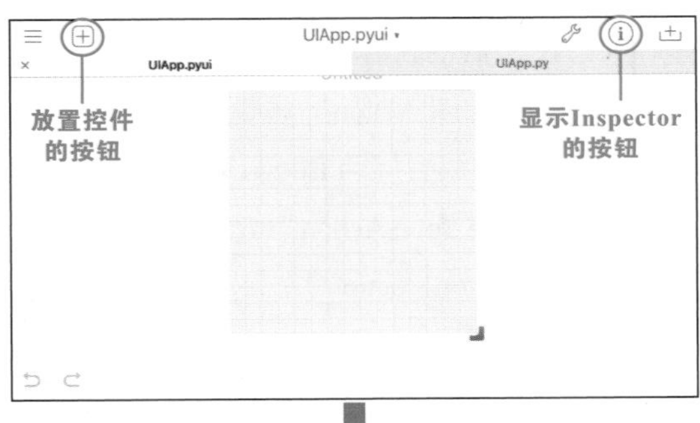

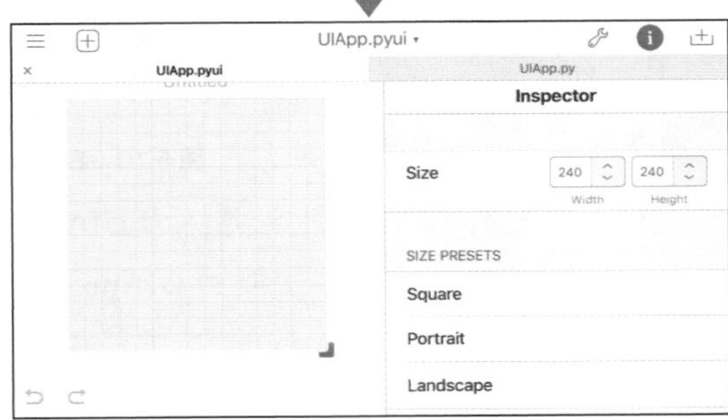

图 5.15 显示在界面上的 UI 设计器。点击右上角的“i”将出现编辑属性的 Inspector

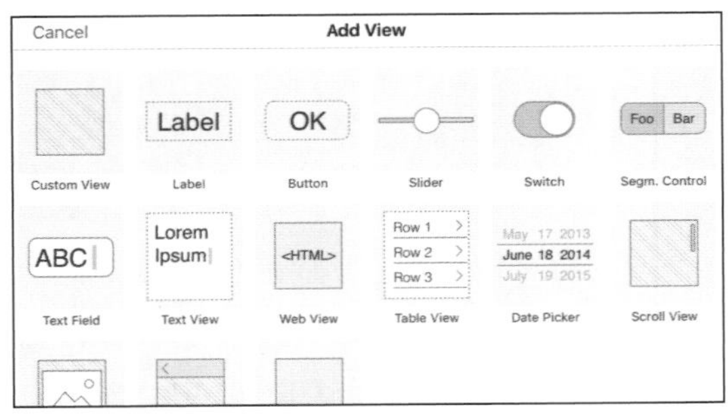

图 5.16 点击 UI 设计器左上角的“+”图标，将出现选择要创建的 UI 的界面（这里出现的其实是选择要放到 UI 上的控件的列表）

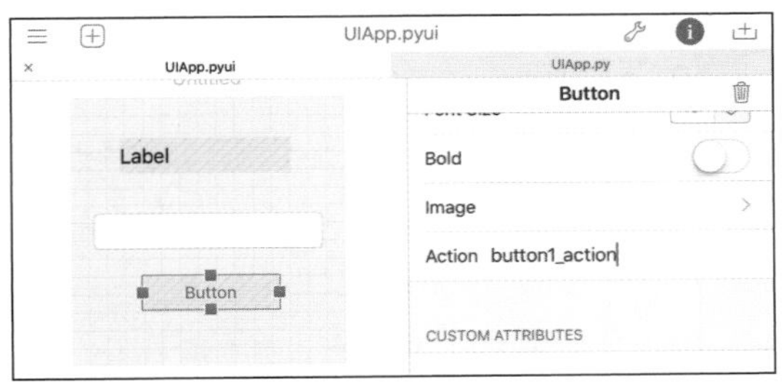

图 5.17 依次放置 Label、Text Field 和 Button，并对 Button 设置了函数

 设计 Action

布置好控件之后，接下来设计“点击按钮后的操作”。这需要通过 Button 的“Action”属性进行设计。选中放置好的 Button，在 Inspector 中找到“Action”选项，输入“button1_action”。这样便设置了点击 Button 后运行 button1_action 函数。

UIApp.pyui 文件的设置流程便到此为止。

代码 5.9　添加到代码 5.8 中的代码

```
def button1_action(sender):
    label1 = sender.superview['label1']
    field1 = sender.superview['textfield1']
    label1.text = 'Hello, ' + field1.text + '!!'
```

```
UIApp.py ▾
UIApp.pyui    ×    UIApp.py

import ui

def button1_action(sender):
    label1 = sender.superview['label1']
    field1 = sender.superview['textfield1']
    label1.text = 'Hello, ' + field1.text + '!!'

v = ui.load_view()
v.present('sheet')
```

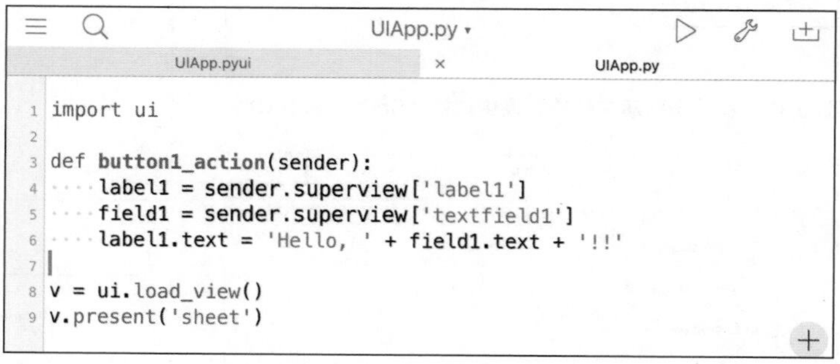

图 5.18　在 import 语句后添加 button1_action 函数

 关于用于 UI 的脚本

接下来编写脚本。脚本文件为 UIApp.py。通过界面上方的标签切换到 UIApp.py。显示在界面中的是在 UIApp 的 UI 中使用的脚本文件。其中默认输入了如代码 5.8 所示的脚本。

代码 5.8　UIApp.py 中默认输入的脚本

```
import ui

v = ui.load_view()
v.present('sheet')
```

开头的“import ui”是让 UI 模块中的功能能够在程序中被使用的代码。与 UI 控件相关的功能全都存储在这个 UI 模块中。

代码 5.8 中执行的操作是通过 UI 模块的 load_view 函数读取 UI 文件，并用 present 函数将其显示到界面上。

 编写脚本

接下来在此基础上增加代码，编写点击按钮时的处理方法。在“import ui”之后添加代码 5.9 所示的代码（见图 5.18）。

添加代码后点击界面右上角的▷图标（朝右边的三角形）运行脚本。程序将读取之前创建的 UI 文件并显示到界面上。在界面上点击输入框并输入文本，点击按钮后将在标签上显示“Hello，李亮 !!”信息（见图 5.19）。

图 5.19　在输入框中输入名字并点击按钮将显示相应信息

 获取控件对象

这个脚本中执行的是获取 Label 和 Text Field 对象并读取其文本的操作。对象获取由如下代码实现。

```
变量 = sender.superview[ 名称 ]
```

变量 sender 由参数传递，其中存储了发生事件的控件对象。这里将其设置为 Button 对象。super 代表包含这个对象的控件（此处为包含 Button 的视图），superview 为汇总了

所有包含于该视图中的控件对象的值。在 [] 中指定名称，便可获取 Name 属性等于指定名称的控件对象。

```
label1 = sender.superview['label1']
field1 = sender.superview ['textfield1']
```

Label 与 Text Field 的值

需要获取的 Label 控件对象与 Text Field 控件对象的文本都存储于一个叫作“text”的属性中。通过获取这个值或代入其他值，可以获取输入的文本或更改显示的文本。

使用 UI 控件

除了这里使用的 3 种控件，Pythonista3 中还有各种其他控件。以下归纳了其中主要的控件。

● Switch

这是一个点击控制 ON/OFF 开关的 UI（见图 5.20）。Switch 控件相当于计算机上的勾选框，有一个名为“Value”的布尔型属性。当开关为 ON 时该属性值为 True，为 OFF 时值为 False。

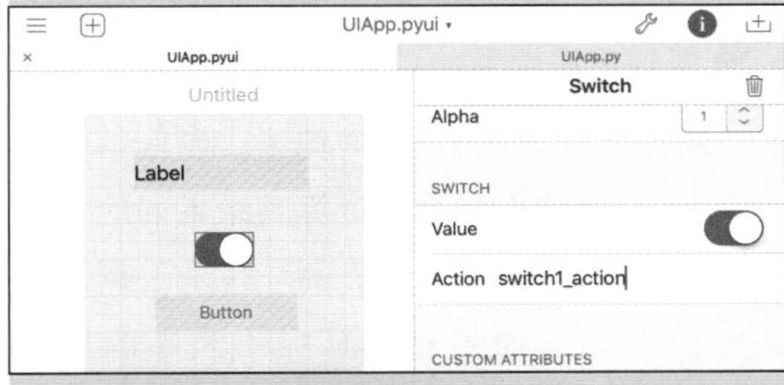

图 5.20 放置了 Switch 控件的 UI

通过在 Action 属性中指定函数，可以设置点击该控件后开关变为 ON/OFF 时执行的操作。代码 5.10 是一个将 UI 设计器中名为“switch1”的 Switch 控件的状态显示在 label1 中的例子（见图 5.21）。将 switch1 的 Action 属性指定为“switch_action”后即可使用。

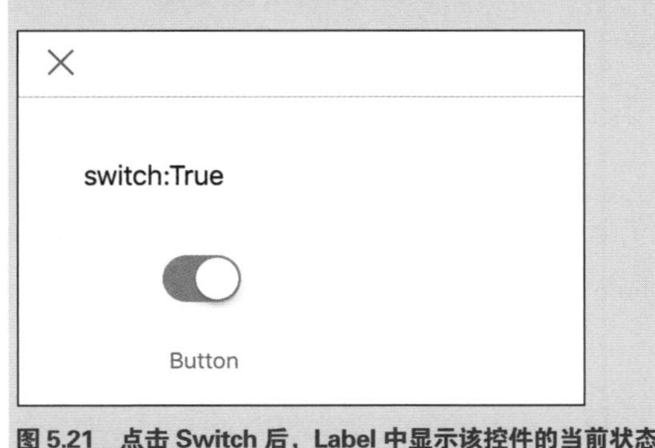

图 5.21 点击 Switch 后，Label 中显示该控件的当前状态

代码 5.10 Switch 控件应用实例

```
def switch1_action(sender):
    label1 = sender.superview['label1']
    switch1 = sender.superview['switch1']
    label1.text = 'switch:' + str(switch1.value)
```

● Slider

这是一个用于模拟输入 0~1 范围内的数值的 UI。Slider 控件也将当前值存储于 Value 属性中，并通过 Action 属性设置当 Value 值发生变化时的操作（见图 5.22）。

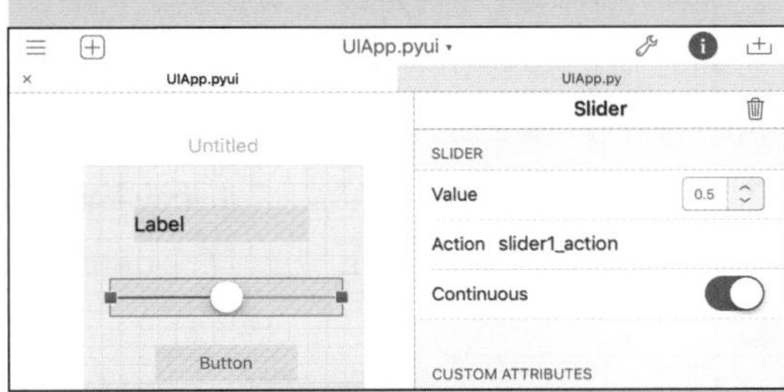

图 5.22 放置了 Slider 控件的 UI

此外还有一个叫作“Continous”的属性。将这个属性设为 ON 时，在操作 Slider 时将随时调用 Action 属性设置的操作（若设为 OFF，则只在手指离开界面且值不再变化后才执行相应操作）。

代码 5.11 为一个应用实例，是以放置了一个名为“slider1”的 Slider 控件为前提编写的代码。slider1 的 Action 属性设

代码 5.11　Slider 控件应用实例

```
def slider1_action(sender):
    label1 = sender.superview['label1']
    slider1 = sender.superview['slider1']
    label1.text = 'slider:' + str(slider1.value)
```

为“slider1_action”，当操作 slider1 时，label1 中显示当前值（见图 5.23）。

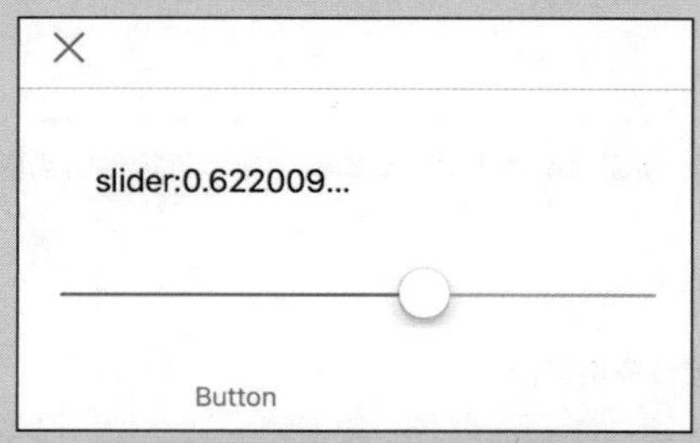

图 5.23　拖动滑块，即时显示当前值

● Date Picker

这是一个用于设置日期的 UI。放置 Date Picker 控件后可以制作一个通过拖曳分别设置年月日的 UI。该控件有一个名为“Mode”的属性，通过改变该属性的值可切换日期（年月日）、时间（时分秒）、倒计时（分秒）等显示项目（见图 5.24）。

使用 Action 属性可以设置设定了日期 / 时间之后的操作，当前设定的日期 / 时间值将被作为 date 属性的值。代码 5.12 为一个应用实例。创建一个名为“datepicker1”的 Date Picker，Action 设　为“date1_action”。拖动 Date Picker 设定 date 属性值，label1 中将显示相应的日期 / 时间（见图 5.25）。

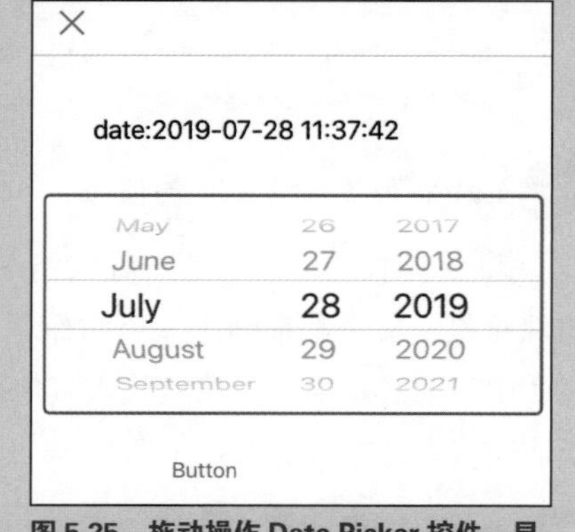

图 5.25　拖动操作 Date Picker 控件，显示所设置的日期时间

代码 5.12　Date Picker 控件应用实例

```
def date1_action(sender):
    label1 = sender.superview ['label1']
    date1 = sender.superview
['datepicker1']
    label1.text = 'date:' + str(date1.
date)
```

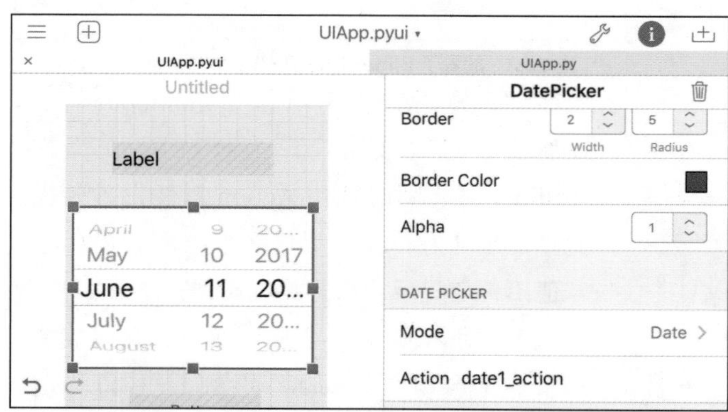

图 5.24　放置了 Date Picker 控件的 UI，同时设置了“Border”和“Border Color”属性

4　开发一个简单的计算应用

能够使用变量的计算应用

那么，作为使用 UI 的例子，制作一个直接输入算式并计算其结果的应用程序。不是像计算器一样通过按键输入，而是直接在输入文本的地方输入算式。例如，输入“10+20”，点击“计算”按钮，则输出“答案：30”，同时出声朗读答案（见图 5.26）。

在算式中也可使用函数。例如，输入“sin(0.5*pi)”则得到“1.0”。作为函数的快捷按钮，设置“√”“sin”“cos”和“tan”等按钮。点击按钮可在文本最后添加函数。

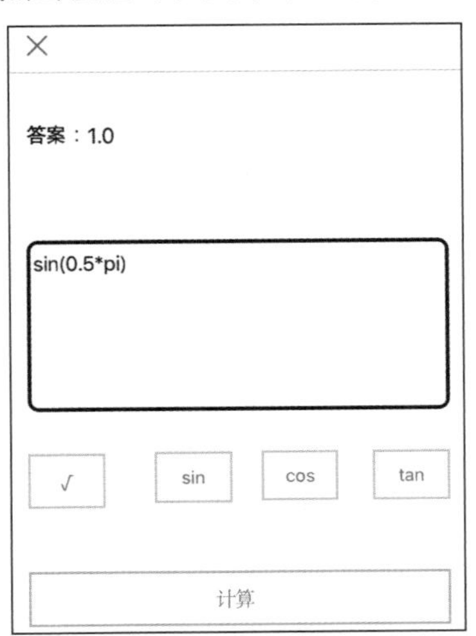

图 5.26　输入算式并运行，输出计算结果

这个应用程序还支持多行输入。例如，输入如下文本。

```
tax = 1.08
price = 10000
price * tax
```

运行后得到“10800.0”。输入多行文本时该应用程序亦可成功运行（见图 5.27）。答案为最后一行表达式的计算结果。由于能够使用变量，故也能进行复杂的计算。

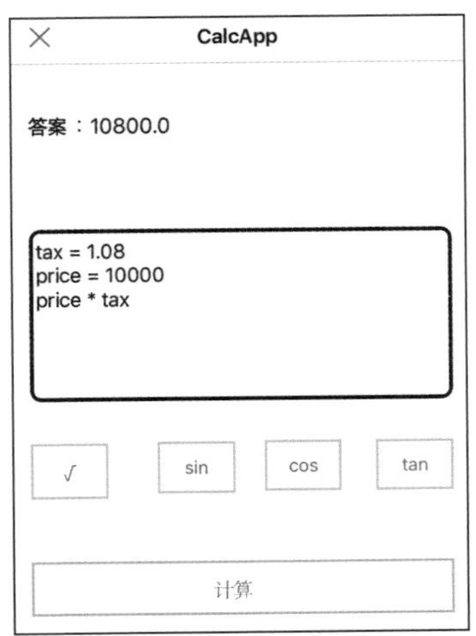

图 5.27　能够计算带变量的多行表达式

创建 UI

那么，现在来编写这个应用程序。和之前介绍的应用程序一样，这个应用程序也由 UI 界面文件与脚本文件两个文件构成。可以直接使用之前创建的 UIApp，也可以重新创建一个 Script with UI 文件。

首先从 UI 文件开始编写。例如，可以和之前一样将其命名为“UIApp.pyui”。这里创建 Label、Text View 与 Button 3 个控件。布置控件如图 5.28 所示。

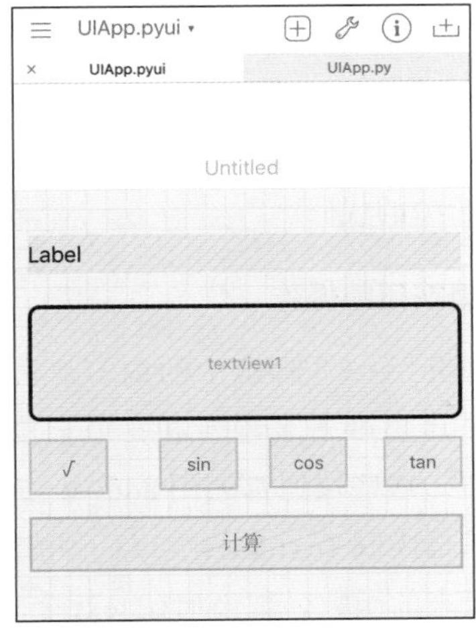

图 5.28　在 UI 设计器中布置控件

● Label

```
Name: label1
```

用于输出计算结果的 Label 控件。调整为适当的大小并放置于设计器中。

● Text View

```
Name: textview1
```

用于输入算式。Text Field 控件只能输入一行文本，但 Text View 控件可以输入多行文本。

● Button（用于快捷按钮的 4 个按钮）

```
Name: root, sin, cos, tan
Title: √, sin, cos, tan
Action: root_action, sin_action,
cos_action, tan_action
```

用于输入函数的快捷按钮。分别设置每个按钮的 Name、Title 和 Action 属性。

● Button（用于执行计算）

```
Title: 计算
Action: calc_action
```

用于执行计算的按钮。Action 属性设为“calc_action”。放置于便于使用的位置并调整为方便使用的大小。

编写脚本

接下来是编写脚本文件。打开与创建的 UI 文件配套的脚本文件（若 UI 文件为 UIApp.pyui 则脚本文件为 UIApp.py），输入代码 5.13 中的代码。

快捷按钮的操作

简单介绍一下脚本中的内容。首先是快捷按钮。这里准备了根号和 3 个三角函数的输入按钮，这些按钮都调用 add_str 函数。这个函数只是读取 Text View 对象，并将通过参数传递过来的函数名称添加在 text 中。

4 个按钮的 Action 都只是用“add_str(sender，○○)”语句将函数名称传递给 add_str 函数的第 2 个参数并调用函数。由于十分简单，参考这些函数便可增加更多常用函数的按钮，让应用程序更加便于使用。

处理多行文本

执行计算的 calc 按钮用的函数 calc_action 大致分为处理输入文本、执行语句与处理执行结果 3 部分。

首先是处理输入文本。这里将输入的文本中的最后一行与其余行分别存储于不同变量中。

```
str1 = text1.text.strip()
arr = str1.splitlines()
last = arr.pop(-1)
data = ";".join(arr)
```

用 strip 去掉输入文本前后的多余字符并读取，再用 splitlines 获得一个对文本进行分

代码 5.13　脚本文件

```
import ui
import clipboard
import speech
from math import *

# 用于 calc 按钮的函数
def calc_action(sender):
    label1 = sender.superview['label1']
    text1 = sender.superview['textview1']
    str1 = text1.text.strip()
    arr = str1.splitlines()
    last = arr.pop(-1)
    data = ';'.join(arr)
    try:
        exec(data)
        value = eval(last)
    except:
        value = 'ERROR!!!'
    result = str(value)
    label1.text = '答案:' + result
    speech.say('答案:' + result)
    clipboard.set(str1 + ' = ' + result)

# 用于 root 按钮的函数
def root_action(sender):
    add_str(sender,'sqrt')

# 用于 sin 按钮的函数
def sin_action(sender):
    add_str(sender,'sin')

# 用于 cos 按钮的函数
def cos_action(sender):
    add_str(sender,'cos')

# 用于 tan 按钮的函数
def tan_action(sender):
    add_str(sender,'tan')

# 用于快捷按钮的函数
def add_str(sender, str):
    text1 = sender.superview['textview1']
    str1 = text1.text
    text1.text = str1 + str + '('

# 显示 UI
v = ui.load_view()
v.present('sheet')
```

割之后形成的列表。然后用 pop 方法去掉列表中最后一个元素，并用 join 方法将剩下的元素用分号连接成一个文本。这样便生成了“○；○；○”格式的变量 data 与存储了最后一行文本的变量 last。

exec 与 eval

Python 中将文本作为脚本运行的函数有两个。exec 直接运行脚本，eval 则获取对表达式等进行解析计算后的结果。

这里用 exec 运行除最后一行之外的命令语句，只有最后一行用 eval 运行并获取结果。看一下 calc_action 函数的函数体中的以下语句。

```
try:
    exec(data)
    value = eval(last)
except:
    value = 'ERROR!!!'
result = str(value)
```

由于可能存在运行失败的情况，故此处使用 try 语句进行异常处理。

使用计算结果

用 eval 得到结果后，还需要“输出”“朗读”并“复制”该结果。看 calc_action 函数的函数体中的最后部分。

```
label1.text = '答案：' + result
speech.say('答案 ' + result)
clipboard.set(str1 + '=' + result)
```

speech 模块是使用 iPhone 的朗读功能的模块，say 函数可朗读传递给参数的文本。

clipboard 模块是可以操作剪贴板的模块，set 函数将传递给参数的值复制到剪贴板。此外，还有用于获取剪贴板中的值的 get 函数。

这些处理方法都十分简单，因此希望读者都能记住。

至此，我们一边学习 Pythonista3 的使用方法一边开发了应用程序。接下来的内容中将开发使用 iPhone 的传感器功能的应用程序。即使是开发这样的应用程序，Pythonista3 也能轻松完成。

第5章

用Pythonista 3开发iPhone应用程序

Part 2 后篇

1 场景与动画形象

如何制作游戏？

前篇中介绍了使用UI的应用程序开发。开发实用的应用程序时，能够使用UI是一件十分方便的事情。但是如果需要制作游戏之类的应用程序，使用UI进行开发却并不轻松。

这是由于UI控件的构造并不重视显示速度。然而，尤其在实时游戏等的开发中，速度无疑是十分重要的。此时就需要一个能够更加迅速地操作界面上所显示的物体的架构。

Pythonista3中有专门用于图像处理的模块。使用这个模块可以开发类似于实时游戏等要求速度的应用程序。

关于scene模块

用于处理平面图形的是scene模块。这个模块中囊括了与平面图形使用相关的各种功能。

scene模块中有两个非常重要的类——Scene类和Node类。要处理平面图形就需要先充分了解这两个类的作用。

● Scene类

Scene类是用于处理“场景”的类。场景即显示在界面上的画面。在使用平面图形的游戏中，通常会在几个不同的画面之间切换显示，如“游戏开始画面”“游戏画面”与“最高得分画面”等。创建这一个个画面的就是Scene类。

Scene类中包含有与显示背景或显示区域等相关的信息。修改这些信息可以设置背景、调整画面大小等。

● Node类

Node类是放置在场景中的构成要素（节点）。这个类还有几个子类——处理游戏人物的SpriteNode类、输出文本的LabelNode类、显示图形的ShapeNode类和展示效果的EffectNode类。

开发以平面图形为中心的应用程序时，可以考虑先用 Scene 类创建场景，再在其中放置必要的节点（见图 5.29）。

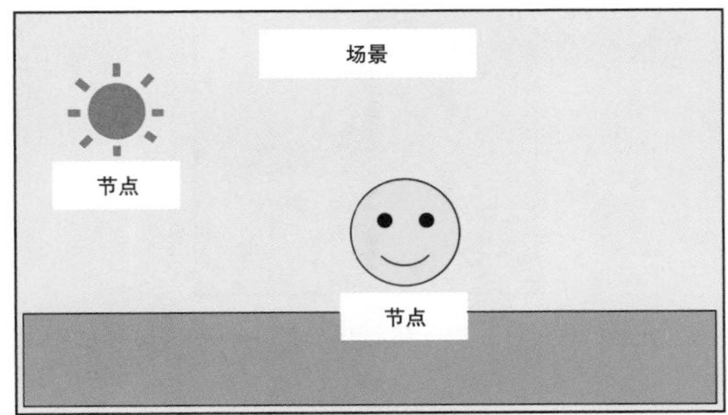

图 5.29 游戏界面由形成画面的“场景”和放置其中的“节点”构成

显示场景

那么，接下来边实际运行代码边进行讲解。首先从程序最基本的组成部分——“场景”——开始。

场景属于 Scene 类。创建新场景时，其实就是创建继承 Scene 类的子类，并在场景中加入必要的操作。

用 run 函数运行被定义的 Scene 类。把要使用的场景实例传递给参数并运行函数，场景将被铺展开并显示在界面上。

现在来实际尝试创建场景。从 Pytonista3 界面右上角的“+”图标中选择“New File...”→“Empty Script”创建脚本文件，并输入代码 5.14 中的代码。运行代码后界面上将出现淡紫色的画面——这便是创建的场景。这个样例中展示的是一个除了背景色之外什么都没有设置的场景（见图 5.30）。

代码 5.14 脚本文件

```
from scene import *

class MyScene(Scene):

    def setup(self):
        self.background_color = '#ceceff'

run(MyScene())
```

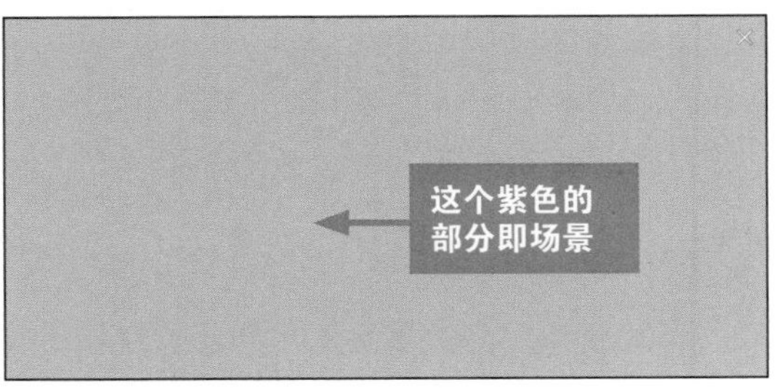

图 5.30 运行脚本后显示一个紫色背景的场景

这里定义了一个名为“MyScene”的类，并在其中定义了一个名为“setup”的方法。setup 方法是用于进行场景创建与使用时的准备工作的方法。必要值的初始化与场景设置等都在这个方法中进行。

此次为设置 self 的“background_color”属性。这是用于显示场景背景色的属性。在该属性中用十六进制的文本设置想要使用的颜色的值，便能以该颜色显示背景。

关于 SpriteNode

创建并显示场景之后，现在往场景中添加节点。节点是用于处理出现在场景中的各种元素的构成要素。节点有几个种类，其中最重要的是“动画形象”节点。这种节点需要被定义为“SpriteNode”类。

动画形象用于管理游戏人物等描绘在背景上的元素。在 Pythonista3 中通过在场景上放置动画形象可以快速显示场景并操作人物。

通过以下方式便可使用动画形象。

（1）创建 SpriteNode 实例

这个实例通过将需要用到的图像文件传递给参数而创建。

（2）设置属性

尤其重要的是“出现位置”这一属性，即 SpriteNode 实例的“position”属性。在这个属性中可设置代表动画形象出现位置的横、纵坐标的值。

（3）在 Scene 实例中加入 SpriteNode 实例

这需要用到 Scene 类的“add_child”方法。将 SpriteNode 实例传递给参数并运行，该动画节点便会被添加到场景中。

尝试显示动画形象

下面就来实际尝试一下在场景中显示动画形象。代码 5.15 中列举了一个简单的例子。

代码 5.15　在场景中显示动画形象的例子

```
from scene import *

class MyScene(Scene):

    def setup(self):
        self.background_color = '#ceceff'
        ship = SpriteNode('spc:PlayerShip2Blue')
        ship.position = self.size / 2
        self.add_child(ship)

run(MyScene())
```

填入 SpriteNode 类的“spc：Player Ship2Blue”值，将弹出一个小小的宇宙飞船图像。这便是“spc：PlayerShip2Blue”所对应的形象（见图 5.31）。

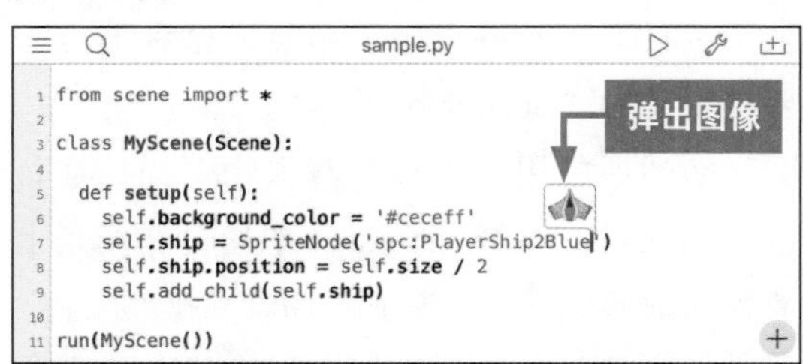

图 5.31　在“spc:PlayerShip2Blue”处以弹窗形式出现将要显示的图像

试着输入以上代码并运行。在场景的中央将出现一艘蓝色的宇宙飞船（见图 5.32）。

检查动画形象的使用

来看一下执行的操作。首先创建 SpriteNode 实例。

```
ship = SpriteNode('spc:PlayerShip2Blue')
```

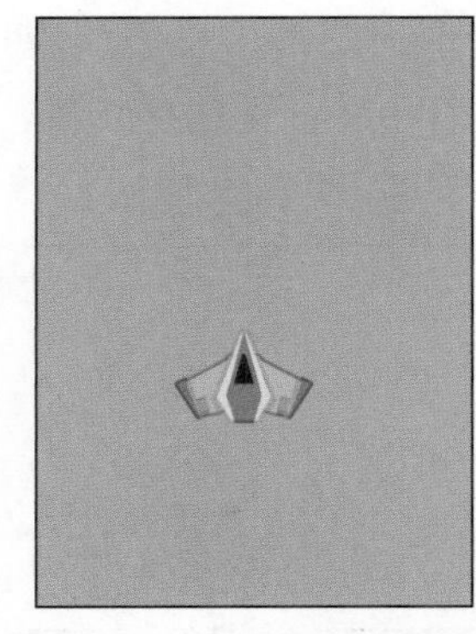

图 5.32　运行代码后出现宇宙飞船的形象

这里将参数设置为“spc:Player Ship2Blue”。这是在样例中展示的宇宙飞船的路径。

接着设置动画形象的出现位置。

```
ship.position = self.size/2
```

self.size 是代表 self（Scene）的大小的属性，可以认为场景的大小即界面的大小。将其除以 2 则可得到界面的中央位置。将这个值设为动画形象的 position 属性值。

最后将动画形象添加到 MyScene 之中。

```
self.add_child(ship)
```

这样便可把 SpriteNode 实例添加到 MyScene 实例中，并显示在场景内。

使用样例图像

使用动画形象时应该注意的是：从哪里获得图像。虽然可以自己绘制人物形象，但对于多数人而言，自己绘制人物是一件高门槛的事情。

实际上，Pythonista3 中依照标准配置了许多样例图像。之前使用的宇宙飞船便是如此。Pythonista3 的优势之一便是能够使用这些样例图像。

在代码 5.15 中点击 SpriteNode 函数的参数部分（'spc:PlayerShip2Blue':），并在文

本内移动插入符号。在这个状态下，点击编辑器的右下角的“+”图标，界面中将出现一个列表。这是用于选择在Pythonista3中所预置的资源的列表。下方并列着“Image”“Sounds”“Colors”和“Fonts”4个图标。从中选择要使用的资源的种类，再在新出现的列表中选择想要使用的资源文件，便可将该文件的路径输入编辑器中。

这里点击选择下方的“Images”图标，在出现的列表中点击“Space Shooter Art”选项。这个选项中汇总了在以宇宙空间为舞台的动作游戏中使用的图像。点击后将出现宇宙飞船的图像列表（见图5.33）。然后点击选择想要使用的选择项，被选中的图像路径便会被自动设为SpriteNode函数的参数。在选择用于做样例的图像时，可使用这个方法设置正确的路径。

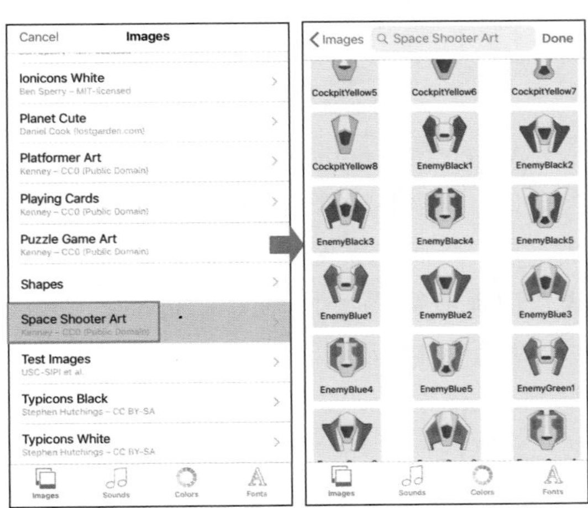

图5.33 在资源一览表中选择“Space Shooter Art”，选择想要使用的图像

2 让动画形象动起来！

移动到触屏位置

动画形象的最大特点在于操作的简单性。其操作方式有各种方法。

首先尝试从“点击（触屏）操作”这一方法开始。在Scene的子类中，有对应点击界面时发生的事件，根据不同操作调用以下方法。

touch_began——只在点击开始时调用一次
touch_moved——拖曳过程中被反复调用
touch_ended——只在手指离开屏幕时调用一次

这些方法中，除了self之外还有一个touch参数。这是汇总了触屏位置等信息的对象，可从中获取必要的信息并执行相应的操作。

代码5.16中列举了一个应用实例。这是在点击界面后动画形象移动到触屏位置左上方附近的样例（见图5.34）。点击界面并拖动手指便可实时移动动画形象。

这里设置了touch_began和touch_moved两种方法。只设置两种方法便可在点击操作时调用相应的方法。在两种方法中都设置了参数touch并调用move方法。在move方法中，用touch.location获取触屏位置，并以此为基础用self.ship.position属性设置动画形象的位置。

用Action类移动动画形象

将动画形象移动到触屏位置这种直接的移动很容易实现，但是“流畅地以动画方式移动到点击位置”该如何实现呢？

这可以用Action类轻松实现。Action类是提供了动画相关功能的类。使用Action类中包含的方法便可轻松实现动画效果。作为其中最基本的方法，以下列举了与“移动”“旋转”以及“缩放”相关的方法（见代码5.17）。

每一种方法又分为“_to”与“_by”两种方法。以“_to”结尾的方法将动画形象直接设置为指定的值，而以“_by”结尾的方法只是在原值的基础上加上或减去指定的值。

代码 5.16　动画形象移动到触屏位置的左上方

```
from scene import *

class MyScene(Scene):

    def setup(self):
        self.background_color = '#ceceff'
        self.ship = SpriteNode('spc:PlayerShip2Blue')
        self.ship.position = self.size / 2
        self.add_child(self.ship)

    # 点击时的事件
    def touch_began(self, touch):
        self.move(touch)
    # 拖曳时的事件
    def touch_moved(self, touch):
        self.move(touch)

    # 移动动画形象
    def move(self, touch):
        x, y = touch.location
        self.ship.position = x - 50, y + 50

run(MyScene())
```

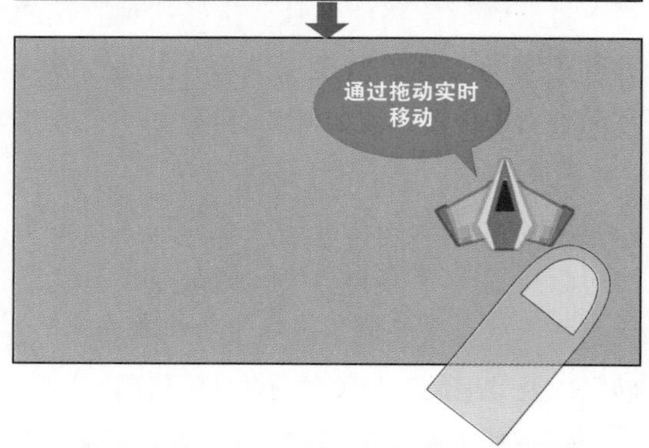

图 5.34　点击移动动画形象，也可实现拖曳移动

move 和 scale 中的参数为 X 轴方向与 Y 轴方向的值（位置或倍数），rotate 中的参数为以弧度为单位的角度值。此外，可选参数有动画效果的持续时间与代表动画运动方式的模式。模式的设置有许多可选值，读者只需记住以下 3 个即可。

TIMING_LINEAR—— 匀速直线运动

TIMING_EASE_IN_OUT——开始时匀加速，结束时匀减速

TIMING_SINODIAL——相比于 TIMING_EASE_IN_OUT，运动变化更加缓慢

代码 5.18 中列举了一个应用实例。点击界面后动画形象将边旋转边移动到触屏位置（见图 5.35）。

使用 Update 方法

Action 类通过指定移动或旋转等方法的参数值，可以将变为相应值的过程以动画方式呈现。然而，游戏中有时需要更加精细地操作动画形象。此时，使用“update”方法可以编写具体的动作。

update 方法是在刷新画面之前调用的方法。动画的动作其实就是通过一边微量移动

代码 5.17　Action 类的基本方法

```
<移动>
Action.move_to(x 值, y 值, [时长, 模式])
Action.move_by(x 值, y 值, [时长, 模式])

<旋转>
Action.rotate_to(角度, [时长, 模式])
Action.rotate_by(角度, [时长, 模式])

<缩放>
Action.scale_to(x 值, y 值, [时长, 模式])
Action.scale_by(x 值, y 值, [时长, 模式])
```

代码 5.18　Action.move_to、Action.rotate_by 与 TIMING_EASE_IN_OUT 的应用实例

```
from scene import *
from math import pi

class MyScene(Scene):

    def setup(self):
        self.background_color = '#ceceff'
        self.ship = SpriteNode('spc:PlayerShip2Blue')
        self.ship.position = self.size / 2
        self.add_child(self.ship)

    def touch_began(self, touch):
        x, y = touch.location
        move = Action.move_to(x, y, 1.0, TIMING_EASE_IN_OUT)
        rotate = Action.rotate_by(2 * pi, 1.0, TIMING_EASE_IN_OUT)
        self.ship.run_action(move)
        self.ship.run_action(rotate)

run(MyScene())
```

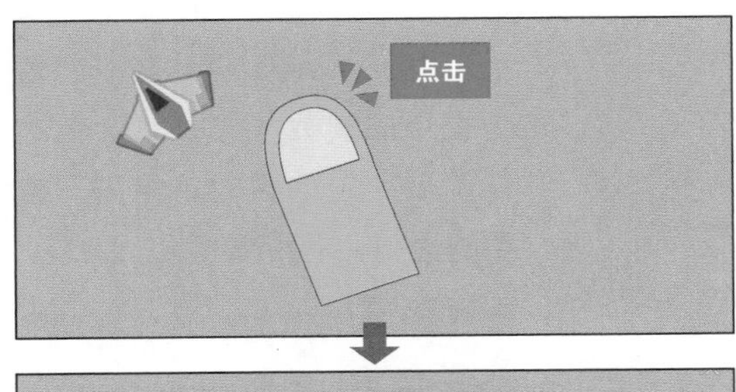

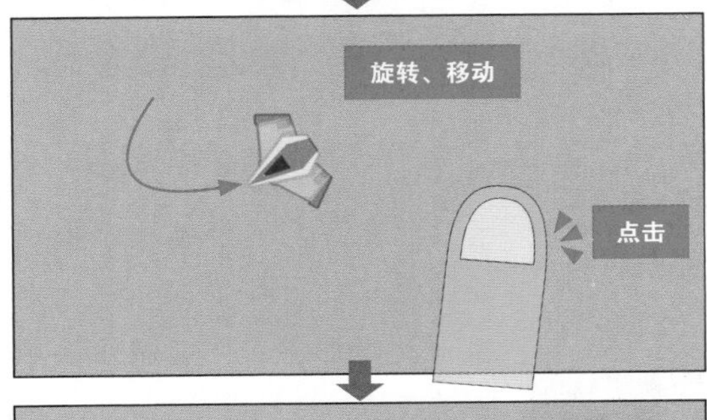

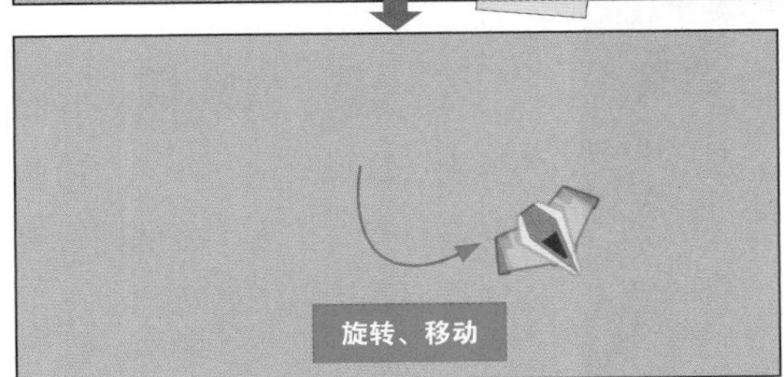

图 5.35　点击界面，动画形象将边旋转边移动到点击位置

动画形象等构成要素，一边刷新画面而实现的。在 Pythonista3 的场景中，通过在 1s 内进行多达 60 次的刷新实现流畅的动画效果。刷新画面时调用的便是 update 方法。

例如设置好将动画形象的位置往右边挪动一个点位的操作，那么每次刷新时动画形象便会向右移动一个点位，最终呈现的效果便是让动画形象流畅地往右移动。

代码 5.19 为使用 update 方法移动动画形象的例子。运行后动画形象将在场景内缓缓移动，碰触到界面边界时则调转方向，从而不停地移动。

这里在 update 方法中进行的操作是：获取 self.ship.position 属性的值，将其加上 dx 与 dy 的值后再赋值给 self.ship.position 属性。由此，每次刷新时动画形象的显示位置都会有少量变化。

基于 gravity 函数的操作

在考虑游戏操作时，除了“点击界面”之外还有其他输入方式。这就是利用“传感器”的输入方式。

众所周知，iPhone 中装有以 GPS 为首的各种传感器。其中便有感知 iPhone 朝哪个方向倾斜多少度的倾斜度传感器。使用这个传感器制作游戏，便可通过倾斜 iPhone 操控游戏中的宇宙飞船。使用 Pythonista3 可轻松开发使用倾斜度传感器操控动画形象的程序。

代码 5.20 中列举了一个应用实例。运行

代码 5.19 使用 update 方法移动动画形象的例子

```
from scene import *

class MyScene(Scene):

    # 初始化设置
    def setup(self):
        self.dx = 1
        self.dy = 1
        self.w, self.h = self.size
        self.background_color = '#ceceff'
        self.ship = SpriteNode('spc:PlayerShip2Blue')
        self.ship.position = self.size / 2
        self.add_child(self.ship)

    # 刷新操作
    def update(self):
        x, y = self.ship.position
        nx = x + self.dx
        ny = y + self.dy
        if nx <= 0:
            nx = 0
            self.dx = 1
        if nx >= self.w:
            nx = x
            self.dx = -1
        if ny <= 0:
            ny = 0
            self.dy = 1
        if ny >= self.h:
            ny = y
            self.dy = -1
        self.ship.position = nx, ny

run(MyScene())
```

后，游戏中的宇宙飞船将根据 iPhone 的倾斜度上下左右移动（见图 5.36）。

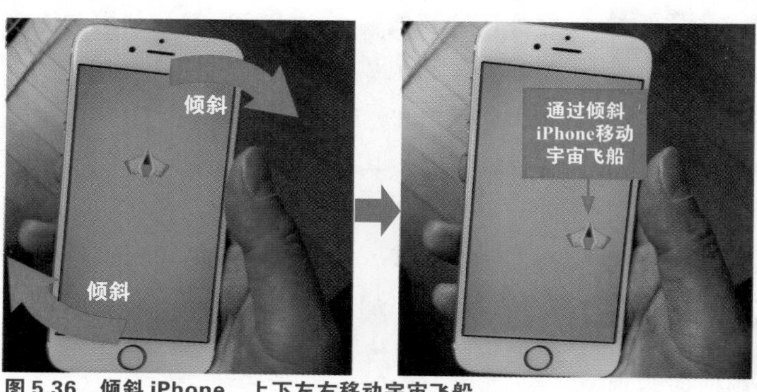

图 5.36 倾斜 iPhone，上下左右移动宇宙飞船

这里通过以下语句读取倾斜度传感器的值。

```
x, y, z = gravity()
```

使用 gravity 函数可以获取 3 个方向的倾斜度值。当平放 iPhone 时，横纵的倾斜度将被读取到变量 *x* 与 *y* 中。这里便是用这两个变量的值来移动宇宙飞船。

```
sx, sy = self.ship.position
sx += x * 10
sy += y * 10
self.ship.position = sx, sy
```

这里将由 gravity 函数获得的变量 *x* 与变量 *y* 的值扩大 10 倍后再加到 position 属性的值上。由于 gravity 函数获取的值是很小的实数，故一般会像这样扩大一定倍数后再使用。数值越大则移动距离越大。

3 制作动作游戏！

游戏有哪些必要的操作？

现在我们已经基本掌握了动画形象的使用方法。适当地组合动画形象，便能制作简单的游戏了。

总的来说，游戏有各种各样的类别。这里尝试制作一个简单的射击游戏。作为十分基础的功能，需要设置以下处理方法。

- 左右倾斜 iPhone 使己方飞船横向移动

代码 5.20 使用 gravity 函数移动宇宙飞船

```
from scene import *

class MyScene(Scene):

    # 初始化设置
    def setup(self):
        self.background_color = '#ceceff'
        self.ship = SpriteNode('spc:PlayerShip2Blue')
        self.ship.position = self.size / 2
        self.add_child(self.ship)

    # 刷新操作
    def update(self):
        x, y, z = gravity()
        sx, sy = self.ship.position
        sx += x * 10
        sy += y * 10
        self.ship.position = sx, sy

run(MyScene())
```

- 敌机从随机位置以随机速度朝己方飞船驶来
- 点击发射导弹
- 导弹击中敌机则爆炸
- 敌机撞到己方飞船则游戏结束
- 敌机出现的时间间隔逐渐缩短
- 破坏敌机则得分增加

游戏的基本功能已全部设置好。代码 5.21 中展示了完成的脚本。边看这段代码边讲解与游戏制作相关的处理。

同时展示完成版游戏的界面（见 图 5.37、 图 5.38、 图 5.39）。

图 5.37 开始游戏时显示己方飞船，左右倾斜 iPhone 进行操控

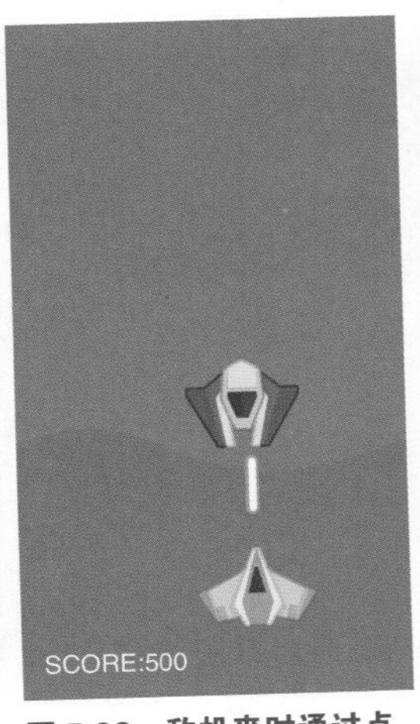

图 5.38 敌机来时通过点击进行攻击

图 5.39 己方飞船与敌机相撞则游戏结束

 **导弹该怎么办?**

首先是关于己方飞船的“攻击”。动作游戏中往往需要发射激光或导弹击败敌人。使用动画形象便可实现这个效果。事先准备好导弹等的动画形象，在发射时将其放置在己方飞船的位置，使用 Action 的 move_to 等方法设置从该位置开始的动画效果即可。

代码 5.21 中，点击界面则发射导弹。虽然这里只准备了一个动画形象，导致连续触屏时之前发射的导弹将中途消失并重新发射导弹，但由此可以了解发射导弹的基本方法。

在 setup 中如下所示设置导弹的动画形象。

```
self.bullet = SpriteNode('spc:LaserBlue5')
self.bullet.position = -1000, -1000
self.add_child(self.bullet)
```

“spc:LaserBlue5”是如激光等发光物体的形象。使用它创建 SpriteNode，并用 add_child 方法将其加入场景。

之后只需用 touch_began 方法设置发射操作即可。首先用变量获取界面大小与由 touch.location 传递过来的触屏位置。

代码 5.21　完成版射击游戏脚本

```
from random import *
from math import *
from scene import *
from sound import *

class MyScene(Scene):

    # 初始化设置
    def setup(self):
        self.game_flg = True
        self.baseline = 100
        self.score_point = 0
        self.add_time = self.t
        self.enemy_duration = 3.0
        w, h = self.size
        self.background_color = '#000060'
        # 背景设置
        bg = SpriteNode('plf:BG_Blue_land', alpha=0.5)
        bg.size = self.size
        bg.position = self.size / 2
        self.add_child(bg)
        # 己方飞船设置
        self.ship = SpriteNode('spc:PlayerShip2Blue')
        self.ship.position = w / 2, self.baseline
        self.add_child(self.ship)
        # 敌机设置
        self.enemy = []
        # 导弹设置
        self.bullet = SpriteNode('spc:LaserBlue5')
        self.bullet.position = -1000, -1000
        self.add_child(self.bullet)
        # 得分设置
        self.score = LabelNode('SCORE: 0', font=('Helvetica', 24))
        self.score.color = '#ffffff'
        self.score.anchor_point = 0, 0
        self.score.position = 20, 20
        self.add_child(self.score)

    def draw(self):
        pass # plf:BG_Blue_land

    # 刷新操作
    def update(self):
        if self.game_flg == False:
            return
        # 己方飞船的操作
        x, y, z = gravity()
        sx, sy = self.ship.position
        sx += x * 20
```

代码 5.21 续

```
        if sx < 0:
            sx = 0
        if sx > self.size[0]:
            sx = self.size[0]
        self.ship.position = sx, self.baseline
        # 检查是否击中敌机及是否有敌机撞到己方飞船
        for enemy in self.enemy:
            if enemy != None:
                if self.check_collision(enemy, self.bullet):
                    self.collision(enemy)
                if self.check_collision(enemy, self.ship):
                    self.collision(self.ship)
                    self.finish()
        # 控制敌机出现
        if self.t - self.add_time > self.enemy_duration:
            self.addEnemy()
            n = len(self.enemy)
            if n >= 3:
                self.enemy_duration -= 0.1
                if self.enemy_duration < 0.1:
                    self.enemy_duration = 0.1

    # 发射操作
    def touch_began(self, touch):
        if self.game_flg == False:
            return
        w, h = self.size
        x, y = touch.location
        sx, sy = self.ship.position
        self.bullet.position = sx, sy + 50
        move = Action.move_to(sx, h + 1000, 0.5, TIMING_LINEAR)
        self.bullet.run_action(move)
        play_effect('game:Shot')

    # 创建敌机
    def addEnemy(self):
        w, h = self.size
        n = len(self.enemy)
        sx = randrange(w)
        ex = randrange(w)
        t = random()* 4.5 + 0.5
        # 增加敌机
        self.enemy.append(SpriteNode('spc:EnemyRed2'))
        self.enemy[n].position = sx, h + 50
        self.add_child(self.enemy[n])
        # 敌机动画效果
        move = Action.move_to(ex, -50, t, TIMING_LINEAR)
        call = Action.call(self.enemy[n].remove_from_parent)
        action = Action.sequence(move, call)
```

代码 5.21 续

```
            self.enemy[n].run_action(action)
            self.add_time = self.t

    # 检查是否相撞
    def check_collision(self, enemy, obj):
        x1, y1 = enemy.position
        x2, y2 = obj.position
        w1, h1 = enemy.size
        w2, h2 = obj.size
        f_x = abs(x1 - x2)
        f_y = abs(y1 - y2)
        return f_x < 50 and f_y < 30

    # 击中敌机时的处理
    def collision(self, target):
        if target == None:
            return
        # 爆炸动画效果
        fire = SpriteNode('spc:LaserBlue13')
        fire.position = target.position
        self.add_child(fire)
        anim1 = Action.fade_to(0, 0.25, TIMING_LINEAR)
        anim2 = Action.scale_to(5, 0.25, TIMING_LINEAR)
        anim3 = Action.rotate_to(2*pi, 0.25, TIMING_LINEAR)
        anim = Action.group(anim1, anim2, anim3)
        call1 = Action.call(target.remove_from_parent)
        call2 = Action.call(fire.remove_from_parent)
        call = Action.group(call1, call2)
        action = Action.sequence(anim, call)
        fire.run_action(action)
        # 处理击中的目标与增加得分
        target.remove_all_actions()
        target.position = -1000, -1000
        self.score_point += 100
        self.score.text = 'SCORE:' + str(self.score_point)
        play_effect('game:Crashing')

    # 结束处理
    def finish(self):
        self.game_flg = False
        # 显示"END"
        end = LabelNode('END', font=('<System-Bold>', 48))
        end.color = '#ff0000'
        end.position = self.size / 2
        self.add_child(end)
        return

scene = MyScene()
run(scene)
```

```
w, h = self.size
x, y = touch.location
sx, sy = self.ship.position
```

以己方飞船位置为基础设置导弹的位置，并设置运动到界面顶端的动画效果。

```
self.bullet.position = sx, sy +50
move = Action.move_to(sx, h + 1000, 0.5,
TIMING_LINEAR)
self.bullet.run_action(move)
play_effect('game:Shot')
```

这里完成了通过点击发射导弹的操作。用 Action 类便能出乎意料、轻松地实现相应效果。

最后调用 play_effect 函数。这是 sound 模块中，读取传递给参数的特定名称的音效资源并发出相应音效的函数。音效与图像一样有许多样例。

点击编辑器的右下方的“+”，点击位于出现的列表下方的“Sounds”图标，将以列表形式呈现存储了音效资源的文件夹。在此点击文件夹并从中选择音效资源，便可将相应的值写入编辑器（见图 5.40）。使用方法与图像完全一样。

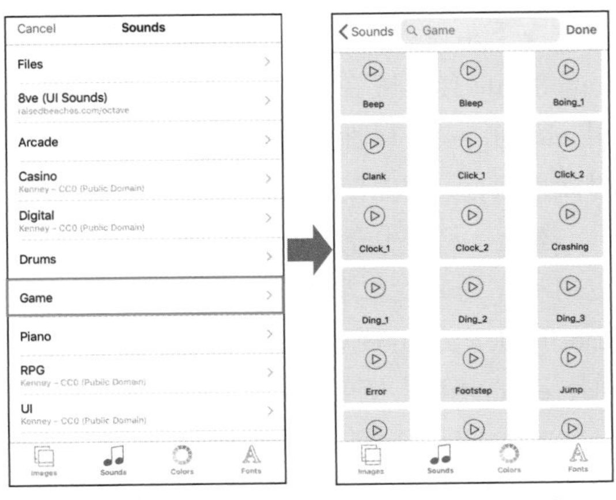

图 5.40　点击编辑器的“+”图标将出现文件夹列表。点击其中一个便会出现该文件夹中包含的音效资源列表，这里选择“Game”文件夹

创建敌机

敌机不仅有一架，而是一架接一架地飞来。因此，用列表存储管理更为合适。这里在进行初始化设置的 setup 方法中设置相应的值。

```
self.enemy = []
```

然后根据需要，用创建敌机的 addEnemy 方法生成敌机并添加到场景中。

```
self.enemy.append(SpriteNode('spc:
EnemyRed2'))
self.enemy[n].position = sx, h + 50
self.add_child(self.enemy[n])
```

用 self.enemy.append 方法往列表中添加 SpriteNode 类对象，调整其位置后再用 add_child 方法添加到场景中。检查敌机状态时，只需检查 self.enemy 列表中的所有内容即可。

关于碰撞判断

那么，该如何判断导弹是否破坏了敌机呢？这就需要检测导弹与敌机是否碰撞。由于这个游戏中设置当敌机撞到己方飞船时游戏结束，故还需要检测敌机与己方飞船是否碰撞。

这里用 check_colllision 函数进行碰撞判断。根据动画形象的图像形状严格检查是否碰撞十分困难，但依据“靠近到这个程度则视为碰撞”的方法进行大致判断则不难实现。

思路十分简单，即检查两个对象的横向与纵向距离（相距多少个点位），若该值小于一定数字则判断两个对象发生了碰撞。

```
x1, y1 = enemy.position
x2, y2 = obj.position
f_x = abs(x1 - x2)
f_y = abs(y1 - y2)
return f_x < 50 and f_y < 30
```

求出 enemy 和 obj 的横、纵坐标的差值，并分别检查是否小于 50 或 30。若两个差值分别小于 50 和 30，则返回 True，否则返回

False。坐标的差值（这里为 50 和 30）需要根据所用动画形象的大小进行调整。

 实现多个动画效果

若想通过展现动画形象的动作而为游戏添加效果，有时会需要同时使用多个动画效果。对此，有两个可用的方法。

<同时运行多个 Action>

```
Action.group( action1, action2, ……)
```

<连续运行多个 Action>

```
Action.sequence( action1, action2, ……)
```

通过组合这两个方法可实现复杂的动画效果。这里导弹碰到敌机时爆炸的效果便是用了这个方法。

首先准备 3 个用于动画效果的 Action——消失、扩大和旋转。

```
anim1 =Action.fade_to(0, 0.25, TIMING_
LINEAR)
anim2 = Action.scale_to(5, 0.25, TIMING_
LINEAR)
anim3 = Action.rotate_to(2*pi, 0.25,
TIMING_LINEAR)
```

“fade_to”是改变透明度的方法。透明度会变化到传递给第一个参数的值为止。第二个和第三个参数与 Action 类的其他方法一样，指定持续时长与模式。

这样便完成了同时运行 3 个动画效果的 Action。接下来设置动画效果结束后移除爆炸对象的操作。

```
call1 = Action.call(target.remove_
from_parent)
call2 = Action.call(fire.remove_from_
parent)
call = Action.group(call1, call2)
```

Action.call 方法是运行传递给参数的函数或方法的方法。用 group 方法将两个由 Action.call 方法设置的操作组合成一组，便可依次执行 call1 与 call2 操作。

```
action = Action.sequence(anim, call)
```

如此便可同时运行 3 个动画效果，结束后再执行两个由 call 方法设置的操作，将目标与 fire 撤出场景。如此复杂的操作在 Pythonista3 中亦可轻松实现。

 显示得分

还需要显示得分等文本。文本显示需要用到 LabelNode 类。这是 Node 的子类，和 SpriteNode 类一样，创建实例并添加到 Scene 中便可显示。此处作为应用实例，如下所示显示得分。

```
self.score = LabelNode('SCORE:0',
font=('Helvetica', 24))
self.score.color = '#ffffff'
self.score.anchor_point = 0, 0
self.score.position = 20, 20
self.add_child(self.score)
```

LabelNode 类通过将需要显示的文本传递给参数创建实例。这里还将使用的字体与字号传递给 font 参数，如此可设置文本显示的格式。

此外还设置了 anchor_point 属性。这是体现位置基准点的属性。这里将 LabelNode 类的左下角设为基准点。由于多数情况下将 LabelNode 类放置在界面的边缘，故熟练使用 anchor_point 属性可将其固定在一个距离界面边缘有一定宽度的位置。

至此，后篇中介绍了使用平面图形的游戏应用程序的开发。掌握了 Scene、SpriteNode、LabelNode 与 Action 等类，以及播放音效的 play_effect 函数，便可制作简单的游戏。

Pythonista3 中还有各种其他功能。由于其中还有直接使用 iOS 框架的功能，故能在 iOS 上实现的，基本上能通过 Pythonista3 实现。所以这实际上是一款真正意义上具有强大开发功能的编程应用程序！

第6章

用Flask+SQLite3开发网络数据库应用

时下，越来越多的人开始使用 Python 进行编程。Python 的特征是拥有大量的框架和库，因此可事半功倍地开发具备各种功能的应用程序。近来，随着网络应用越来越受欢迎，Python 自然也具备了用于开发网络应用的框架。本章将使用 Python 及用于开发网络应用的框架“Flask”与关系型数据库[①]“sqlite3”，讲解开发网络数据库应用的方法。

本章要解决的问题是“藏书数据库管理应用”。不仅是管理藏书，该应用程序还能处理图片文件或 cvs 数据（见图 6.1）。除了存储书籍信息的表，还需在数据库中单独创建一张存储作者信息的表。这样在输入书籍信息时，便可以列表的形式呈现从作者信息表中抽取的作者姓名并让用户从中选择。当然，该应用程序还可以修改或删除数据库中的数据。

图 6.1　此次要开发的网络数据库应用的界面示例

安装 Anaconda 与 VSCode

本章使用开源的综合开发环境“Anaconda”（免费）的 Windows 版开发应用程序。Anaconda 中一开始便带有 Flask 等各种 Python 框架、库与工具。此外可以关联使

① 译者注：关系型数据库是指用关系模型来组织数据的数据库，其中以行和列的形式存储数据。一系列的行和列构成一张表，一组表构成一个数据库。

用轻量且功能强大的编辑器“Visual Studio Code(VSCode)”。

计算机上尚未安装 Anaconda 的读者可以从其官网下载 Windows Python 3.x 版本的安装包并安装。对于尚未安装 VSCode 的读者而言，在安装 Anaconda 时还需同时安装 VSCode。安装完成后，Windows 的开始菜单中将生成一个名为“Anaconda”的文件夹，可从中启动 Anaconda 的各种工具。

接下来的 Python 代码编写与应用程序运行都在 VSCode 上进行。启动 VSCode 的方法是从 Windows 开始菜单中启动 Anaconda Navigator，然后在弹出的界面中点击 VSCode 的“Launch”按钮。

Part 1

开发网络数据库应用的基本功能

在开发应用程序时需要创建 Flask 工程。使用 Windows 的 Explorer 等管理器，在合适的路径下创建一个名为“flask-web”的文件夹。这是存储工程相关文件的最上层文件夹。

接着在 VSCode 的菜单栏中点击“File”→“Open Folder...”，选择 flask-web 文件夹。然后在 VSCode 界面的左侧将出现文件管理窗格“EXPLORER”。在文件管理窗格中点击鼠标右键调出弹出式菜单，选择“New Folder”，依照图 6.2 所示的结构创建“instance”“web”“static”和“templates”文件夹（templates 文件夹的名称是固定的，所以不要忘记在 template 一词的末尾加上“s”）。

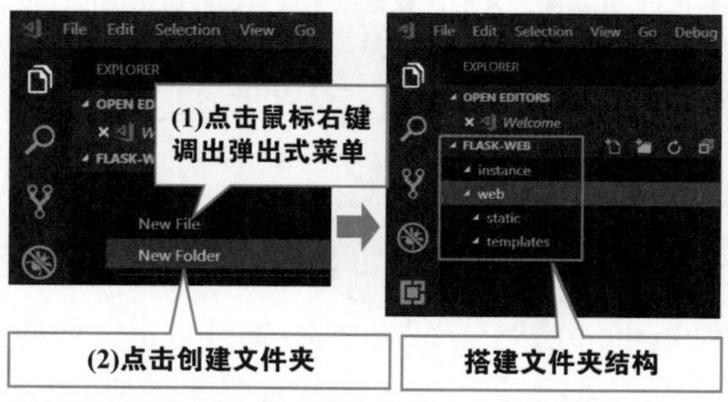

图 6.2 在 VSCode 的 EXPLORER 中创建存储 Flask 工程相关文件的文件夹

Instance 文件夹放置与 Flask 中使用的数据库相关的文件。web 文件夹下放置编写网络页面的 Python 程序文件。

web 文件夹下的 templates 文件夹放置 HTML 模板文件，static 文件夹放置 CSS 文件或图片文件等与数据处理无关的文件。

创建数据库并让它可用于 Flask 中

首先编写 Python 程序创建数据库文件以用于此次开发的应用程序。在 EXPLORER 中的 instance 文件夹上调出弹出式菜单，选择“New File”创建 createdb.py 文件。界面中将打开用于编写 createdb.py 代码的编辑器，在其中输入代码 6.1 中的内容，点击 VSCode 菜单栏中的“File”→“Save”保存文件。

代码 6.1 的前半部分将操作数据库的 SQL 语句转换为可以在 Python 代码中处理的字符串常量。Python 中以 ''' ''' 为边界，可以将包含换行符的多行字符串作为一个字符串进行处理。这里创建的 authors 表由标识数据的整数值“id”、作者姓名“name”和作者介绍“bio”3 列构成。id 列设为随表中存储的记录（行）的增多而自动计数，故无须一个个地输入。

代码 6.1 的后半部分是通过 Python 操作数据库的代码。首先创建数据库文件（bookdb.sqlite3）并获取连接对象，然后获取扫描数据库的列与行的“游标”对象，再运行在前半部分中存储为字符串常量的 SQL 语句，最后将获取的查询结果输出到界面上。

尝试运行代码 6.1 中的代码。在 EXPLORER 的“instance”文件夹上点击鼠标右键调出弹出式菜单，选择“Open in Terminal”（见图 6.3）。这样在编辑器窗口的下方将打开命令行的 TERMINAL 窗口（见图 6.4），在其中输入以下命令运行 createdb.py。

```
python createdb.py
```

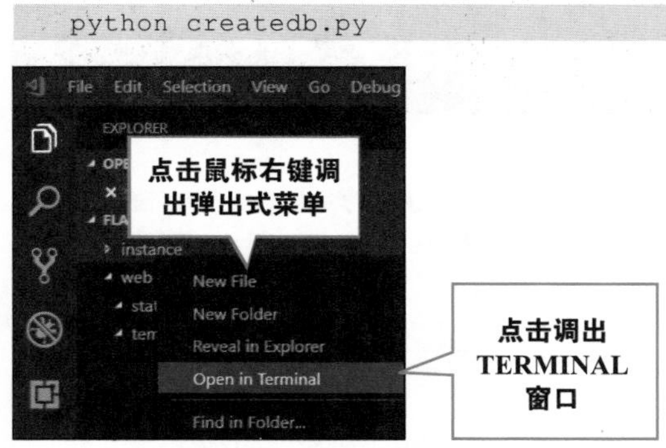

图 6.3 在 instance 文件夹中调出弹出式菜单，选择“Open in Terminal”将打开命令行窗口“TERMINAL”

若能输出 authors 表中存储的数据则代表程序运行成功。从 instances 文件夹中的内容可知，代码 6.1 中设置的数据库文件 bookdb.sqlite3 被成功创建（见图 6.5）。

然后设置可以在 Flask 应用程序中使用数据库。在 web 文件夹下创建 bookdb.py 文件，输入代码 6.2 中的 Python 代码。通过第二行的导入语句从 flask 模块读取的“current_app”是一个对象，其中包含应用程序——一个 Flask 对象——本身的信息，以及实现各种设置的方法。“g”是维持为连接数据库而进

代码 6.1 创建数据库文件，并往表中写入一条记录的 Python 代码。代码写在 instance 文件夹下的 createdb.py 文件中

```
import sqlite3 # 导入操作 sqlites3 库

# 当 authors 表已经存在时将其删除的 SQL 语句
DROP_AUTHORS="DROP TABLE IF EXISTS authors"

# 创建 authors 表的 SQL 语句
CREATE_AUTHORS='''CREATE TABLE authors
(id INTEGER PRIMARY KEY AUTOINCREMENT,
name TEXT,
bio TEXT)'''

# 往 authors 表中插入数据的 SQL 语句
INSERT_AUTHOR='''INSERT INTO authors (name, bio)
VALUES ('牛顿', '传说从“苹果为什么会从树上掉下来”这一问题发现了万有引力定律')
'''

# 查询 authors 表中记录的数据的 SQL 语句
SELECT_AUTHORS="SELECT * FROM authors" # 读取 authors 表中的所有记录

# 创建数据库文件并获取连接对象
conn = sqlite3.connect('bookdb.sqlite3')

# 执行对数据库文件的操作
c = conn.cursor()              # 获取游标对象
c.execute(DROP_AUTHORS)        # 运行常量 DROP_AUTHORS 中存储的 SQL 语句
c.execute(CREATE_AUTHORS)      # 运行常量 CREATE_AUTHORS 中存储的 SQL 语句
c.execute(INSERT_AUTHOR)       # 运行常量 INSERT_AUTHORS 中存储的 SQL 语句
conn.commit()                  # 确定往数据库文件中插入数据

# 查询 authors 表并输出查询结果
c.execute(SELECT_AUTHORS)      # 运行常量 SELECT_AUTHORS 中存储的 SQL 语句
result=c.fetchone()            # 只取出一行查询结果
print(result)                  # 输出取出的查询结果
```

```
PS C:\Users\[illegible]\flask-web\instance> python createdb.py
(1, '牛顿', '传说从“苹果为什么会从树上掉下来”这一问题发现了万有引力定律')
PS C:\Users\[illegible]\flask-web\instance>
```

图 6.4　在 TERMINAL 窗口的命令提示符中运行 createdb.py 的结果

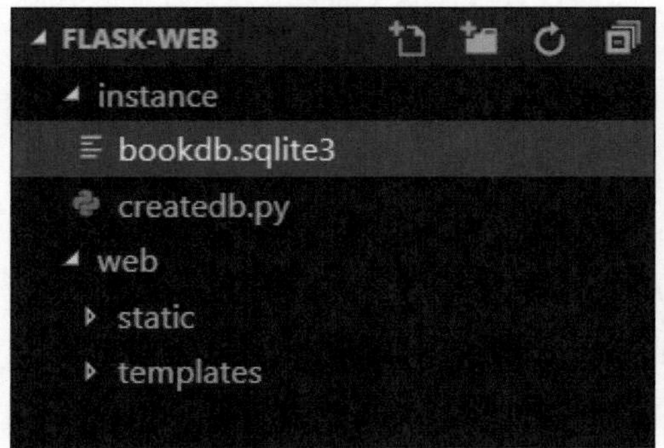

图 6.5　运行 createdb.py 后创建数据库文件 bookdb.sqlite3

行设置的对象。g 对象中包含了几乎所有的设置，故只需改写应用程序所特有的部分即可。

接着分别定义连接数据库并获取连接信息的 get_db 函数、断开数据库连接的 close_db 函数及初始化应用程序的 init_app 函数。

代码 6.2　为了能在 Flask 应用程序中使用数据库所进行的设置，写在 web 文件夹下的 bookdb.py 文件中

```
import sqlite3
from flask import current_app, g

def get_db(): # 连接数据库并获取连接信息
  if 'db' not in g:
    g.db = sqlite3.connect(
      current_app.config['DATABASE'],
      detect_types=sqlite3.PARSE_DECLTYPES
    )
    g.db.row_factory = sqlite3.Row
    # 以字典形式读取数据库中各列的值
  return g.db

def close_db(e=None): # 断开数据库连接
  db = g.pop('db', None)
  if db is not None:
    db.close()

def init_app(app):  # 应用程序初始化设置
  app.teardown_appcontext(close_db)
  # 设置页面加载完成后调用 close_db 函数
```

编写 Flask 应用程序的代码

启动 Flask 网络应用至少需要以下 3 个文件。

（1）__init__.py 文件

创建于 web 文件夹下。作用是向 Python 处理系统出示放置 Python 程序文件的文件夹，并在启动网络应用时被调用。在应用程序中使用的 Python 对象都需要注册到这个文件中，数据库连接也是在这个文件中进行编写。

（2）用 Python 编写的 Flask 应用程序文件

创建于 web 文件夹下。编写在接收网络页面访问请求后，直到程序响应为止的操作。该文件中还编写需要显示的 HTML 模板。

（3）HTML 模板文件

创建于 web/templates 文件夹下。在 HTML 标签中填入 Flask 代码的文件。

先从（2）中提到的 Flask 应用程序与（3）中提到的 HTML 模板的代码开始讲解。在 web 文件夹下创建 authors.py 文件，编写显示作者列表页面的 Python 代码。在 templates 文件夹下创建 authors 文件夹，再在 authors 文件夹下创建 all.html 文件，并在其中输入 HTML 模板的代码。文件夹的结构带有“展示所有（all）作者（authors）”的感觉（见图 6.6）。

在 authors.py 文件中编写的 Python 代码如代码 6.3 所示。在中间部分创建的 Blueprint 对象（bp）是代表该 Python 程序内容的对象，可以将其视为将应用程序的结构图对象化后的对象。之后将该对象注册到

__init__.py 文件中。

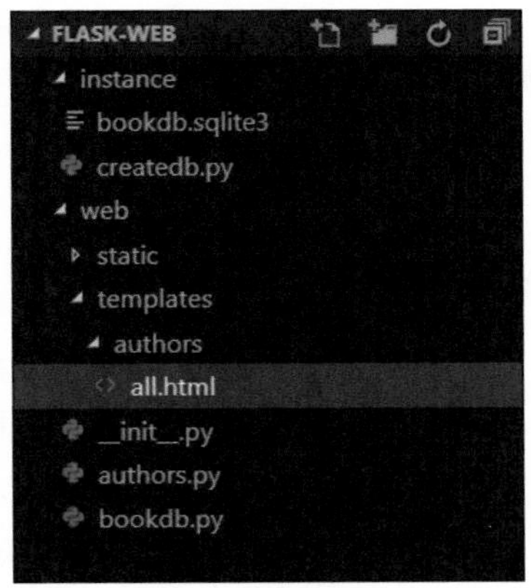

图 6.6　用 Flask 开发的网络数据库应用工程的文件夹结构与文件配置

之后的以“@”开头的语句被称为装饰器，作用在于往其后用 def 定义的普通函数中添加信息。通过 GET 命令访问传递给参数的地址（此处为“/authors”）时，将运行直接跟在装饰器后面的函数（此处为 all 函数），由此设置要调用的 HTML 模板的路径。

all 函数中调用 get_db 函数连接数据库，将所有数据作为字典中的元组保存在 alldata 对象中。返回值中使用的 render_template 函数是显示参数指定的 HTML 模板内容的函数。该函数由 Flask 模块定义。通过第一个参数，将 authors 文件夹下的 all.html 文件指定为 HTML 模板。第二个参数设置在第一个参数指定的 HTML 模板（此处为 all.html）中可以以对象名“authors”引用 alldata 对象中的内容。

编写 HTML 模板与 __init__.py 文件

在编写作者列表页面的 HTML 模板 all.html 之前，先在 web 文件夹下创建另一个 HTML 模板 base.html，用作在应用程序中显示页面的基本框架。base.html 中的内容如代码 6.4 所示。Flask 中有一个用于创建 HTML 页面的“Jinja”模板，可以在 HTML 语句中填入 Python 代码，也可以读取其他

代码 6.3　显示作者列表页面的代码，写在 web 文件夹下的 authors.py 文件中

```
from flask import (
  Blueprint, render_template,
  request, redirect, url_for #之后会用到
)
from web.bookdb import get_db

bp = Blueprint('authors', __name__) #用于将这个程序注册到__init__.py 文件中的对象

@bp.route('/authors', methods=['GET']) #访问“/authors”地址时调用 GET 命令
def all():
  db=get_db()
  alldata = db.execute('SELECT * FROM authors').fetchall()
  return render_template('authors/all.html', authors=alldata)
```

代码 6.4　应用程序中显示的页面的基本框架的 HTML 模板，写在 web/templates 文件夹下的 base.html 文件中

```
<!doctype html>
<title>{% block title %}{% endblock %} - 用 Flask 创建网络数据库之 2

<link rel="stylesheet" href="{{ url_for('static', filename='style.css') }}">

{% block content %}{% endblock %}
```

HTML 文件的内容。标有“{%……%}”的地方即由 Jinja 模板设定的填写代码的地方。“{{……}}”则用于将 Python 代码的运行结果填入 HTML。

在代码 6.4 中的“{% block title %}”与“{% endblock %}”之间，以及“{% block content %}”与“{% endblock %}”之间，填入在覆盖（重新定义）该 HTML 模板的其他页面中指定的标题与内容便可显示相应页面。虽然 link 标签中指定将 static 文件夹下的 style.css 文件用作样式表，但由于该文件和数据库应用程序并无直接关系，故本章略去用 CSS 调整页面格式的部分。

然后改写 base.html 的架构，编写显示作者列表页面的 HTML 模板（all.html）（见代码 6.5）。第一行中用由根目录（templates）出发的路径指定由覆盖而扩展的 HTML 模板（base.html）。“{% block title %}”与“{% endblock %}”之间，以及“{% block content %}”与“{% endblock %}”之间的代码将分别被填入 base.html 中相应的位置并显示。

最后往启动 Python 应用程序时运行的 __init__.py 文件中写入代码 6.6 中的 Python 代码。开头导入 Flask 对象，接着定义函数 create_app 用于创建并返回应用程序。create_app 函数的返回值（app）为代表应用程序本身的对象。在 create_app 函数定义的第一行中，传递给 Flask 对象的参数“__name__”由 Python 的处理系统使用。

代码 6.5　显示作者列表页面的 HTML 模板，写在 web/templates/authors 文件夹下的 all.html 文件中

```
{% extends 'base.html' %}

{% block title %}作者{% endblock %}

{% block content %}
<h1>藏书作者列表</h1>
  <ul>
  {% for author in authors %}
    <li>{{author['name']}}</li>
  {% endfor %}
  </ul>
{% endblock %}
```

代码 6.6　启动 Python 应用程序时运行的代码，写在 web 文件夹下的 __init__.py 文件中

```
from flask import Flask
import os

def create_app():
  app = Flask(__name__)

  from . import authors  # 引用同文件夹下的 authors.py 文件 ——— (1)
  app.register_blueprint(authors.bp)  # 注册 bf 对象

  app.config.from_mapping(
    SECRET_KEY='temp',    隐藏密码（实际上需要使用更加复杂的密码）
    DATABASE=os.path.join(app.instance_path, 'bookdb.sqlite3'),     (2)
    # 放在 instance 文件夹（固定）中的 bookdb.sqlite3 文件的相对路径
  )

  # 设置在这个应用程序中可以使用数据库
  from . import bookdb ——— (3)
  bookdb.init_app(app)

  return app
```

在这个工程中，在显示网络页面的Python程序中，将使用在__init__.py文件中创建的代表应用程序本身的app对象。因此，导入authors模块，将在authors.py（见代码6.3）文件中创建的Blueprint对象注册到app对象中（见代码6.6中（1）处）。

然后运行from_mapping方法（见代码6.6中（2）处）。该方法的第一个参数设置隐藏密码，第二个参数将数据库文件books.sqlite3的相对路径传递给字符串常量DATABASE。os是一个Python库，已在开头时导入。接着导入bookdb模块，运行在bookdb.py（见代码6.2）文件中定义的init_app函数（见代码6.6中（3）处）。

配置环境并运行应用程序

我们已经创建了连接数据库SQLite3的Flask应用程序的最基本的文件，那么便尝试运行一下该应用程序。在TERMINAL窗口中用cd命令，将当前路径转为flask-web文件夹。

用Flask运行网络应用需要3行命令。如下所示，设置两个环境变量后启动Flask内部的网络服务器。

```
$env:FLASK_APP="web"
$env:FLASK_ENV="development"
flask run
```

第一行命令中将放置__init__.py文件的文件夹传递给环境变量FLASK_APP。第二个环境变量FLASK_ENV设置在开发环境中运行应用程序。第三行命令是启动网络服务器的命令。完成命令输入后，启动网络浏览器，在地址栏中输入：

```
http://localhost:5000/authors
```

作者列表中将出现作者名“牛顿”（见图6.7）。

图6.7 运行目前为止完成的网络数据库应用后的界面

按下“Ctrl+C”组合键将终止网络服务器。再次启动网络服务器时，若在相同的TERMINAL窗口中运行则只需输入“flask

代码6.7 作者添加页面的HTML模板，写在web/templates/authors文件夹下的new.html文件中

```
{% extends 'base.html' %}

{% block header %}
<h1>{% block title %}添加作者{% endblock %}</h1>
{% endblock %}

{% block content %}
<h2>添加作者</h2>
<form method="post">
  <p><label for="name">作者姓名</label>
  <input name="name" id="name" ></p>                                    (1)
  <p><label for="bio">介绍</label>
  <textarea name="bio" id="bio" cols="40" rows="3"></textarea></p>
  <p><input type="submit" value="添加"></p>                              (2)
</form>
{% endblock %}
```

run”即可；若重新启动 TERMINAL 窗口则需要从两个环境变量开始重新输入 3 行命令。

让应用程序能够添加作者数据

此次开发的应用程序将能够往数据库中添加作者信息（作者姓名与作者介绍）。在 authors 文件夹下创建 new.html 文件，用作添加作者信息的页面，并设置其由 URL“/authors/new”打开。作者添加页面的 HTML 模板 new.html（见代码 6.7）以 base.html 为框架，由输入窗体中的两个输入框——作者姓名与作者介绍（见代码 6.7 中（1）处），以及“添加”按钮（见代码 6.7 中（2）处）构成。

接着设置作者添加页面的路径。在 authors.py 文件中定义由 GET 命令或 POST 命令访问“/authors/new”时运行的 new 函数（见代码 6.8）。在 new 函数中，接收 GET 命令（显示输入窗体）与 POST 命令（发送输入的值）时执行不同的操作。

虽然代码 6.3 中定义的 all 函数与这里定义的 new 函数都用 get_db 方法连接数据库，但都没有断开连接。这是由于在 __init__.py 文件中，启动应用程序时会调用 bookdb 模块中的 init_app 函数（见代码 6.2），设置在页面加载完成后便切断与数据库的连接。这一点在用 Flask 开发数据库应用时十分方便。

代码 6.8 定义作者添加页面的路径，以及通过 GET 命令或 POST 命令呼叫“/authors/new”时运行的 new 函数，添加到 web 文件夹下的 authors.py 文件中

```
@bp.route('/authors/new', methods=['GET', 'POST'])
def new():
  if request.method == 'POST': # 往输入框中输入内容并发送时
    name = request.form['name']
    bio = request.form['bio']
    db = get_db()
    db.execute(
    "INSERT INTO authors (name, bio) VALUES (?, ?)",
    (name, bio)
    ) # 将 name 和 bio 的值分别代入前后两个“?”
    db.commit()
    return redirect(url_for('authors.all')) # 显示作者姓名列表，确认数据是否添加成功
  return render_template('authors/new.html') # 接收 GET 命令时显示添加作者的输入框
```

代码 6.9 在作者列表页面（web/templates/authors 文件夹下的 all.html 文件，代码 6.5）中添加 div 元素，用作跳转到作者添加页面的链接

```
{% extends 'base.html' %}

{% block title %}作者{% endblock %}

{% block content %}
<h1>藏书作者列表</h1>
  <div>
    <a href="{{url_for('authors.new')}}">添加作者</a>      (1)
  </div>

  (略)

{% endblock %}
```

为了能从作者列表页面（authors/all.html）跳转到作者添加页面（authors/new.html），需要在 authors/all.html 中如代码 6.9 中（1）处所示用 div 元素编写链接。在 Flask 应用程

序中跳转网络页面时，不使用地址，而是指定在点击链接时调用的函数。这里用 url_for 方法调用 authors 模块（authors.py）中的 new 函数（见代码 6.8）。

这样就实现了可以一边浏览作者列表，一边往数据库中添加作者信息的操作设置。在浏览器的地址栏中输入：

```
http://localhost:5000/authors
```

在作者列表页面中点击链接跳转到作者添加页面，确认是否能够添加数据（见图 6.8）。

制作显示作者介绍的页面

接着设置在作者列表页面中点击作者姓名便跳转到作者介绍页面。在 web/templates/authors 文件夹中，创建作者介绍页面的 HTML 模板 show.html（见代码 6.10）。author 对象中存储了由作者姓名与作者介绍生成的字典形式的数据，此处便通过指定键名从该对象中取出相应的值并显示在页面上（见代码 6.10 中（1）处）。在作者列表页面所对应的 show 函数（之后详细介绍）中，运行了 render_template 方法。而在

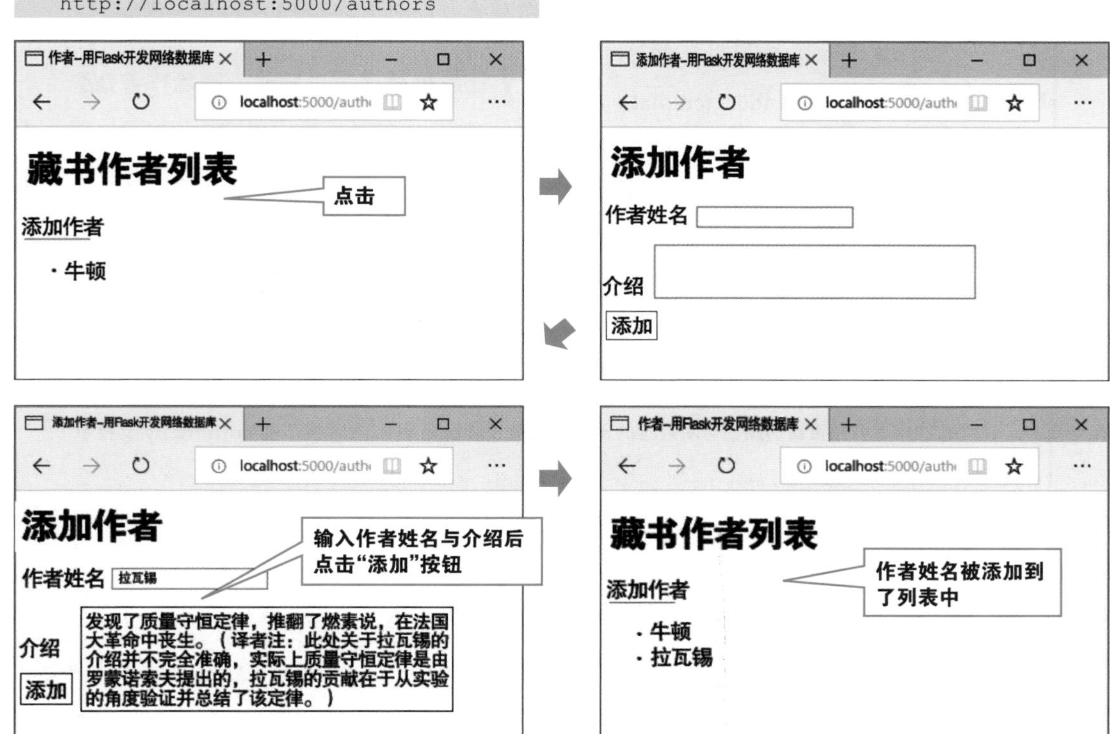

图 6.8　从作者列表页面跳转到作者添加页面，可以添加作者信息

代码 6.10　作者介绍页面的 HTML 模板，写在 web/templates/authors 文件夹下的 show.html 文件中

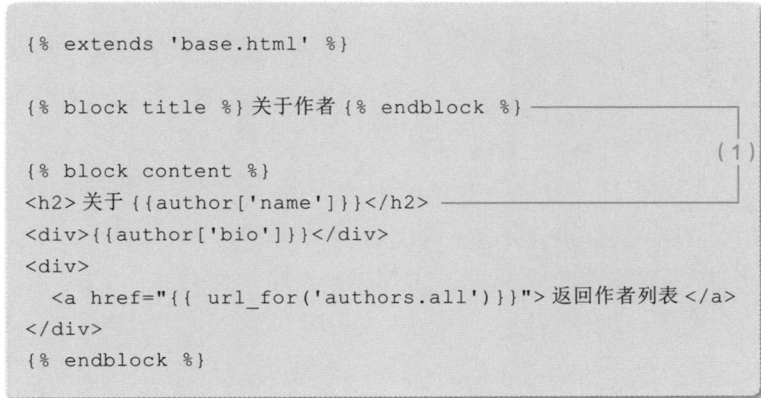

```
{% extends 'base.html' %}

{% block title %}关于作者{% endblock %}          ─┐
                                                 │(1)
{% block content %}                               │
<h2>关于{{author['name']}}</h2>                  ─┘
<div>{{author['bio']}}</div>
<div>
  <a href="{{ url_for('authors.all')}}">返回作者列表</a>
</div>
{% endblock %}
```

show.html 中使用的 author 对象，便是作为该方法的第二个参数被传递过来的。

在 authors.py 文件中编写前往作者介绍页面的路径以及所对应的 show 函数（见代码 6.11）。装饰器中的“<author_id>”和 show 函数的参数“author_id”都是指作者 id。例如将 2 作为作者 id 进行传递时，作者介绍页面的 URL 将变为如下地址。

```
http://localhost:5000/authors/show/2
```

show 函数的最后用 render_template 方法将 author 对象传递给 authors/show.html。show 函数使用由参数接收的作者 id，通过 SQL 语句在数据库中查询作者介绍。此处的 author 对象便是以字典形式存储其查询结果的对象（见代码 6.11 中（1）处）。

此外，为了能够将 author_id 传递给 show 函数，将作者代码页面（authors 文件夹下的 all.html 文件）中的循环语句中的 li 元素变为如代码 6.12 中（1）处所示的链接。

在浏览器的地址栏中输入：

```
http://localhost:5000/authors
```

显示作者列表页面后，可以看到作者姓名被设为了链接（见图 6.9）。点击作者姓名链接，将跳转到各个作者的介绍页面。

让应用程序可以修改、删除作者信息

在 Part1 的最后，设置应用程序可以修改或删除数据库中记录的作者信息（作者姓名与介绍文字）。操作数据库时的页面跳转如下所示。

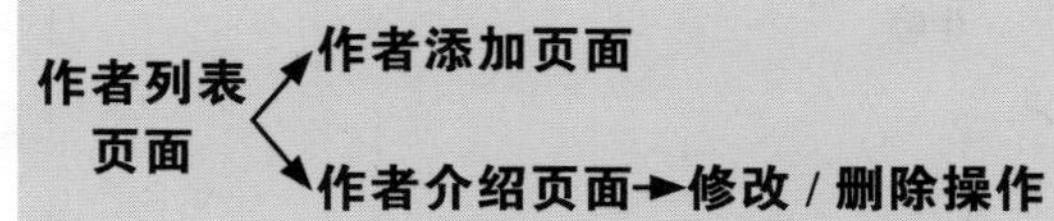

代码 6.11　定义前往作者介绍页面的路径与所对应的 show 函数，添加到 web 文件夹下的 authors.py 文件中

```
@bp.route('/authors/show/<author_id>', methods=['GET']) #GET 命令，即只进行读取
def show(author_id):
  db=get_db()
  author = db.execute('SELECT * FROM authors where id=?', author_id).fetchone()
  return render_template('authors/show.html', author=author)                (1)
```

代码 6.12　将作者列表页面（web/templates/authors 文件夹下的 all.html 文件）中的 li 元素变为前往作者介绍页面的链接（1）

```
{% extends 'base.html' %}

{% block title %}作者{% endblock %}

{% block content %}
<h1>藏书作者列表</h1>

  （略）

  <ul>
  {% for author in authors %}
    <li><a href="{{url_for('authors.show',author_id=author['id'])}}">
{{author['name']}}</a></li>                                              (1)
  {% endfor %}
  </ul>
{% endblock %}
```

图 6.9　可以从作者列表页面跳转到作者介绍页面

除了可以从作者介绍页面（authors 文件夹下的 show.html 文件）跳转到作者信息修改页面，还可以在作者介绍页面将作者信息从数据库中删除。

删除操作比较简单，故先尝试实现这个功能。在 authors.py 文件中添加路径与 delete 函数（见代码 6.13），并在作者介绍页面（authors 文件夹下的 show.html 文件）中如代码 6.14 中（1）处所示添加调用 delete 函数的“删除数据”链接。在这个链接的 url_for 方法中，从传递给 show.html 文件的存储字典形式数据的 author 对象中，用“id”键取出所对应的值并传递给 delete 函数。

作者信息修改页面虽然可以重复使用作者添加页面的输入窗体（见图 6.8），但由于修改代码反而更麻烦，故重新制作一个页面。在 authors 文件夹下创建 edit.html 文件，写入代码 6.15 中的代码。与作者添加页面（authors 文件夹下的 new.html 文件，见代码 6.7）不同的是，在接收以字典形式存储数据的 author 对象之后，用“name”键和“bin”键从该对象中取出作者姓名与作者介绍，分别作为文本输入框与文本区域的初始值并显示在页面上（见代码 6.15 中（1）处和（2）处）。

代码 6.13　定义用于从数据库中删除作者信息的路径与所对应的 delete 函数，添加到 web 文件夹下的 authros.py 文件中

```
@bp.route('/authors/delete/<author_id>', methods=['GET'])
def delete(author_id):
  db=get_db()
  db.execute(
    "DELETE from authors where id=?", author_id
    )
  db.commit()
  return redirect(url_for('authors.all')) # 返回列表，确认是否删除成功
```

代码 6.14　在作者介绍页面（web/templates/authors 文件夹下的 show.html 文件）中添加用于删除作者信息的“删除数据”链接（1）

```
(略)
{% block content %}
<h2>关于{{author[name]}}</h2>
<div>{{author['bio']}}</div>
<div>
  <a href="{{ url_for('authors.all')}}">返回作者列表</a>|
  <a href="{{ url_for('authors.delete',author_id=author['id'])}}">删除数据</a>  ——（1）
</div>
{% endblock %}
```

接着在 authors.py 文件中编写前往作者信息修改页面的路径和所对应的 edit 函数的定义（见代码 6.16）。edit 函数和 new 函数（见代码 6.8）有相似之处，不同之处在于通过参数获取作者 id（author_id），然后在数据库中查询该 id 所对应的作者信息，并用 SQL 中的 UPDATE 语句更新数据（见代码 6.16 中（1）处）。此外，一开始用 GET 命令显示页面时，在数据库中查询该 id 的作者信息，并把存储查询结果的 author 对象传递给作者信息修改页面（见代码 6.16 中（2）处）。

如代码 6.17 所示，将用于跳转到作者信息修改页面的“编辑”链接添加到作者介绍页面（show.html）中。与“删除数据”链接相同，从传递给 show.html 文件中的 author 对象的字典形式数据中，用 id 键取出相应的值并传递给 edit 函数。

若完成了以上所有步骤，试着由作者列

代码 6.15　作者信息修改页面的 HTML 模板，写在 web/templates/authors 文件夹下的 edit.html 文件中

```
{% extends 'base.html' %}

{% block header %}
  <h1>{% block title %} 修改作者信息 {% endblock %}</h1>
{% endblock %}

{% block content %}
<h2> 修改作者信息 </h2>
<form method="post">
<p><label for="name"> 作者姓名 </label>
<input name="name" id="name" value="{{author['name']}}" ></p> ——（1）
<p><label for="bio"> 介绍 </label>
<textarea name="bio" id="bio" cols="40" rows="3">{{author['bio']}}</textarea></p>—（2）
<p><input type="submit" value=" 修改 "></p>
</form>
{% endblock %}
```

代码 6.16　定义前往作者信息修改页面的路径与所对应的 edit 函数，添加到 web 文件夹下的 authors.py 文件中

```
@bp.route('/authors/edit/<author_id>', methods=['GET', 'POST'])
def edit(author_id):
  db=get_db()
  if request.method == 'POST':
    name = request.form['name']
    bio = request.form['bio']
    db.execute(                                        ┐
     "UPDATE authors SET name=?, bio=? where id=?",    │（1）
    (name, bio, author_id)                             │
    )                                                  ┘
    db.commit()
    return redirect(url_for('authors.all'))

  # 一开始用 GET 命令显示页面时执行的操作
  author = db.execute('SELECT * FROM authors where id=?', author_id).fetchone()─┐
  return render_template('authors/edit.html', author=author) ──────────────────（2）
```

代码 6.17 往作者介绍页面（web/templates/authors 文件夹下的 show.html 文件）中添加跳转到作者信息修改页面的“编辑”按钮（1）

```
(略)

<div>
  <a href="{{ url_for('authors.all')}}">返回作者列表</a>|
  <a href="{{url_for('authors.edit',author_id=author['id'])}}">编辑</a>|————(1)
  <a href="{{ url_for('authors.delete',author_id=author['id'])}}">删除数据</a>
</div>
(略)
```

表页面跳转到作者介绍页面。

“编辑”与“删除数据”两个链接已被添加到页面中，点击“编辑”将跳转到作者信息修改页面（见图 6.10）。修改信息后点击“修改”按钮将返回作者列表页面。再跳转到作者介绍页面时便可确认修改的内容是否已反映到页面上。

至此，我们掌握了针对与作者相关的数据库的一系列操作（显示作者列表、添加作者、显示作者介绍、删除作者信息与修改作者信息）。关于与作者信息相关的应用程序操作，表 6.1 中总结了至今为止创建的 HTML 模板与所对应的 Python 函数。

关于搜索功能，虽然此次的应用程序中略去不表，但阅读完 Part1 的各位读者一定要继续尝试实现该功能。之后的 Part2 中将增加处理书籍图片文件、上传 / 下载 CSV 格式的文本数据等功能，进一步扩充应用程序的功能。

Part 2 让应用程序能够处理图片文件与 CSV 文件

Part2 中将往 Part1 中制作的数据库（booksdb. sqlite3）中添加处理书籍信息的 books 表。书籍信息的处理具有以下两个特征。

表 6.1 应用程序操作与所对应的 HTML 模板及函数，HTML 模板放置于 web/templates/authors 文件夹中，函数则编写在 web 文件夹下的 authors.py 文件中

应用程序操作	HTML 模板文件	Python 函数
显示作者列表	all.html	all
往数据库中添加作者信息	new.html	new
显示作者信息	show.html	show
从数据库中删除作者信息	无	delete
修改作者信息	edit.html	edit

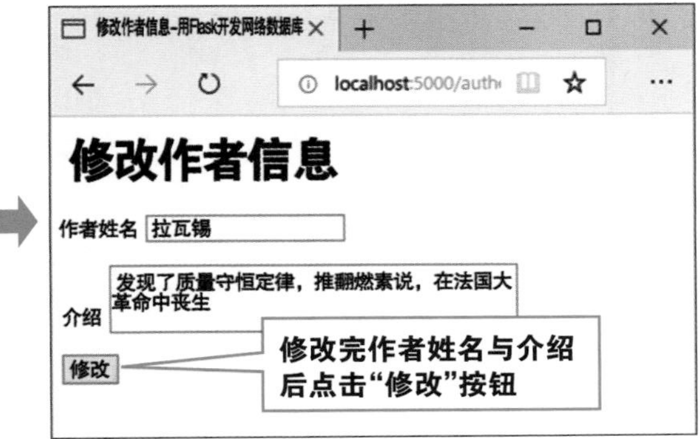

图 6.10 可以修改作者信息

（1）并非直接输入书籍作者的姓名，而是从Part1中创建的authors表中获取作者姓名并以列表形式呈现，用户可以从中选择。

（2）能够上传书籍封面图片并将其显示在书籍详情页面上。无法提供图片时显示默认图片。

此外，关于Part1中创建的作者信息表（authors表），可以用CSV格式的文本文件汇总多名作者的信息进行上传或下载。

创建存储书籍信息的表

在instance文件夹中创建create_booktable.py文件，编写创建books表的Python程序（见代码6.18）。在books表中有以整数为值并自动计数的“id”列、存储书籍名称的“title”列、存储作者姓名的“author”列以及存储封面图片文件名的“cover”列。

此次不将图片数据直接存储在数据库中（SQLite3其实可以实现该功能），而是将图片文件放在另一个文件夹中，并将图片文件名以文本数据的形式存储在数据库里的cover列中，然后在应用程序中引用并显示相应图片。在cover列中，将“book.png”作为封面图片文件名的默认值。关于图片文件的保存地址之后详细说明。而在代码6.18中只是创建books表，并未录入数据。

代码6.18　创建books表的Python代码，编写在instance文件夹下的create_booktable.py文件中

```
import sqlite3

# 创建 books 表的 SQL 语句
DROP_BOOKS="DROP TABLE IF EXISTS books"
CREATE_BOOKS='''CREATE TABLE books
(id INTEGER PRIMARY KEY AUTOINCREMENT,
title TEXT,
author TEXT,
cover TEXT DEFAULT 'book.png')''' # 设置默认值

# 执行数据库操作
conn = sqlite3.connect('bookdb.sqlite3')
c = conn.cursor()
c.execute(DROP_BOOKS)
c.execute(CREATE_BOOKS) # 尚未录入数据
conn.commit()
conn.close()
```

运行程序。若网络服务器还在运行，则先在TERMINAL窗口中按“Ctrl+C”组合键终止网络服务器，然后将命令提示符的当前路径设为instance文件夹后，输入以下命令运行create_booktable.py。

```
python create_booktable.py
```

并没有特别的响应信息。无错误地完成运行后，将当前路径从instance文件夹再改回工程文件夹（flask-web文件夹）。

显示藏书列表

既然已经创建了books表，那么接下来便创建处理书籍信息的Python程序与所对应的HTML模板。程序操作与页面显示与Part1中所编写的代码基本相同。

关于HTML模板，比较方便的方法是：在web/templates文件夹下，创建与authors文件夹同级的“books”文件夹，然后从authors文件夹中复制同名文件并修改其中内容（只复制必要的文件即可。若在工程中放置修改不完全的文件，则可能会被认为是错误，从而导致程序无法继续运行）。注意不要忘记修改books文件夹下的文件，也不要错误地修改之前努力编写的authors文件夹下的文件。

在web文件夹下创建books.py文件，并在其中编写执行与书籍信息相关的Python程序。从author.py文件中逐个复制、粘贴同名的方法并修改可省去不少工夫。

在显示书籍列表的 HTML 模板“books/all.html”中编写的代码如代码 6.19 所示。若复制并修改 authors/all.html，则需要确保所有的“authors”都改为了“books”。代码 6.19 中还包含了前往之后定义的“books.show”函数的链接（(1) 处）。因此，可在完成“藏书列表”“添加书籍”与“书籍详情”各部分程序后测试该链接的响应。若不多次测试则无法判断程序是否能够正常运行。这或许很麻烦，但还是希望读者能够耐心地完成测试。

在 books.py 文件中编写显示藏书列表页面的操作（见代码 6.20）。开头导入必要的模块并创建 Blueprint 对象。之后的路径与函数只需将 authors.py 文件中的“authors”全部改为“books”即可。

为了能够在应用程序中使用代码 6.20 中创建的 Blueprint 代码 (books.bp)，需要将该对象注册到 __init__.py 文件中。在 __init__.py 文件（见代码 6.6）中添加与注册 authors.bp 相同的代码。(见代码 6.21 中 (1) 处)。

让应用程序能够添加书籍信息

接下来，让应用程序能够添加书籍信息。

代码 6.19　显示藏书列表的 HTML 模板，写在 web/templates/books 文件夹下的 all.html 文件中

```
{% extends 'base.html' %}

{% block title %}书籍{% endblock %}

{% block content %}
<h1>藏书列表</h1>
<div>
  <a href="{{url_for('books.new')}}">添加书籍</a>
</div>
 <ul>
  {% for book in books %}
     <li><a href="{{url_for('books.show',book_id=book['id'])}}">{{book['title']}}</a>  (1)
</li>
  {% endfor %}
  </ul>
{% endblock %}
```

代码 6.20　在 web 文件夹下的 books.py 文件中编写显示藏书列表页面的操作

```
from flask import (
  Blueprint, render_template, request, redirect, url_for
)
from web.bookdb import get_db
bp = Blueprint('books', __name__) #从“authors”改写而来

@bp.route('/books', methods=['GET'])
def all():
  db=get_db()
  alldata = db.execute('SELECT * FROM books').fetchall()
  return render_template('books/all.html', books=alldata)
```

代码 6.21　在 web 文件夹下的 __init__.py 文件中，添加能够在应用程序中使用在 books.py 中创建的 Blueprint 对象（books.bp）的代码

```
from flask import Flask
import os

def create_app():
  app = Flask(__name__)

  from . import authors  # 参考同文件夹中的《authors.py》文件
  app.register_blueprint(authors.bp)  # 注册 bp 对象

  from . import books ————————(1)
  app.register_blueprint(books.bp) ———┘

(略)
```

代码 6.22　书籍添加页面的 HTML 模板，写在 web/templates/books 文件夹下的 new.html 文件中

```
{% extends 'base.html' %}

{% block header %}
<h1>{% block title %}添加书籍{% endblock %}</h1>
{% endblock %}

{% block content %}
<h2>添加书籍</h2>
<form method="post">
<p><label for="title">标题</label>
<input name="title" id="title" ></p>
<p><label for="author">作者</label>
<select name="author" id="author">
  {% for author in authors %}
    <option value="{{author['name']}}">{{author['name']}}</option>    (1)
  {% endfor %}
</select>
<p><input type="submit" value="添加"></p>
</form>
{% endblock %}
```

在 web/templates/books 文件夹下创建 new.html 文件，编写书籍添加页面的 HTML 模板（见代码 6.22）。该页面中并不直接输入作者姓名，而是显示作者姓名一览表，用户可以从中选择作者。代码 6.22 中（1）处的 select 元素即显示用于选择作者姓名的列表的地方。传递给该页面的 authors 对象中的数据结构为：元素皆为以字典形式存储了 authors 表中一行数据的对象。for 循环语句中，从各行对象中用“name”键取出作者姓名，将之罗列显示在列表中，并从窗体发送用户所选择的作者姓名。

接着在 books.py 文件中编写前往书籍添加页面的路径与所对应的函数（见代码 6.23）。

在 new 函数中，只往 books 表中录入 title 列和 author 列的值，cover 列的值为创建表时赋予的默认值（book.png）。例如，可以准备一张如图 6.11 所示的 png 格式的图片作为默认图片。在工程中的 static 文件夹下创建“img”文件夹，将该图片命名为“book.png”保存其中。

图 6.11　准备用于设置默认值的封面图片（book.png）

显示书籍的详细信息

最后制作显示书籍详细信息的页面。在 web/templates/books 文件夹中创建 HTML 模板 show.html，写入代码 6.24 中的代码。在代码 6.24 中，假定用以字典形式存储数据的 book 对象接收特定书籍的数据。在 img 标签中指定图片的路径并将其显示在 HTML 页面上（见代码 6.24 中（1）处）。static 文件夹对于 Flask 而言是有着特别含义的文件夹。因此，不随意更改这个文件夹的名称“static”时可顺利运行程序（因为程序运行时会调用

代码 6.23　定义前往书籍添加页面的路径和 new 函数，写在 web 文件夹下的 books.py 文件中

```
@bp.route('/books/new', methods=['GET', 'POST'])
def new():
  db = get_db() # 无论是 GET 命令还是 POST 命令都使用数据
  if request.method == 'POST':
    title = request.form['title']
    author = request.form['author']
    db.execute(
    "INSERT INTO books (title, author) VALUES (?, ?)",
    (title, author) #cover 列使用默认值
    )
    db.commit()
    return redirect(url_for('books.all'))
  # 接收 GET 命令时，传递存储了作者信息的 authros 对象
  authors = db.execute('SELECT * FROM authors').fetchall()
  return render_template('books/new.html', authors=authors)
```

代码 6.24　显示书籍详情的页面的 HTML 模板，写在 web/templates/books 文件夹下的 show.html 文件中

```
{% extends 'base.html' %}

{% block title %} 书籍详情 {% endblock %}

{% block content %}
<h2>「{{book['title']}}」详情 </h2>
<div> 作者：{{book['author']}}</div>
<div>
  <img src="{{ url_for('static', filename='img/'+book['cover'])}}"/> ——————(1)
</div>
<div>
  <a href="{{ url_for('books.all')}}"> 返回书籍列表 </a>|
</div>
{% endblock %}
```

既定的方法）。若修改了文件夹名称，则编写程序时会比较麻烦，因为需要在 filename 中填入 img 文件夹的完整路径。

创建完成 HTML 模板之后，在 books.py 中编写前往书籍详情页面的路径与所对应的 show 函数（见代码 6.25）。定义这个函数只需将 authors.py 文件中的 show 函数中的“author”改成“book”“authors”改成“books”即可。

完成以上所有程序的编写后，尝试测试应用程序的运行情况。在 TERMINAL 窗口中确认当前路径为 flask-web 后，输入：

```
flask run
```

启动网络服务器。启动后在浏览器的地址栏中输入：

```
http://localhost:5000/books
```

界面上将显示藏书列表页面。点击“添加藏书”链接后将跳转到书籍添加页面（见图 6.12）。在这个页面中，可以从列表中选择作者姓名。输入书名与作者姓名并点击“添加”按钮，将跳转到书籍列表页面，可以确认是否成功添加了书籍。在这个页面中点击书名将跳转到书籍详情页面。此时在页面中，默认图片（book.png）将被作为书籍封面（封面图片）显示。

添加上传图片文件的功能

现在试着将书籍详情页面上显示的默认图片改成每本书籍各自的封面图片。这次准备了如图 6.13 所示的图片，分别作为将牛顿著作和化学书籍形象化之后的封面图。

图片文件上传页面的 HTML 模板十分简单。在 web/templates/books 文件夹下创建 upload.html 文件，写入代码 6.26 中的代码。为了能让用户确认上传的是哪本书的图片，从传递给页面的 book 对象中取出书名并显示在页面上（见代码 6.26 中（1）处）。在文件名输入栏中设置 type 属性为“file”[见代码 6.26 中（2）处]。

代码 6.25　定义前往书籍详情页面的路径与 show 函数，添加到 web 文件夹下的 books.py 文件中

```
@bp.route('/books/show/<book_id>', methods=['GET'])
def show(book_id):
  db=get_db()
  book = db.execute('SELECT * FROM books where id=?', book_id).fetchone()
  return render_template('books/show.html', book=book)
```

代码 6.26　图片文件上传页面的 HTML 模板，写在 web/templates/books 文件夹下的 upload.html 文件中

```
{% extends 'base.html' %}

{% block title %} 上传书籍封面图片 {% endblock %}

{% block content %}
<h2> 选择《{{book['title']}}》的封面图 </h2> ——————————(1)
<form method=POST enctype=multipart/form-data>
  <div> 请上传文件 <br>
  <input type=file name=file></div> ——————————(2)
  <input type="submit" value=" 上传 ">
</form>
<div><a href="{{url_for('books.show',book_id=book['id'])}}"> 取消上传 </a></div>
{% endblock %}
```

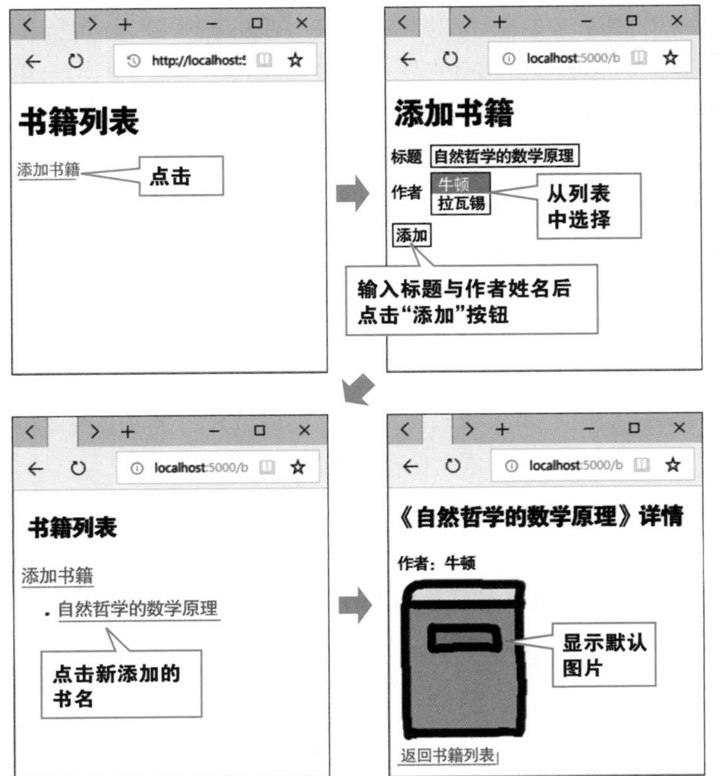

图 6.12　可以添加书籍并在书籍详情页面显示默认图片

图 6.13　要上传的封面图片示例——将牛顿著作和化学书籍形象化后的图片

在 books.py 文件中编写前往图片上传页面的路径与所对应的 upload 函数的定义（见代码 6.27）。为了测试程序的运行情况，先只设置对 GET 命令做出的响应，之后再进行修改。此外，在书籍详情页面（show.html）的 div 元素中，与显示封面图片的 img 标签同层级，添加跳转到封面图片上传页面的“上传封面图片”链接（见代码 6.28 中（1）处）。

完成以上设置后，尝试运行一次应用程序。显示书籍详情页面后点击“上传封面图片”链接，确认是否显示了图片文件上传页面。

保存上传后的文件需要有提示保存文件夹路径的信息。目前，Flask 中没有“应用程序内的某个文件夹”这样简单地提示路径的写法（希望不久之后能提供这样的写法）。因此，此次用绝对路径设置保存文件夹。例如，在笔者的环境中，工程文件夹下的“static”文件夹的绝对路径

代码 6.27　定义前往图片上传页面的路径与所对应的 upload 函数，添加到 web 文件夹中的 books.py 文件中，之后修改这里展示的 upload 函数

```
@bp.route('/books/upload/<book_id>', methods=['GET', 'POST'])
def upload(book_id): # 现在只设置对 GET 命令的响应
  db=get_db()
    book = db.execute('SELECT * FROM books where id=?', book_id).fetchone()
  return render_template('books/upload.html', book=book)
```

代码 6.28　往书籍详情页面（templates/books 文件夹下的 show.html 文件）中添加前往图片文件上传页面的链接

```
(略)

<div>
  <img src="{{ url_for('static', filename='img/'+book['cover']) }}"/>
  <a href="{{ url_for('books.upload', book_id=book['id']) }}">上传封面图片</a>    (1)
</div>

(略)
```

为“ C:/Users/Supportdoc/dev/pythonlibrary/flask-web/web/static ”（在 Python 中用“/”表示 Windows 文件路径）。如此冗长的写法写过一次之后应该不会想写第二次了，读者大概也会想将其写在某个中心位置然后引用它。

这里便需要 __init__.py 文件发挥作用了。在 __init__.py 文件中的 create_app 函数中，创建 app 对象后，如代码 6.29 中（1）处所示，设置此次工程的 static 文件夹的绝对路径。读者可以根据自己的用户名以及工程文件夹的位置更改绝对路径。然后往存储字典形式数据的 app 对象中添加新的键“ UPLOAD_FOLDER ”以及作为它的值的 static 文件夹的绝对路径。

将与网页内容无关的程序写在另一个文件中

在其他 Python 程序中，可用“ current_app ”引用 app 对象。因此，虽然可以用“ current_app.config['UPLOAD_FOLDER'] ”表示代码 6.29 中指定的文件保存地址的绝对路径，但使用起来依然十分麻烦。

此外，books.py 和 authors.py 都被作为 Blueprint 对象（bp）注册在 app 对象中。虽然可以将注册源 app 对象编写在其自身之中，但这种写法过于冗繁，并不美观。因为关于注册后的 bp 对象，只希望显示其中的操作部分。

因此，另外创建一个与网络页面无关的文件，将处理与文件相关的信息的代码汇总其中。在 web 文件夹下创建 files.py 文件，写入代码 6.30 中的代码。开头导入必要的模块，定义保存文件的 save_img 函数。

save_img 函数的参数“ file ”是 Python 的 File 对象。“ os.path.join ”方法能选择与 OS 相适应的文件路径分隔符并拼接字符串文字或变量。

使用这里定义的 save_img 函数改写 books.py 文件中的 upload 函数（见代码 6.27）（见代码 6.31 中（1）处）。在 upload 函数中，保存图片文件并修改 books 表中 cover 列的值（见代码 6.31 中（2）处）。而且在 books.py 的开头添加了导入 save_img 函数与 write_file

代码 6.29　往 __init__.py 文件中添加指定此次工程的 static 文件夹绝对路径的代码（1），根据自己的用户名及工程文件夹的位置填写绝对路径

```
from flask import Flask
import os

def create_app():
  app = Flask(__name__)

  UPLOAD_FOLDER = '(此处填写前往 static文件夹的绝对路径)'  ——(1)
  app.config['UPLOAD_FOLDER'] = UPLOAD_FOLDER

(略)
```

代码 6. 30　在 web 文件夹下创建 files.py 文件，编写处理文件相关信息的代码

```
from flask import current_app
import os

def save_img(file):
  file.save(os.path.join(current_app.config['UPLOAD_FOLDER'],'img',file.filename))
```

函数的语句（见代码 6.31 中（3）处）。

测试应用程序的响应。在书籍详情页面点击“上传封面图片”链接，跳转到上传页面（见图 6.14）。指定文件后点击“上传”按钮将返回该书籍的详情页面，可确认封面图片是否更新成功。

准备 CSV 文件

往数据库中输入信息时，并非一条条地手动输入，效率更高的方法是创建一个写

图 6.14　上传图片文件后可以修改书籍详情页面中的封面图片

代码 6.31　使用在 files.py 中定义的 save_img 函数，改写在 web 文件夹下 books.py 文件中的 upload 函数（见代码 6.27），并在开头导入 save_img 函数与 write_file 函数

```
from flask import (
  Blueprint, render_template, request, redirect, url_for
)
from web.bookdb import get_db
from web.files import save_img, write_file ———— (3)

(略)

@bp.route('/books/upload/<book_id>', methods=['GET', 'POST'])
def upload(book_id):                                        ┐
  db=get_db()                                               │
  if request.method == 'POST':                              │
    if 'file' in request.files: # 如果请求中包含文件信息       │
      file = request.files['file']                          │
      save_img(file) #《file.py》中定义的方法                 │
      db.execute( # 将 books 表中的文件名从默认值改为特定值 ┐   │
      "UPDATE books SET cover=? where id=?",          │   │
      (file.filename, book_id)                        (2) (1)
      )                                               │   │
      db.commit()                                     ┘   │
                                                            │
    # 无论是否更新成功都返回详情页面                           │
    return redirect(url_for('books.show',book_id=book_id) ) │
                                                            │
  # 用 GET 命令读取时                                        │
  book = db.execute('SELECT * FROM books where id=?', book_id).fetchone()
  return render_template('books/upload.html', book=book)    ┘
```

有多条信息的文件并让数据库读取所有数据。此次关于作者信息的输入便使用这个方法。创建一个 CSV 格式的文件，文件中用“,（逗号）”分隔表中的各列文本，便可将数据一起输入数据库中。

因此，在合适的位置准备以逗号分隔作者姓名和作者介绍、添加了换行符并包含以下内容的 authordata.csv 文件。在 Python 中，无须在每一个字符串外都添加引用符号（'）。保存文件时设置文字编码为 UTF-8。

> 法布尔，科学且富有爱心地观察昆虫。
> 约瑟夫斯，记录和保留了珍贵的历史资料。
> 弗劳恩霍夫，出身于玻璃匠人之家，在光学玻璃的制作与研究中做出贡献。

Python 有时会因为存在英文与数字之外——如日文等——的字符串而出现复杂的错误。尤其是在 Windows 环境下，如果有什么地方和 Windows 的专用代码混淆了（显示为“cp932”编码），修改起来将十分麻烦。故当数据库读取 CSV 文件时，若发生了无法理解的错误，可以尝试将 CSV 文件中的内容改为英文与数字或短一些的字符串。

上传 CSV 文件

在 web/templates/authors 文件夹下创建 CSV 文件上传页面的 HTML 模板 upload.html。写入的代码如代码 6.32 所示，与 web/templates/books 文件夹下的 upload.html 文件几乎一样（见代码 6.26）。

将上传文件中的内容保存到数据库中之后，重新读取并显示数据库中的内容。在 web 文件夹的 files.py 文件中定义 save_csv 函数（见代码 6.33 中（1）处）。在 save_csv 函数中，设置将上传的文件保存在 static/csv 文件夹中，故需要先在 static 文件夹下创建“csv”文件夹。

然后如代码 6.33 中（2）处所示，定义一个 read_csv 函数，用于读取 CSV 文件、将之整理为方便处理的字典排列形式并返回字典列表。为了简化代码，read_csv 函数专用于处理作者信息。在打开文件的 open 方法中，将文字编码设为 UTF-8。由于需要使用 Python 的 csv 库，在 files.py 的开头部分导入 csv 库（见代码 6.33 中（3）处）。

接着在 authors.py 文件中编写用 CSV 文件上传作者数据的页面路径以及所对应的 upload 函数的定义（见代码 6.34）。该函数中，读取 CSV 文件后暂且保存，再从中读取数据

代码 6.32　CSV 文件上传页面的 HTML 模板，写在 web/templates/authors 文件夹下的 upload.html 文件中

```
{% extends 'base.html' %}

{% block title %}上传作者数据{% endblock %}

{% block content %}
<h2>以 CSV 格式上传作者数据</h2>
<form method=POST enctype=multipart/form-data>
  <div>请上传文件<br>
  <input type=file name=file></div>
  <input type="submit" value="上传">
</form>
<div><a href="{{url_for('authors.all')}}">取消上传</a></div>
{% endblock %}
```

代码 6.33 定义将文件内容保存到数据库的 save_csv 函数，以及读取 CSV 文件并将之整理成字典排列形式后返回的 read_csv 函数。与开头的导入 csv 库的语句一起添加到 web 文件夹下的 files.py 文件中

```
from flask import current_app
import os
import csv ————————————(3)

(略)

def save_csv(file): ———————————————————————(1)
  file.save(os.path.join(current_app.config['UPLOAD_FOLDER'],'csv',file.filename))

def read_csv(filename): ——————————————————
  datalist=[]
  with open(os.path.join(current_app.config['UPLOAD_FOLDER'],'csv',
    filename),encoding="utf-8") as datafile:  # 指定字符编码
    datareader=csv.reader(datafile)
    for row in datareader:                                          (2)
      datadict={}
      datadict['name']=row[0]
      datadict['bio']=row[1]
      datalist.append(datadict)
    return datalist ——————————————————
```

并作为字典取出，然后添加到数据库中。由于希望把与文件、CSV 以及数据库相关的处理各自分开，所以顺序有些复杂。在 authors.py 的开头部分添加导入 files.py 文件中定义的两个函数——save_csv 函数与 read_csv 函数——的语句（见代码 6.34 中（1）处）。

最后，在作者列表页面（web/templates/authors 文件夹下的 all.html 文件）中编写前往用 CSV 文件上传作者数据的页面的链接即可完成这部分功能（见代码 6.35 中（1）处）。在浏览器的地址栏中输入：

```
http://localhost:5000/
authors
```

显示作者列表页面，通过链接跳转到 CSV 文件上传页面（见图 6.15）。上传文件后添加了作者姓名，也可以显示相应的作者介绍。

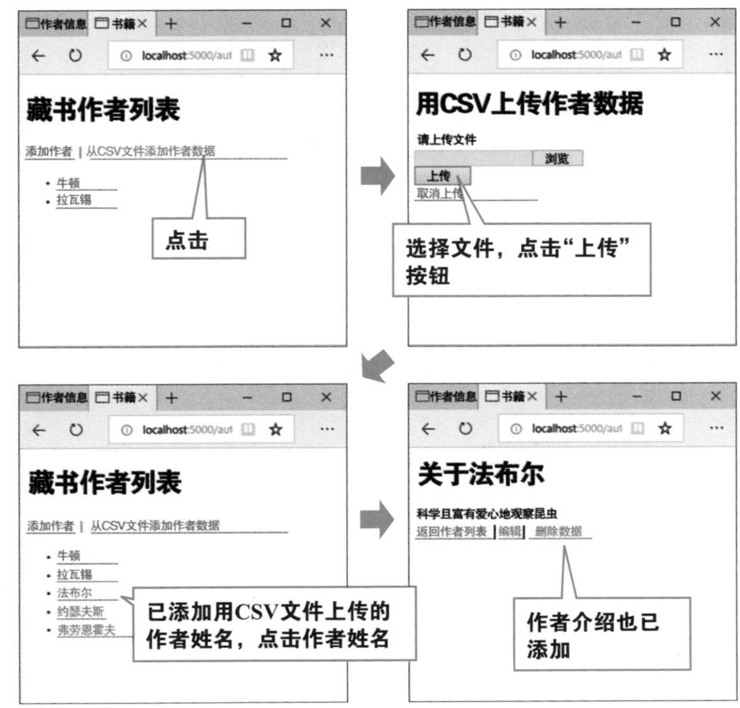

图 6.15 可以用 CSV 文件往数据库中上传作者信息（作者姓名与作者介绍）

代码 6.34 定义以 CSV 格式上传作者数据的页面路径与所对应的 upload 函数，写在 web 文件夹下的 authros.py 文件中，在 authors.py 文件的开头部分导入 save_csv 与 read_csv（1）

```
from flask import (
  Blueprint, render_template,
  request, redirect, url_for
)
from web.bookdb import get_db
from web.files import save_csv, read_csv ——————（1）

（略）

@bp.route('/authors/upload', methods=['GET', 'POST'])
def upload():
  if request.method == 'POST':
    if 'file' in request.files:
      file = request.files['file']
      save_csv(file)  # 保存文件
      datadict=read_csv(file.filename)  # 读取数据并转为字典
      db=get_db()
      # 由于是字典形式故便于处理
      for data in datadict:
        db.execute(
         "INSERT INTO authors (name, bio) VALUES (?, ?)", (data['name'], data['bio'])
        )
      db.commit()  # 同时执行多个命令

    return redirect(url_for('authors.all')) # 无论如何都返回列表页面
  # 用 GET 命令开始显示内容时
  return render_template('authors/upload.html')
```

代码 6.35 在作者列表页面（web/templates/authors 文件夹下的 all.html 文件中）添加跳转到以 CSV 文件上传作者数据的页面的“从 CSV 文件添加作者数据”链接（1）

```
（略）

<h1> 藏书作者列表 </h1>
  <div>
    <a href="{{url_for('authors.new')}}"> 添加作者 </a> |
    <a href="{{url_for('authors.upload')}}"> 从 CSV 文件添加作者数据 </a> ——————（1）
  </div>

（略）
```

用 CSV 文件下载数据

最后添加以下功能：将数据库中的内容作为 CSV 格式的文本数据写入文件并下载。在 Python 中，以字典形式的数据排列显示存储在 SQLite3 数据库中的表中的数据。因此在循环语句中针对 SQLite3 中的各行记录，创建用逗号或换行符连接的 CSV 格式的文本数据。生成的文本数据不仅写入文件，还可显示在网络页面上的文本区域中，以便用户确认内容。

在 files.py 文件中定义将 CSV 文本数据写入文件并保存的 write_csv 函数（见代码 6.36）。在该函数中，将 Python 的 open 方法中的参数设置为代表“写入”之意的“W”，并将文件保存在 web/static/csv 文件夹下（见代码 6.36 中（1）处）。

接着在 books.py 文件中编写前往数据输出页面的路径与所对应的函数的定义（见代码 6.37）。因为要用到 files.py 中的 write_file 函数，所以不要忘记在开头部分导入 write_file 函数（见代码 6.37 中（1）处）。用 write 函数创建的 CSV 文本数据通过 write_file 函数输出到“books.csv”中（见代码 6.37 中（2）处），并通过这个函数最后的 render_template 方法，作为“str”对象传递给 books 文件夹下的 write.html 文件。

在输出 CSV 数据的页面（见代码 6.38，write.html）中，除了将接收的 CSV 文本数据显示到文本区域中（见代码 6.38 中（1）处），还显示了下载 books.csv 的“下载”链接。在“下载”链接中，使用了 HTML5 标准标记的 a 元素的 download 属性（见代码 6.38 中（2）处）。跳转到文件写入页面（web/templates/books 文件夹下的 write.html 文件）的“输出数据”链接如代码 6.39 所示，编写在藏书列表页面（web/templates/books/all.html）中即可。

尝试测试程序响应。在浏览器的地址栏中输入：

```
http://localhost:5000/books
```

代码 6.36 定义往文件中写入文本数据并保存的 write_csv 函数，添加到 web 文件夹下的 files.py 文件中

```
def write_file(filename, str): # 将文件名与需要写入的字符串传递给参数
  with open(os.path.join(current_app.config['UPLOAD_FOLDER'], 'csv', ——（1）
    filename), 'w') as datafile: # 覆盖文件中的所有内容
    datafile.write(str)
```

代码 6.37 定义前往数据输出页面的路径与所对应的函数，添加到 web 文件夹下的 books.py 文件中。不要忘记在开头部分导入 write_file（1）

```
from flask import (
  Blueprint, render_template, request, redirect, url_for
)
from web.bookdb import get_db
from web.files import save_img, write_file ——（1）

（略）

@bp.route('/books/write', methods=['GET'])  # 用 GET 命令只显示页面
def write():
  cvs_str="" #CSV 长字符串。一开始设为空字符串
  db=get_db()
  alldata = db.execute('SELECT * FROM books').fetchall()
  for data in alldata:
    cvs_str += ",".join([data['title'],data['author'],data['cover']])
    # 用逗号拼接。Python 的 join 方法生成分隔符字符串
    cvs_str += "¥n" # 在连接每一行的地方添加换行符
  write_file("books.csv",cvs_str)  # 写入文件 ——（2）
  return render_template('books/write.html', str=cvs_str) # 传递给页面以显示在文本区域中
```

代码 6.38　文件写入页面的 HTML 模板，写在 web/templates/books 文件夹下的 write.html 文件中

```
{% extends 'base.html' %}

{% block title %}输出书籍数据{% endblock %}

{% block content %}
<h1>书籍列表的 CSV 格式</h1>
<div>
   <a href="{{url_for('static', filename='csv/books.csv')}}" download="books.csv">
下载</a> ———————————————————————————————————— (2)
  <a href="{{url_for('books.all')}}">返回列表</a>
</div>
<textarea rows="10" cols="50">{{str}}</textarea> ——————————————————— (1)
{% endblock %}
```

代码 6.39　往藏书列表页面（web/templates/books 文件夹下的 all.html 文件中）添加跳转到文件写入页面的“输出数据”链接

```
（略）

<div>
  <a href="{{url_for('books.new')}}">添加书籍</a>|
  <a href="{{url_for('books.write')}}">输出数据</a>
</div>

（略）
```

在书籍列表页面中将出现“输出书籍数据”链接，点击该链接跳转到以 CSV 格式显示数据库内容的页面（见图 6.16）。在该页面中点击“下载”链接便可下载以 CSV 格式存储数据库内容的 books.csv 文件。至此，此次的应用程序已全部开发完成。

图 6.16　可以用 CSV 文件下载数据库内容

用复古游戏引擎 Pyxel 开发游戏

现在兴起了复古游戏，市面上也逐渐开始贩卖如“Nintendo Classic Mini”[①]和“NeoGeo Mini”[②]等复古游戏机。另一方面，随着*Minecraft*[③]大受欢迎，“方块图”与可谓是其2D版本的“位图”也得到了人们的青睐，仿佛人们在重新体会有怀旧感的位图的风味。

本章要介绍的复古游戏引擎“Pyxel”，可以说就是在这个流行趋势的背景下出现的。使用Pyxel可以用Python轻松开发20世纪80年代流行的8比特游戏机风格的游戏。

Pyxel是由日本人Takashi Kitao开发的开源Python库（见表7.1），其源码发布于GitHub页面上。Pyxel的特点便是可以用Python这一当下流行的编程语言轻松制作复古风格的游戏（见图7.1）。

若是复古游戏风格，素材也可轻松获得

复古游戏引擎并不仅是怀旧趣味。若是怀旧游戏风格，虽然怀旧感是必须的，但图形与声音都可以只用简单的素材。有时，在比编程更麻烦的“游戏素材准备”上所花费的工夫反而更少。游戏程序也比较简单，可轻松完成。换言之，遵循复古游戏这一风格，可轻松开发有一定水平的游戏。

搭建 Pyxel 编程环境

下面就开始讲解Pyxel编程环境的搭建与使用方法。本章中介绍Windows系统的计算机上的例子。

首先从导入Python开始。从Python软件公司的官网上下载Python安装包并安装。安装时勾选安装包中的“Add Python 3.7 to

① 译者注：任天堂发布的怀旧主机。

② 译者注：NEOGEO Mini是一款内含了40部知名作品的游戏机。其所有游戏都精选自1990年诞生的游戏平台“NEOGEO”中。

③ 译者注：官方中文名《我的世界》，是一款堆方块的沙盒式建造游戏。

图 7.1　Pyxel 界面示例，用 Python 可轻松开发游戏

表 7.1　Pyxel 概况

名称	Pyxel
结构	Python库
开发者	Takashi Kitao
所用编程语言	Python
画面分辨率	可变，最大255像素×255像素
颜色数量	16色
音响	4个频道
应用平台	Windows、MacOS、Linux
价格	免费（开源）
文件大小限制	无限制

PATH”勾选框（见图 7.2），便可在命令提示符[①]中运行“python”等命令。

完成 Python 安装后，安装 Pyxel。启动命令提示符，输入以下命令。

```
pip install pyxel
```

这一行命令便可启动 Python 包管理系统 pip 并完成 Pyxel 的安装（见图 7.3）。除 Pyxel 库之外，还同时安装了“Pyxel Editor”工具，以及 Pyxel 所使用的库——CFFI、Pillow、PyOpenGL、glfw、numpy、pysparser 和 vsounddevide。

图 7.2　勾选安装包中的“Add Python 3.7 to PATH”勾选框

至此，我们完成了 Pyxel 编程环境的搭建。

Pyxel 基本程序

在 Pyxel 中，如图 7.4 所示的代码即为程序的骨架。

开头的“import pixel”语句是导入 Pyxel 库的命令。由此，通过编写“pixel. 命令”语句可执行 Pyxel 库中的命令。表 7.2 总结了 Pyxel 库中拥有的主要命令（函数）。命令中使用了如“line”“rect”等，在其他面

① 译者注：Windows 环境下为“cmd.exe”。

```
  Downloading https://files.pythonhosted.org/packages/af/3b/2f8c60fcb0a486eae4dd18c29de22ed667aed5e81f16874102f8580b5900
/glfw-1.7.1-py2.py3-none-win32.whl (55kB)
    100% |████████████████████████████████| 61kB 786kB/s
Collecting numpy (from pyxel)
  Downloading https://files.pythonhosted.org/packages/61/be/b4d697563d4a211596a350414a87612204a8bb987c4c1b34598cd4904f55
/numpy-1.16.2-cp37-cp37m-win32.whl (10.0MB)
    100% |████████████████████████████████| 10.0MB 1.1MB/s
Collecting PyOpenGL (from pyxel)
  Downloading https://files.pythonhosted.org/packages/9c/1d/4544708aaa89f26c97cc09450bb333a23724a320923e74d73e028b3560f9
/PyOpenGL-3.1.0.tar.gz (1.2MB)
    100% |████████████████████████████████| 1.2MB 2.2MB/s
Collecting Pillow (from pyxel)
  Downloading https://files.pythonhosted.org/packages/70/21/04723e78916eff8e09901dbb7dc9705f4de8a0dfe7882a9ed56982bd128e
/Pillow-6.0.0-cp37-cp37m-win32.whl (1.7MB)
    100% |████████████████████████████████| 1.7MB 1.3MB/s
Collecting CFFI>=1.0 (from sounddevice->pyxel)
  Downloading https://files.pythonhosted.org/packages/d5/7f/0fe700df302347f23597480d800e491a5987cc3e4bf85a18d0fcf28d73fc
/cffi-1.12.2-cp37-cp37m-win32.whl (159kB)
    100% |████████████████████████████████| 163kB 2.2MB/s
Collecting pycparser (from CFFI>=1.0->sounddevice->pyxel)
  Downloading https://files.pythonhosted.org/packages/68/9e/49196946aee219aead1290e00d1e7fdeab8567783e83e1b9ab5585e6206a
/pycparser-2.19.tar.gz (158kB)
    100% |████████████████████████████████| 163kB 2.2MB/s
Installing collected packages: pycparser, CFFI, sounddevice, glfw, numpy, PyOpenGL, Pillow, pyxel
  Running setup.py install for pycparser ... done
  Running setup.py install for PyOpenGL ... done
Successfully installed CFFI-1.12.2 Pillow-6.0.0 PyOpenGL-3.1.0 glfw-1.7.1 numpy-1.16.2 pycparser-2.19 pyxel-1.0.2 soundd
evice-0.3.13

C:¥Users¥takebe>
```

图 7.3　完成了 Pyxel 安装

向 2D 游戏的库中常见的名字，十分好记。

接下来的“class 类名 :”语句是作为程序运行基础的类的定义语句。

“__init__”是只在创建类实例时运行一次的函数。再简单点说，是一般只在程序启动时运行一次的函数。在 __init__ 函数中，编写通过“init”函数进行的画面初始化以及注册“回调函数”① 的操作等内容。

在画面初始化中可以设置画面的宽度与高度。

回调函数虽然是一个较难理解的概念，但只需将其视为“系统在某个时机会调用的函数”即可。在图 7.4 中，如下所示将 update 函数和 draw 函数作为回调函数进行注册。

```
pyxel.run(self.update, self.draw)
```

如此，在初始化设置中，两个函数都以 1s 最多 30 次的频率运行。“self”是代表实例本身的 Python 固有语法，这里无须过多在意。

注册的 update 函数是在框架（画面）刷新时调用的函数。在此函数中编写与游戏相关的操作，如各种计算等。

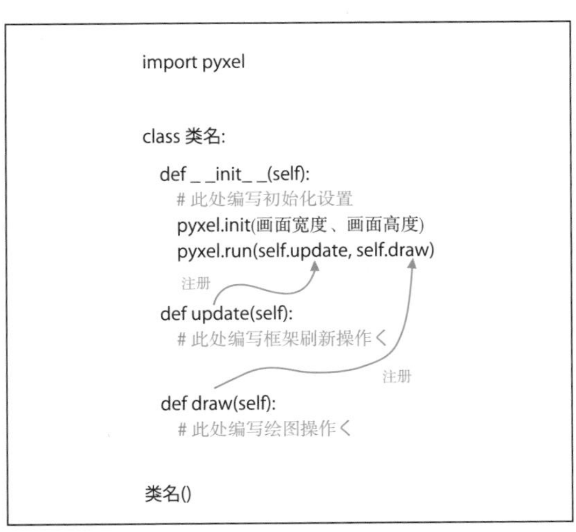

图 7.4　骨架程序

draw 函数是在绘制画面时调用的函数。在此函数中编写与绘图相关的操作。

若计算与绘图的运算量过大，这两个函数的运行频率便会降低。此时有必要做出调整以减少运行过程中的运算量。

尝试绘制图形

首先尝试编写一个绘制平面图形的试验

① 译者注：回调函数就是一个通过函数指针调用的函数，不由该函数的实现方直接调用，而是在特定条件下由另一方调用。

表 7.2　Pyxel 库中拥有的主要命令，带 [] 的参数为可省略的参数

init(宽度 , 高度 , [caption], [scale], [palette], [fps], [border_width], [border_color])	画面初始化
cls(颜色编号)	涂掉（清除）画面
blt(x, y, 图库编号 , u, v, 宽度 , 高度 , [透明色编号])	复制并显示图库中坐标为（u, v）的图片
plx(x, y, 颜色编号)	在坐标（x, y）处描点
line(x1, y1, x2, y2, 颜色编号)	从坐标点（x1, y1 ）往坐标点（x2, y2 ）画直线
rect(x1, y1, x2, y2, 颜色编号)	绘制实心四边形
rectb(x1, y1, x2, y2, 颜色编号)	绘制四边形
circ(x, y, 半径，颜色编号)	绘制实心圆
circb(x, y, 半径，颜色编号)	绘制圆形
text(x, y, 字符串 , 颜色编号)	在坐标（x, y）处添加文字
btn(key)	检测按键，按键被按下时返回 True
play(ch, snd, loop=False)	从频道 ch（ 0~3 ）发出声音 snd（ 0~63 ）
playm(msc, loop=False)	播放音乐 msc（ 0~7 ）
stop([ch])	停止频道 ch（ 0~3 ）的声音，省略参数时停止所有频道的声音

程序。在文本编辑器中输入代码 7.1 中的程序 graphics.py。

代码 7.1　绘制平面图形的试验程序 graphics.py

```
# graphics test
import pyxel  # 导入 Pyxel 库

# 定义应用程序类
class App:
  def __init__(self):
    pyxel.init(160, 120)  # 画面初始化
    # 注册回调函数
    pyxel.run(self.update, self.draw)

  def update(self):
    pass # 不执行任何操作

  def draw(self):
    pyxel.cls(0)  # 涂掉画面
    for i in range(16):
      x = i * 10
      pyxel.text(x, 10, str(i), 7)
      pyxel.pix(x, 20, i)              # 描点
      pyxel.line(x, 30, x+8, 40, i)  # 画线
      pyxel.rect(x, 50, x+8, 60, i)  # 绘制四边形
      pyxel.circ(x+4, 80, 8, i)      # 画圆

App()  # 运行应用程序
```

应用程序的类名可以自由设置，这里将其命名为“ APP”。画面的大小设置为 160 像素 × 120 像素。只是在之后运行程序时便能发现，这个像素只是个理论值。

在这个程序中，在刷新框架时没有需要执行的操作，故 update 函数的函数体为“ pass”。“ pass”是代表不进行任何操作的 Python 命令。需要注意，这里如果不写“ pass”则会报错。

在 draw 函数中则编写了绘制平面图形的各种命令。

运行应用程序。启动命令提示符后输入以下命令。

```
python graphics.py
```

如此将出现如图 7.5 所示的界面。虽然将画面大小设为 160 像素 ×120 像素，但出现了一个大窗口。这是由于系统将界面自动放大后再显示。图形都被画得很大，可以清楚看到每一

个像素。

图 7.5 的画面上 0~15 的数字为颜色编号。Pyxel 中可用的颜色只有 16 种。这些颜色编号与颜色组合被称为“调色板”。调色板的设置是固定的。

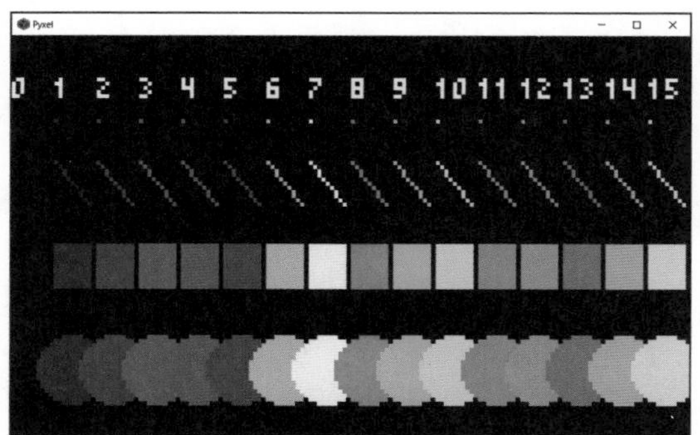

图 7.5 代码 7.1 的运行结果，使用所有 16 种颜色绘制平面图形

让游戏形象动起来

接着制作让描绘在点阵上的游戏形象动起来的程序。

从使用 Pyxel 自带的 Pyxel Editor 绘制人物位图开始。在命令提示符中输入以下命令启动 Pyxel Editor。“作业用文件夹”为保存位图文件的文件夹。

```
cd 作业用文件夹
pyxeleditor
```

输入后将启动如图 7.6 所示的窗口。

Pyxel Editor 有以下 4 种功能。

- 图像编辑器：创建图库中的平面图形的工具。
- 平铺图编辑器：以 8 像素 ×8 像素为单位分配图库，平铺排列图库中的图片。
- 声音编辑器：生成声音（音效或曲子）的工具。
- 音乐编辑器：将声音按频道排列以进行作曲的工具 不仅是平面图形，这个工具还可合成声音。

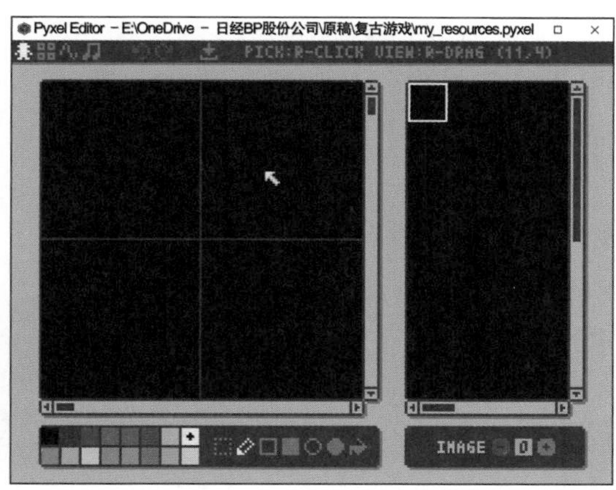

图 7.6 启动 Pyxel Editor

“图库”是用于将图片数据保存在内部（画面上看不到的地方）的计算机缓冲区（内存）。Pyxel Editor 中共有 3 个图库，分别用 0~2 进行编号。每个图库的大小为 256 像素 × 256 像素。描绘在图库上的图片可以通过“blt”函数传送（绘制）到画面上。

使用图像编辑器可往图库中添加动画形象。此处如图 7.7 所示，在编号为 0 的图库中绘制 4 种类型的游戏形象。右侧区域中显示的即为图库内容。

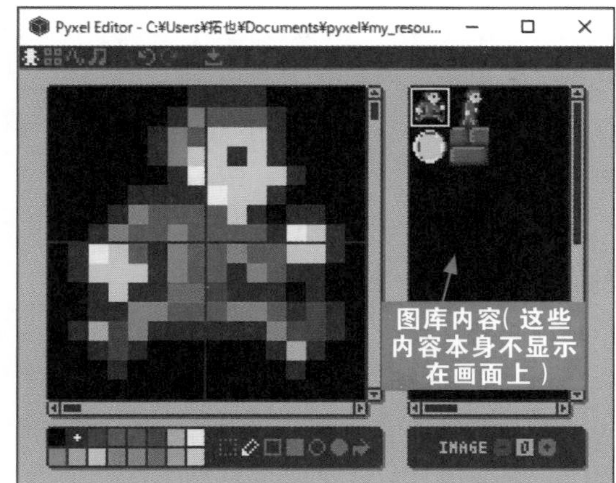

图 7.7 在 Pyxel Editor 的图像编辑器中绘制游戏形象

游戏形象分别为“人物 1”“人物 2”“硬币”和“砖块”，大小都为 16 像素 ×16 像素。游戏形象的背景都使用编号为 0 的颜色（黑色）进行填充。

完成游戏形象的创建之后，点击工具栏中的“保存”图标保存图片文件。默认文件名为“my_resource.pyxel”。该文件被称为“资源文件”，之后将使用“load（资源文件名）”函数将其读取到程序中。

接着使用 my_resource.pyxel 和 load 函数等制作让游戏形象动起来的程序。该程序如代码 7.2 中的 move.py 所示。move.py 和 my_resource.pyxel 需要放在同一文件夹中。

显示游戏形象使用 blt 函数。blt 函数可以只传送并显示图库中指定矩形区域的图片。传送时可以将特定的颜色设为透明色。本程序中便将编号为 0 的颜色（游戏形象周围的黑色）设为了透明色。

游戏形象通过上下左右方向键进行移动。检测按键输入需要使用“key”函数。另外，将 key 函数的参数设为“pixel.GAMEPAD_~”便可检测游戏手柄的输入。

代码 7.2　让游戏形象动起来的程序 move.py

```
# move character
import pyxel

class App:
  def __init__(self):
    pyxel.init(160, 120)
    # 读取资源文件
    pyxel.load("my_resource.pyxel")
    self.x = 80
    self.y = 60
    pyxel.run(self.update, self.draw)

  def update(self):
    if pyxel.btn(pyxel.KEY_UP)==True:
      self.y = self.y - 1  # 向上移动

    if pyxel.btn(pyxel.KEY_DOWN)==True:
      self.y = self.y + 1  # 向下移动

    if pyxel.btn(pyxel.KEY_LEFT)==True:
      self.x = self.x - 1  # 向左移动

    if pyxel.btn(pyxel.KEY_RIGHT)==True:
      self.x = self.x + 1  # 向右移动

  def draw(self):
    pyxel.cls(12) # 用编号为 12 的颜色 = 水色清除画面
    pyxel.line(self.x, 0, self.x, 119, 8)
    pyxel.line(0, self.y, 159, self.y, 8)
    u = 0  # 复制对象的 x 坐标
    v = 0  # 复制对象的 y 坐标
    # 传送图片（编号为 0 的图库→画面）
    pyxel.blt(self.x, self.y, 0, u, v, 16, 16, 0)

App()
```

图 7.8 所示为运行代码 7.2 后的画面。尝试用方向键移动人物，应能流畅地移动。

由于用 blt 函数将编号为 0 的颜色（黑色）设成了透明色，故还需要确认游戏形象周围是否变成了背景色而非黑色。

画面上两条线十字交叉的地方为游戏形象的基准点。游戏中若以游戏形象的左上方为基准点则不方便编写程序，故更好的方法是设置以游戏形象的中心为基准点的偏移坐标，接下来介绍的程序便可以如此设置。

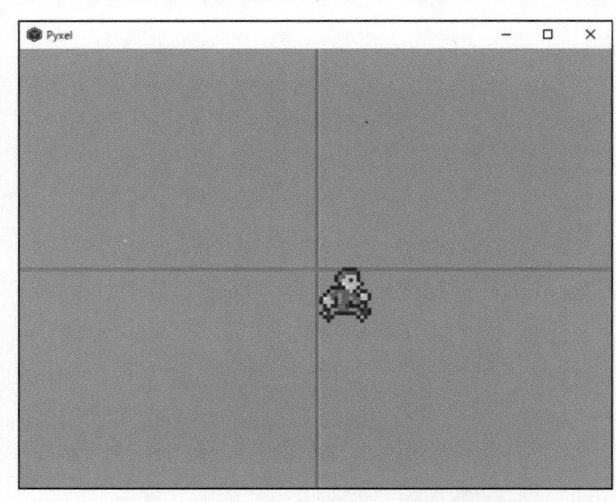

图 7.8　代码 7.2 运行结果，用方向键移动游戏形象

制作跳跃动作游戏

既然已经掌握了 Pyxel 的基本使用方法，那便尝试开发一个小游戏。本章开发一个横向滚动的跳跃动作游戏，完成后的游戏界面如图 7.9 所示。让玩家在砖块上顺利跳跃并收集空中的硬币。操作方法为：用方向键中的“←”和“→”移动玩家，并用“SPACE”键控制玩家跳跃。硬币与砖块从界面的右侧出现并朝左侧移动。玩家掉落到界面下方则游戏结束。

如读者所见，平面图形部分直接使用了刚才创建的游戏形象。

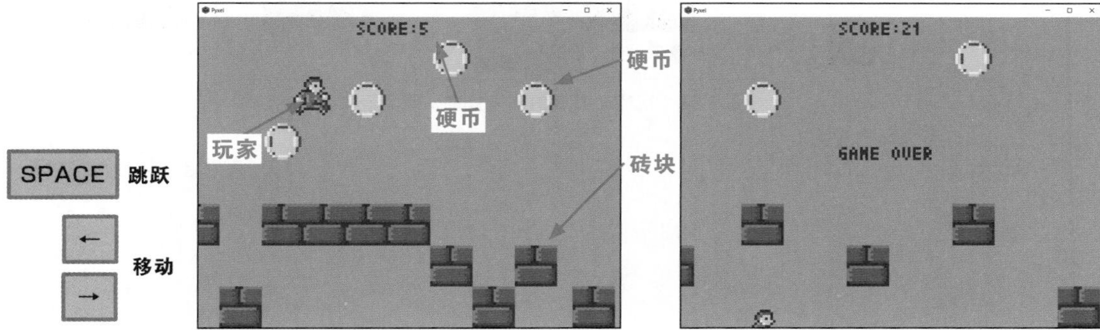

图 7.9　此次制作的“跳跃动作游戏”的完成画面

还缺少的是声音。虽说如此，若太讲究的话，开发起来需要花大量的工夫，于是这里只制作“收集硬币时的音效”。在 Pyxel Editor 的声音编辑器中，如图 7.10 所示进行编辑。界面上的横轴为时间，纵轴为音高。界面下方的“TON”意为波形，“VOL”意为音量（0~7），“EFX”意为效果。波形从 T（TRIANGLE：三角波）、S（SQUARE：矩形波）、P（PULSE：正弦波）和 N（NOISE：噪声）4 种中选取。效果有 N（NONE：无效果）、F（FADEOUT：淡出）、S（SLIDE：滑动）和 V（VIBRATO：颤音）4 种。

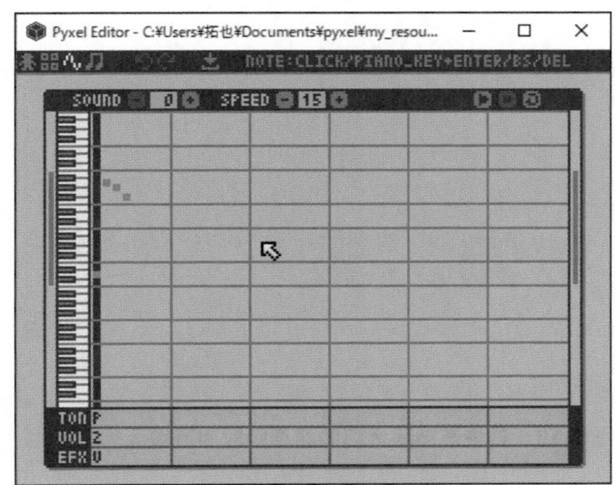

图 7.10　在 Pyxel Editor 的声音编辑器中制作音效

完成声音编辑后保存文件。声音数据和图片一样保存在 my_resource.pyxel 中。

体现跳跃

在跳跃动作游戏中，玩家的跳跃动作十分重要。这里希望通过引入“重力”效果展现和现实中一样的跳跃过程，因此使用以下公式。

> 速度 = 速度 + 重力加速度
> 坐标 = 坐标 + 速度

重力加速度是常数。速度即跳跃过程中的速度，但因重力加速度而时刻变化。当然，坐标也时刻在变化。

重力有让物体朝地面加速的特点。图 7.11 所示为使用以上公式展现下落过程的图像。x 轴方向上为匀速移动（匀速直线运动），但 y 轴方向上为边加速边移动（匀加速直线运动）。

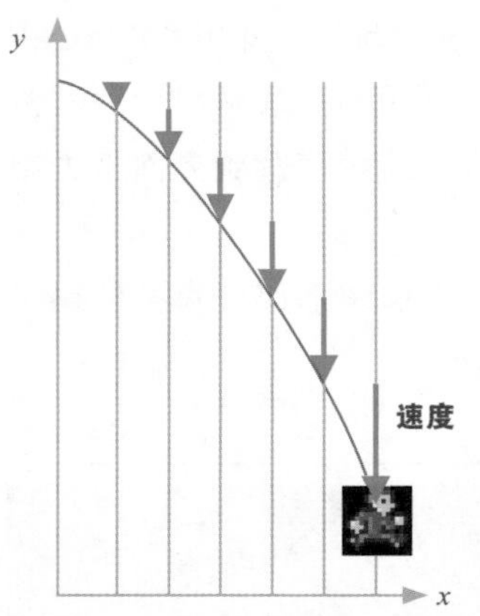

图 7.11　引入重力加速度展现物体的下落过程

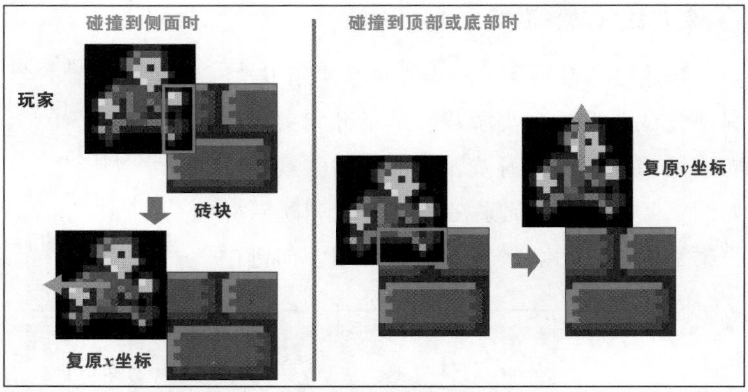

碰撞到侧面时
玩家
砖块
复原x坐标
碰撞到顶部或底部时
复原y坐标

图 7.12　玩家与砖块的碰撞处理，避免玩家钻入砖块中

下落过程中，y 轴方向上的速度初始值为 0。将此初始值设为负数便可实现跳跃。通过此计算便可展现玩家的跳跃效果。

考虑碰撞判断

还有一个重要的点是，游戏形象之间（玩家与硬币之间，以及玩家与砖块之间）的碰撞判断。虽然有各种各样的实现方式，但这里简单使用以下方法。

> 两个游戏形象的 x 坐标与 y 坐标的差值都小于 16 时判断为碰撞

但是玩家和砖块的碰撞判断还需要多一个步骤。这是由于在碰撞的瞬间两个游戏形象会有少许重叠，所以在玩家与砖块碰撞后玩家位置必须复原，否则玩家看起来将是钻入砖块中的状态。

将玩家与砖块的碰撞处理图像化之后如图 7.12 所示。当玩家碰到砖块侧面时将玩家的 x 坐标复原到未碰撞时的位置，而当玩家碰到砖块的顶部或底部时则复原玩家的 y 坐标。

碰撞位置是侧面还是顶部或底部由以下方法进行判断。

```
X 坐标差值 = 玩家 X 坐标 - 砖块 X 坐标
Y 坐标差值 = 玩家 Y 坐标 - 砖块 Y 坐标
```

```
if abs(X 坐标差值) < abs(Y 坐标差值):
    与顶部或底部碰撞
else:
    与侧面碰撞
```

“abs”是求绝对值的函数。通过比较 x 坐标的差值和 y 坐标的差值，可以判断玩家碰到的是砖块的哪一个面。

继续完成游戏程序。跳跃动作游戏的程序 jumpgame.py 如代码 7.3 所示。在程序同一文件夹中放置 my_resource.pyxel 文件。

继续游戏则界面滚动的速度会加快，因此砖块与砖块之间的距离将增大（见图 7.13）。换言之，游戏时间越长越难顺利控制玩家。随着游戏时间的增加，游戏的难度也在加大。

图 7.13　砖块与砖块之间的距离随时间而增大

代码 7.3　跳跃动作游戏 jumpgame.py

```
# JUMP GAME
import pyxel
import random

# 计算碰撞时玩家的移动距离
def backward(num):
  if num < 0:
    return(-(16-abs(num)))
  else:
    return(16-abs(num))

class Object: # 用于硬币和砖块的类
  def __init__(self, x, y, chrtype):
    self.x = x
    self.y = y
    self.chrtype = chrtype

class App:
  def __init__(self):
    pyxel.init(160, 120)
    # 读取资源文件
    pyxel.load("my_resource.pyxel")
    # 将标题界面标记设为 ON
    self.titlemode = True
    pyxel.run(self.update, self.draw)

  def update(self):
    if self.titlemode == True:
      if pyxel.btn(pyxel.KEY_SPACE) ==
True:
        self.px = 80  # 玩家 X 坐标
        self.py = 60  # 玩家 Y 坐标
        self.py1 = 0  # 下落速度
        self.time = 0
        # 将地面标记设为 OFF
        self.ground = False
        self.score = 0
        self.speed = 1
        # 将游戏结束计数器设为 0
        self.gameover = 0
        # 将标题界面标记设为 OFF
        self.titlemode = False
        # 存储硬币和砖块的列表
        self.objects = []
        for i in range(10):
          obj = Object(i*16, 112, 1)
          # 将砖块添加到界面中（游戏开始时的
地面）
          self.objects.append(obj)
      return

    # 游戏结束时的操作
    if self.gameover > 0:
      self.gameover = self.gameover + 1
      if self.gameover > 3 * 30:
        self.titlemode = True
      return
```

代码 7.3 续

```
    # 玩家右移
    if pyxel.btn(pyxel.KEY_RIGHT) ==
True:
      self.px = self.px + 2

    # 玩家左移
    if pyxel.btn(pyxel.KEY_LEFT) ==
True:
      self.px = self.px - 2

    # 玩家是否站在地面上？
    if self.ground == True:
      # 玩家跳跃
      if pyxel.btn(pyxel.KEY_SPACE) ==
True:
        self.py1 = -5 # 开始跳跃
    else:
      # 改变下落速度
      self.py1 = self.py1 + 0.2
      if self.py1 > 5: self.py1 = 5
      # 玩家下落
      self.py = self.py + self.py1

    # 玩家跳出界面则游戏结束
    if self.px < 0 or self.py > 120:
      self.gameover = 1

    self.ground = False

    # 硬币与砖块相关的操作
    for obj in self.objects:
      # 向左移动
      obj.x = obj.x - self.speed
      dx = self.px - obj.x
      dy = self.py - obj.y
      # 与玩家的碰撞判断
      if abs(dx) < 16 and abs(dy) < 16:
        # 与玩家碰撞时
        if obj.chrtype == 0:
          # 增加分数
          self.score = self.score + 1
          # 音效响起
          pyxel.play(0, 0, loop=False)
          obj.x = -999 # 从画面中移除硬币
        else: # 与砖块碰撞时
          if abs(dx) < abs(dy):
            # 修正玩家的 Y 坐标
            self.py = self.py +
backward(dy)
            self.py1 = 0
            # 将地面标记设为 ON
            if dy < 0: self.ground =
True
          else:
            # 修正玩家的 X 坐标
            self.px = self.px +
backward(dx)
```

定义用于硬币与砖块的类

本小节补充讲解 jumpgame.py。

为了处理硬币与砖块，定义了“Object”类。将 0 传递给构造器参数“chartype”时代表硬币，传递 1 时代表砖块。

然后用列表 objects 统一管理硬币和砖块。通过用 append 函数将 Object 类实例添加到 objects 中，便可将硬币或砖块显示在界面中。而从画面中消失的硬币或砖块则通过 remove 函数从 objects 中移除。向左的移动以及与玩家的碰撞判断、绘制都在以下所示的 for 循环中一并处理。

```
for obj in self.objects:
  # 移动、碰撞判断、绘制等处理
```

除了一开始作为地面的砖块，硬币和砖块都是通过随机数出现在随机位置。出现间隔在时间上是固定的，但如前所述，由于界面滚动速度逐渐加快，距离上的间隔将逐渐增大。

为了实现这些处理，需要使用为计算游戏时间而导入的变量 time。每次调用 update 函数时，都将 time+1，当满足以下条件时，执行硬币与砖块的添加与界面滚动的加速。

```
self.time = self.time + 1
if self.time % 16 == 8:
    # 往画面中添加砖块
if self.time % 32 == 8:
    # 往画面中添加硬币
if self.time % 300 == 0:
    # 加快滚动速度
```

“ground”这一变量也很重要。通过这个标记变量管理玩家是否落在地面上。只有在 ground 为 True 时玩家才可以跳跃。

代码 7.3 续

```
    for obj in self.objects:
      if obj.x < -16:
        # 移除界面之外的硬币与砖块
        self.objects.remove(obj)

    # 用于计算游戏时间的变量
    self.time = self.time + 1
    if self.time % 16 == 8:
      obj = Object(168, ¥
        random.randrange(3) * 16 + 80, 1)
      # 往界面中添加砖块
      self.objects.append(obj)

    if self.time % 32 == 8:
      obj = Object(168, ¥
        random.randrange(3) * 16 + 16, 0)
      # 往界面中添加硬币
      self.objects.append(obj)

    if self.time % 300 == 0:
      # 提高界面滚动的速度
      self.speed = self.speed + 0.5

  def draw(self):
    if self.titlemode == True:
      pyxel.cls(0)
      pyxel.text(50,  50, "  JUMP GAME    ", 7)
      pyxel.text(50, 100, "PUSH SPACE KEY", 7)
    else:
      pyxel.cls(12)
      u = 16 * (int(self.time / 5) % 2)
      v = 0
      # 显示玩家
      pyxel.blt(self.px-8, ¥
        self.py-8, 0, u, v, 16, 16, 0)
      for obj in self.objects:
        u = obj.chrtype * 16
        v = 16
        # 显示硬币与砖块
        pyxel.blt(obj.x-8, ¥
          obj.y-8, 0, u, v, 16, 16, 0)

      pyxel.text(60,2,"SCORE:"+str(self.
score),1)
      if self.gameover > 0:
        pyxel.text(60, 50, "GAME OVER", 1)

App()
```

即使包含注释，jumpgame.py 程序的长度也可压缩到 155 行。Pyxel 致力于用少量代码开发游戏。复古风格的游戏开发自不必说，即使是对于小游戏制作或游戏编程学习，Pyxel 也是最合适的选择。

第8章

Python 游戏编程入门

Part 1 Pygame篇

Python 可谓是近来最受欢迎的编程语言。从面向儿童的编程教育到人工智能的研究，Python 广泛应用于各个领域。

想用 Python 开发游戏的人亦不在少数。因此本章中将使用名为“Pygame”的面向 2D 游戏开发的库，讲解开发游戏的方法。

Pygame 提供了游戏必备的各种功能，如绘制图像、播放音效与获取游戏手柄输入等，并可应用于 Windows、MacOS 与 Rasbian 等各种平台。换言之，使用 Python+Pygame 可轻松开发能在各种计算机上运行的游戏。

准备编程环境

为了能够使用 Python+Pygame 开发游戏，需要先搭建编程环境。那么，本章便从编程环境的搭建开始。环境搭建需要有 Windows 或 masOS 等操作系统的电脑与网络连接的环境。本章之后将以装有 Windows 系统的计算机为例进行讲解。

使用网页浏览器打开 Python 软件公司官网的下载页面（见图 8.1）。点击页面上的“Download Python 3.7.1”按钮，下载 Python 安装包。在撰写本文时（2018 年 12 月），可从官网下载名为“python-3.7.1.exe”的文件。“3.7.1”为 Python 的版本号。

运行该文件将启动如图 8.2 所示的安装程序。勾选下方的“Add Python 3.7 to PATH”，点击“Install Now”进行安装。

完成安装后，为以防万一，检查一下是否可以正常使用 Python。启动命令提示符[①]，输入“python”。若出现如图 8.3 所示的界面则表示安装成功。

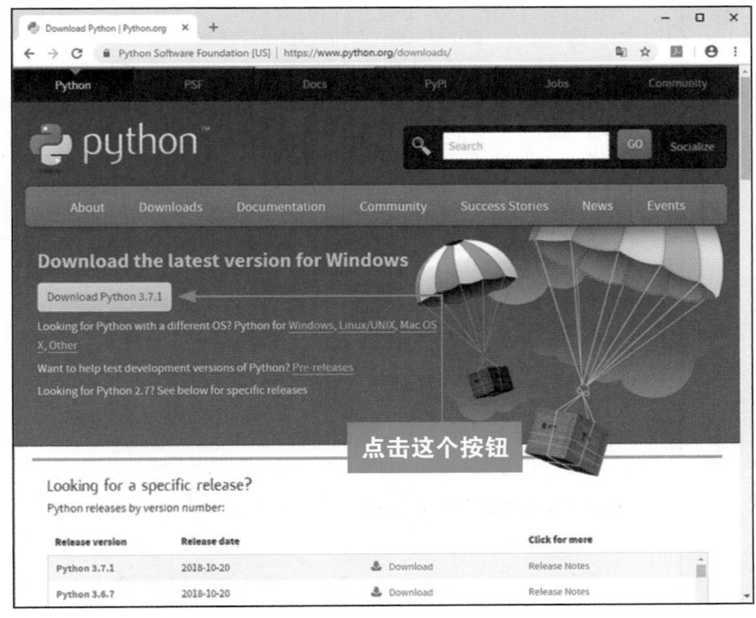

图 8.1　从官网获取 Python 开发环境

① 译者注：Windows 系统下为“cmd.exe”。

图 8.2　Python 安装程序

接着安装 Pygame。再次启动命令提示符，输入以下命令。

```
py -m pip install pygame --user
```

用此命令可通过网络下载 Pygame（见图 8.4）。“py”是用于运行 Python 程序的命令，“pip”是 Python 包管理工具的模块名。

至此，我们完成了基于 Python+Pygame 的编程环境的搭建。

Pygame 的基本使用方法

下面马上开始尝试开发使用 Pygame 的程序吧。从 Windows 的开始菜单中选择“Python 3.7”→“IDE（Python 3.7 32-bit)”，启动 Python 综合开发环境（IDLE)（见图 8.5）。

图 8.5 所示为 IDLE“Python Shell”的界面。可在 Python Shell 中直接输入代码并运行。

在 IDLE 的菜单栏中选择“File”→“New File”，打开专用的编辑器。在编辑器中输入代码 8.1 中的程序。之后通过菜单栏中的“File”→“Save”选项保存文件。文件名为“tick.py”。

在 IDE 中按下键盘上的 F5 键，或选择菜单栏中的“Run”→“Run Module”便可运行程序。图 8.6 所示为程序运行过程中的界面。界面上显示循环的执行次数，这个数字每一秒增加 60。

简单讲解一下代码 8.1 中的代码。在程序开头必须写下“import pygame”语句导入 Pygame 库，接着通过“pygame.init()”语句

```
选择命令提示符
Microsoft Windows [Version 10.0.17134.471]
(c) 2018 Microsoft Corporation. All rights reserved.

C:¥Users¥takebe>python
Python 3.7.1 (v3.7.1:260ec2c36a, Oct 20 2018, 14:05:16) [MSC v.1915 32 bit (Intel)] on win32
Type "help", "copyright", "credits" or "license" for more information.
>>>
```
输入

图 8.3　在命令提示符中确认可以正常使用 Python

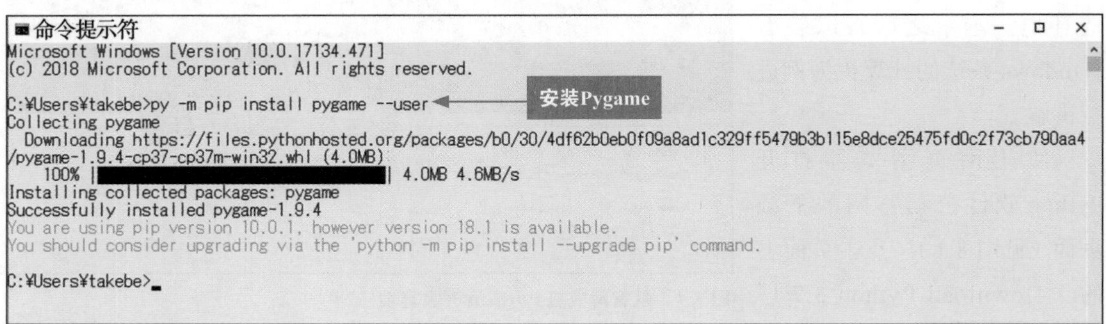

图 8.4　安装 Pygame

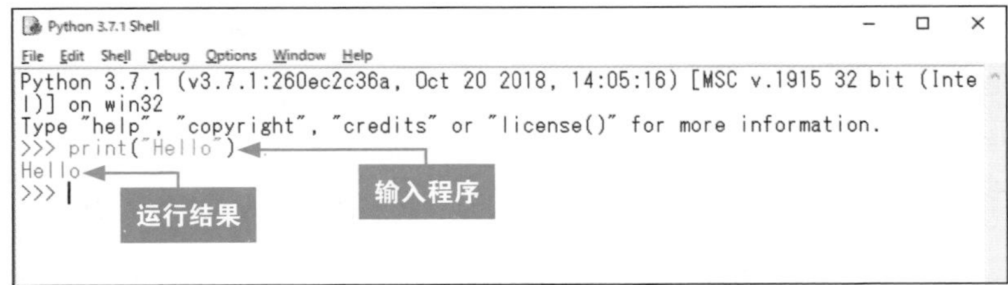

图 8.5　启动 IDLE

代码 8.1　初始程序（tick.py）

```
#tick test
import pygame # 导入Pygame库

WIDTH = 640
HEIGHT = 480
BLACK = (0, 0, 0)
WHITE = (255, 255, 255)

pygame.init() #Pygame初始化
screen = pygame.display.set_mode((WIDTH, HEIGHT)) #创建界面对象
myfont = pygame.font.Font(None, 32)
myclock = pygame.time.Clock()
loopcnt = 0
endflag = 0

while endflag == 0:
  for event in pygame.event.get():
    if event.type == pygame.QUIT: endflag = 1 #关闭窗口时的操作

  screen.fill(BLACK)
  loopcnt += 1
  imagetext = myfont.render(str(loopcnt), True, WHITE) #显示循环次数
  screen.blit(imagetext, (100, 50))
  myclock.tick(60) #将循环周期设为1/60秒
  pygame.display.flip() #刷新界面

pygame.quit ()
```

主循环

进行库的初始化。

之后为了显示界面，创建“Surface 对象”。Surface 对象听起来有些抽象，是可以绘制平面图形等元素的界面。由于 Surface 对象是一个界面，故有宽度和高度属性。

代码 8.1 中使用 pygame.display.set_mode 函数编写以下代码。该函数返回 Surface 对象。

```
Surface 对象 = pygame.display.set_mode((界面宽度, 界面高度))
```

此程序中在界面上显示数字，在 Pygame 中显示字符串需要依次执行以下 3 行命令。

```
Font 对象 = pygame.font.Font(字体名称，字号)
用于字符的 Surface 对象 = Font 对象 .render(字符串，是否字体平滑 a，颜色编码)
Surface 对象 .blit(用于字符的 Surface 对象，(X 坐标， Y 坐标))
```

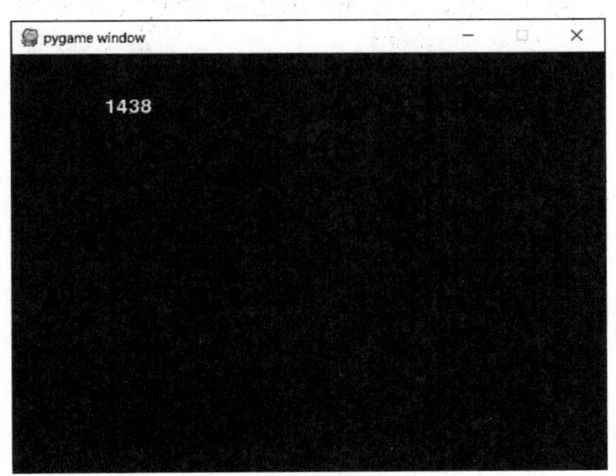

图 8.6　代码 8.1 运行结果，界面上的数字每秒增加 60

首先使用 pygame.font.Font 函数创建 Font 对象，创建时指定字体与字号。字体可以设为“None”（即不指定字体）。

接着运行 Font 对象的 render 函数生成字符串，但生成的结果并不显示在界面上，而是输出为 Surface 对象。换言之，是在界面上不可见的假想界面中显示字符串。

最后用 blit 函数将字符串 Surface 对象传送给人眼可见的界面 Surface 对象。

有些复杂的是，在此阶段中界面上仍不显示字符串。需要在 Pygame 中运行 pygame.display.flip 函数执行界面刷新操作，刷新后便可出现字符串。

在程序中设置界面刷新的时间间隔是

① 译者注：该参数设置为 True 时将显示平滑的字符边缘。

Pygame 的规范。换言之，需要设置每隔一定时间便运行一次 pygame.display.flip 函数。

代码 8.1 中每隔 1/60s 运行一次该函数。因此如下所示使用 Clock 对象。

```
Clock 对象 = pygame.time.Clock()
循环：
  Clock 对象 .tick(帧率①)
  pygame.display.flip()
```

使用 pygame.time.Clock() 函数创建 Clock 对象。Clock 对象的 tick 函数是配合帧率等待一定时间的函数。在循环中运行这个函数，可调节一次循环的运行时间为 1/ 帧率。换言之，循环在 1s 内运行与帧率相同的次数。只是这是在循环中的操作运算量较小、一次循环可在 1/ 帧率时间内完成的情况下。若循环内的操作所需运算量较大，1s 内可执行的循环次数会减少。

通常情况下，帧率为 60 时，开发出的游戏能提供较好的游戏体验，帧率为 30 时游戏体验也不算差。但是当帧率小于 30 时，游戏中的动作就会出现卡顿，因此需要减少循环中的运算量。

这样的循环被称为“主循环”或“游戏循环”，是游戏程序的核心部分。

Pygame 在程序开发上有一些规范，虽然在习惯之前你会觉得麻烦，但由于这些是类似固定语法的东西，故可参考其他程序进行编写。

使用图像功能

游戏中不可缺少图像。Pygame 为绘制图像准备了以下函数。

> 画线：pygame.draw.line 函数
> 绘制四边形：pygame.draw.rect 函数
> 绘制圆形：pygame.draw.circle 函数
> 绘制多边形：Pygame.draw.polygon 函数

代码 8.2 draw.py 为使用了这些函数的测试程序。运行后如图 8.7 所示，显示线条与圆形等图形。

代码 8.2　绘制图像的程序（draw.py）

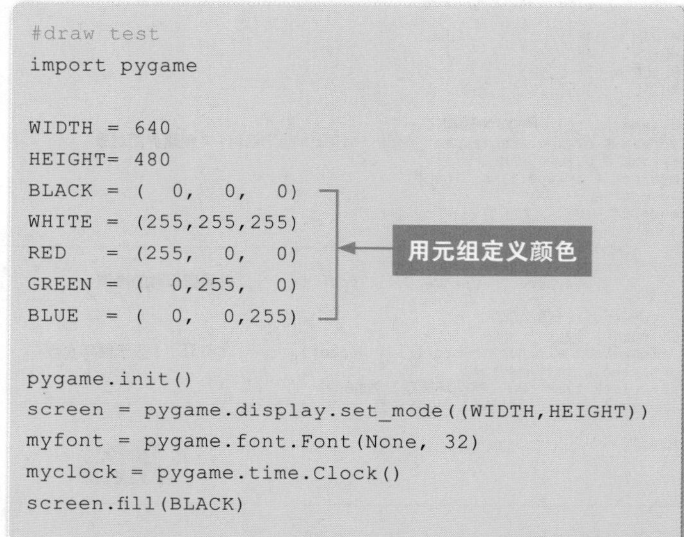

```
#draw test
import pygame

WIDTH = 640
HEIGHT= 480
BLACK = (  0,   0,   0)
WHITE = (255,255,255)
RED   = (255,   0,   0)
GREEN = (  0,255,   0)
BLUE  = (  0,   0,255)

pygame.init()
screen = pygame.display.set_mode((WIDTH,HEIGHT))
myfont = pygame.font.Font(None, 32)
myclock = pygame.time.Clock()
screen.fill(BLACK)
```


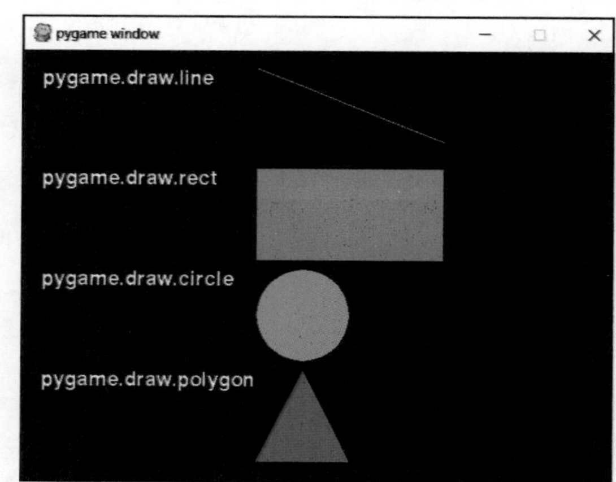

图 8.7　代码 8.2 的运行结果

程序开头定义了颜色。颜色由（红色值、绿色值、蓝色值）格式进行定义。各个值的取值范围为 0~255。例如写作（255，255，

① 译者注：帧率即图像以帧为单位连续出现在显示器上的频率，可理解为 1s 内的刷新次数。

代码 8.2 续

```
#draw text
def drawtext(x,y,text):
  imagetext = myfont.render(text, True, WHITE)
  screen.blit(imagetext, (x, y))

#line
drawtext(20, 20, "pygame.draw.line")
startpos = (250, 20)
endpos = (450, 100)
pygame.draw.line(screen,WHITE,startpos,endpos)

#rect
drawtext(20, 130, "pygame.draw.rect")
rect = (250, 130, 200, 100)
pygame.draw.rect(screen, RED, rect)

#circle
drawtext(20, 240, "pygame.draw.circle")
pos = (300, 290)
radius = 50
pygame.draw.circle(screen, GREEN, pos, radius)

#polygon
drawtext(20, 350, "pygame.draw.polygon")
poslist = [(250, 450), (300, 350), (350, 450)]
pygame.draw.polygon(screen, BLUE, poslist)

endflag = 0

while endflag == 0:
  for event in pygame.event.get():
    if event.type == pygame.QUIT: endflag=1

  myclock.tick(60)
  pygame.display.flip()

pygame.quit ()
```

主循环

255）时表示定义为白色。

代码 8.2 与代码 8.1 相同，只是运行绘制图像命令并不会把图像显示到界面上。循环的最后，通过调用 pygame.display.filp 函数进行界面刷新，将绘制的图像反映到界面上。

使用动画形象

虽然简单的游戏用绘制图像的函数即可完成开发，但想制作精良一些的游戏时则需要用到“计算机动画手法”。

计算机动画手法是能够轻松进行图像显示或移动的功能。Pygame 用 pygame.sprite.Sprite 类实现动画功能。

使用 Windows 自带的“画图”工具，绘制如图 8.8 所示的人物图像。该图像便是所谓的位图，大小为 32 像素 ×32 像素。图像背景选一个喜欢的颜色填充即可。此处使用的颜色之后将会被 set_colorkey 函数设置为透明色。完成图像后将其以“ man.png”为文件名进行保存。为防止画质受损，将图像文件保存为 PNG 格式。

那么尝试开发用动画功能显示 man.png 并让它动起来的程序——如代码 8.3 所示。

要点是定义继承 pygame.sprite.Sprite 类的 Spclass 类的部分。这是在 Pygame 中使用动画形象时的规范。只有动画形象类需要创建继承 pygame.sprite.Sprite 类的子类。

Spclass 类的定义中定义了 __init__ 函数与 update 函数。__init__ 函数在创建动画形象对象时自动运行。这里在该函数中进行 man.png 的读取、透明色的设置以及动画形象出现的初始坐标与移动速度的设置。

在 update 函数中编写运行一次主循环时执行的操作。这里执行动画形象的移动与碰壁时的反向运动操作。update 函数并非自动运行，需要明确写在主循环中才会运行。

为显示动画形象，从 Sprite 类创建 Sprite 对象。创建的 Sprite 对象内的变量 image 中存储了想要显示的图片的信息。变量 rect 中存储了想要显示动画形象的坐标。

当动画形象的数量增多时，用于运行 update 函数的代码也随之增多，程序将变得冗长。对此，Pygame 中预备了“编组”功能。使用编组可以将多个动画形象作为一个整体进行处理。编组函数中有以下函数。

创建编组对象

```
Group对象 = pygame.sprite.Group()
```

往编组中添加动画形象

```
Group 对象 .add(Sprite 对象 )
```

刷新编组中的动画形象

```
Group 对象 .update()
```

将编组中的动画形象绘制到界面上

```
Group 对象 .draw(Surface 对象 )
```

运行 Group 对象的 update 函数将运行各个动画形象的 update 函数。

代码 8.3 中将创建的 100 个动画形象集中在一个编组中。通过使用编组功能，100 个动画形象的刷新与绘制操作分别只需一个函数便可完成。

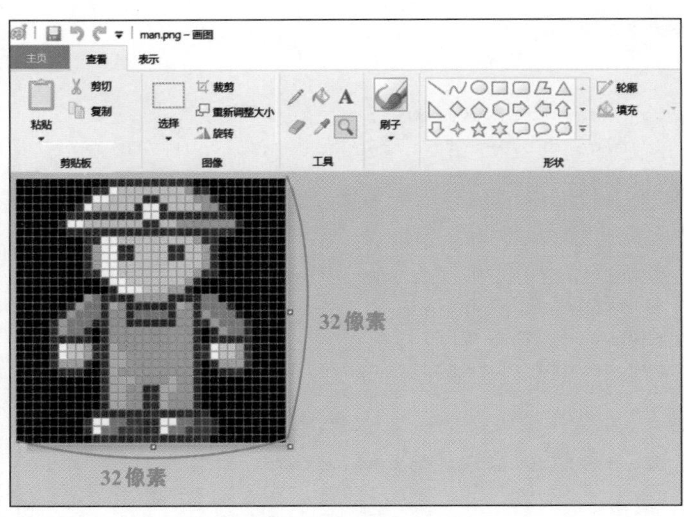

图 8.8　使用“画图”工具绘制人物位图

代码 8.3　显示动画的程序（sprite.py）

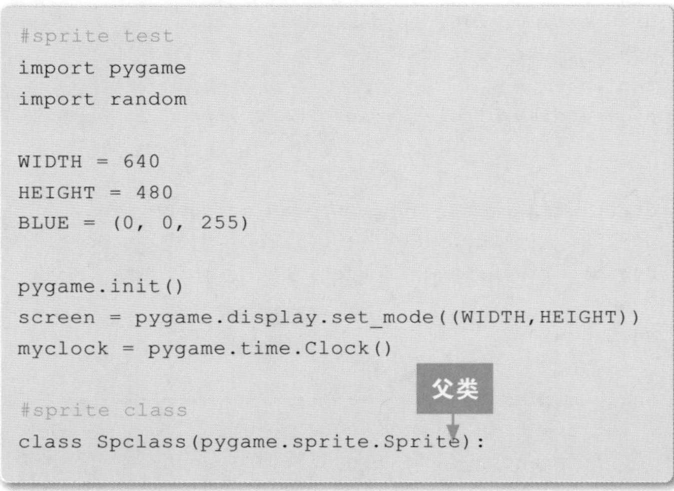

```
#sprite test
import pygame
import random

WIDTH = 640
HEIGHT = 480
BLUE = (0, 0, 255)

pygame.init()
screen = pygame.display.set_mode((WIDTH,HEIGHT))
myclock = pygame.time.Clock()

#sprite class
class Spclass(pygame.sprite.Sprite):
```


那么，将 man.png 放在和代码 8.3 sprite.py 相同的文件夹中，尝试运行程序。如图 8.9 所示，100 个动画形象将在界面内来回移动。

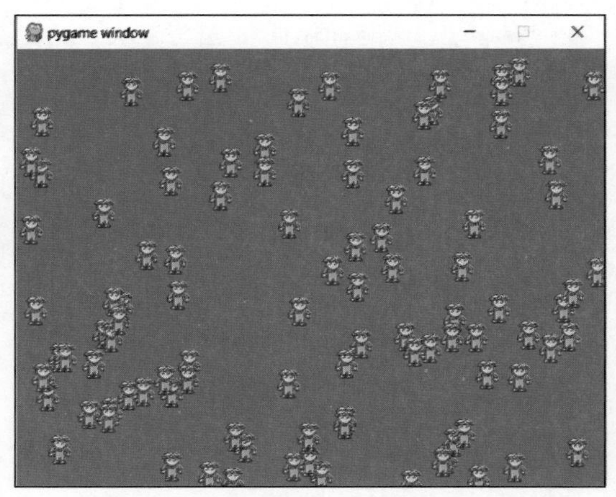

图 8.9　代码 8.3 运行结果，100 个动画形象在界面内来回移动

制作“迷宫游戏”

终于到了实际制作游戏的时候。首先制作“迷宫游戏”，将其作为使用动画形象的示例。

图 8.10 所示为本章要制作的迷宫游戏的界面。界面上显示由“砖块”组成的迷宫，迷宫

代码 8.3 续

```
  # 动画形象初始化函数
  def __init__(self):
    pygame.sprite.Sprite.__init__(self)
    # 读取图像
    self.image = ¥
      pygame.image.load("man.png").convert()
    colorkey = self.image.get_at((0, 0))
    # 设置透明色
    self.image.set_colorkey(colorkey)
    self.rect = self.image.get_rect()
    self.rect.centerx = random.randrange(WIDTH)
    self.rect.centery = random.randrange(HEIGHT)
    self.x1 = random.randrange(-3, 3)
    self.y1 = random.randrange(-3, 3)

  # 执行动画形象移动操作的函数
  def update(self):
    self.rect.centerx += self.x1
    self.rect.centery += self.y1
    if self.rect.centerx >= ¥
      WIDTH or self.rect.centerx < 0:
      self.x1 = -self.x1

    if self.rect.centery >= ¥
      HEIGHT or self.rect.centery < 0:
      self.y1 = -self.y1

# 将 100 个动画形象组成编组
allgroup = pygame.sprite.Group()
for i in range(100):
  allgroup.add(Spclass())

endflag = 0

while endflag==0:
  for event in pygame.event.get():
    if event.type == pygame.QUIT: endflag = 1

  screen.fill(BLUE)
  # 动画形象移动操作
  allgroup.update()
  # 动画形象绘制操作
  allgroup.draw(screen)
  myclock.tick(60)
  pygame.display.flip()

pygame.quit()
```

设置初始坐标

设置速度

在界面边缘反向运动

主循环

中有“玩家”和“宝箱”。此游戏中使用上下左右方向键移动玩家。当玩家抵达宝箱时，如图 8.11 所示，显示“GOAL!”并通关游戏。虽然由于尚无显示通关时间与得分的功能，作为游戏尚有未完成的部分，但是通过这个程序，你可以学习动画形象的使用方法、按键输入以及迷宫的绘制方法等。

首先从游戏中使用的图像开始制作。使用画图等工具绘制宝箱与砖块的图像，大小为 32 像素 ×32 像素。宝箱图像文件（见图 8.12）和砖块图像文件（见图 8.13）分别命名为“box.png”和“block.png”。玩家图像则使用代码 8.3 中使用的 man.png。

完成后的游戏程序如代码 8.4 所示。

由于程序中通过动画形象显示玩家与宝箱，故需要定义玩家——Player 类和宝箱——Box 类。但对于此次制作的游戏，若直接继承 pygame.sprite.Sprite 类则需编写两次内容相同的 __init__ 函数，可谓是浪费精力。因此，创建继承 pygame.sprite.Sprite 类的 Spclass 类，并在这个类中编写 __init__ 函数，然后以继承 Spclass 类的形式定义 Player 类和 Box 类。这虽然是个小细节，但可省去程序中的冗余。

判断键盘输入

由于设置可以用键盘上的方向键控制玩家，故需要有获取键盘输入的操作。Pygame 中通过运行以下函数可获取键盘上被按下的按键的列表。

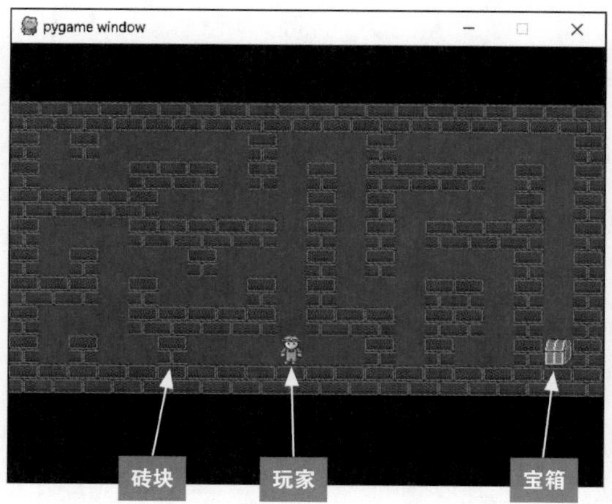

图 8.10　迷宫游戏的界面构成

图 8.11　玩家抵达宝箱处时游戏结束

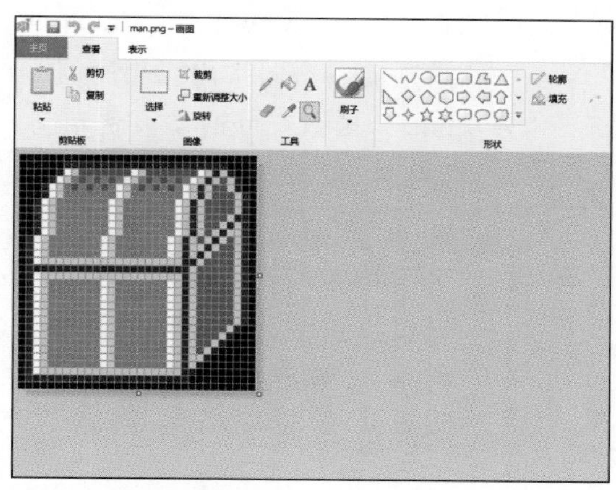

图 8.12　绘制宝箱位图

```
列表 = pygame.key.get_pressed()
```

用按键编号引用列表中的元素，若其值为 True 则判断该按键编号所对应的键被按下。

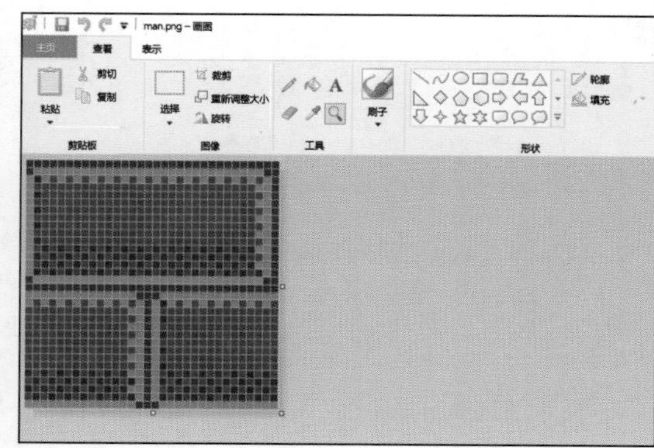

图 8.13　绘制砖块位图

pygame.K_UP：↑键
pygame.K_RIGHT：→键
pygame.K_DOWN：↓键
pygame.K_LEFT：←键
pygame.K_SPACE：空格键
pygame.K_RETURN：Enter 键
pygame.K_ESCAPE：Esc 键
pygame.K_a~z：a~z 键
pygame.K_0~9：0~9 键

例如，为了读取空格键是否被按下，可检查“列表 [pygame.K_SPACE]”的值。若该值为 True 则判断空格键被按下。而且，使用两个按键编号可以同时检查列表中的两个值。由此可以读取两个键是否同时被按下。

迷宫绘制与界面滚动操作

虽然可以用各种方法显示迷宫的形状，但这里简单地使用字符串列表。具体而言，准备如下所示构成迷宫形状的数据。

```
bgdata = [
  "11111111111111111111",
  "1 1     1   1       1",
  "1   111 1 1 1111 1 1",
  "11111     1 1    1 1",
  "1   11111 1 1 1111 1",
  "1 1   1   1 1    1 1",
  "111 1   1 1   11 1 1",
  "1   11111 111 11 1 1",
  "1 1  1      1 1  1 1",
  "11111111111111111111"]
```

用1代表砖块，数据的形状便是迷宫。用此种表现方法时，也较容易修改迷宫的形状。

迷宫的大小设为20格 ×10格。通过参考bgdata列表的内容判断玩家移动时是否撞到砖块。

为了显示迷宫，创建并使用用于迷宫的Surface对象。创建不显示在界面上的Surface对象并绘制迷宫，然后用blit函数将其复制到用于显示的Surface对象上。此时使用偏移可实现界面滚动。

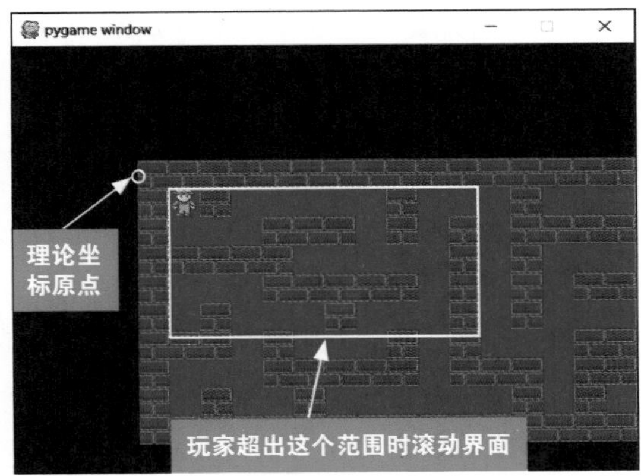

图8.14 只有当玩家超出一定范围时才滚动界面

但若在玩家每次移动时都滚动界面，界面将因过度移动而难以看清。因此，如图8.14所示，只有当玩家超出一定范围时才滚动界面。

为了滚动界面，使用“理论坐标原点”管理玩家的位置。理论坐标和界面显示坐标并非同一坐标。在理论坐标中，将迷宫的左上角作为（0,0）进行处理。因此，用变量bgx和变量bgy存储用于裁剪并显示界面的坐标。在玩家每次移动时，以理论坐标为基础算出界面显示坐标。

代码8.4 迷宫游戏程序（maze.py）

```
#maze game
import pygame

WHITE = (255, 255, 255)
BLACK = (0, 0, 0)
GREEN = (0, 128, 0)
NAVY = (0, 0, 128)
WIDTH = 640
HEIGHT= 480

pygame.init()
screen = pygame.display.set_mode((WIDTH,HEIGHT))
myfont = pygame.font.Font(None, 48)
myclock = pygame.time.Clock()
bgx = 0 #BG offset
bgy = 0
size = 32 #sprite size

#sprite class
class Spclass(pygame.sprite.Sprite):
  def __init__(self, x, y, filename):
    pygame.sprite.Sprite.__init__(self)
    self.image = ¥
      pygame.image.load(filename).convert()
    colorkey = self.image.get_at((0, 0))
    self.image.set_colorkey(colorkey)
    self.x = x
    self.y = y
    self.dir = 0
    self.walking = 0
    self.rect = self.image.get_rect()

#player
class Player(Spclass):
  def update(self):
    global bgx, bgy
```

动画形象的碰撞判断

此处使用pygame.sprite.spritecollide函数作为判断玩家是否到达宝箱的方法。这是用于检测动画形象之间是否碰撞的函数。语法格式如下所示。

```
列表 = pygame.sprite.sprite
collide(要检测的Sprite, 对方
Group, 自动消除的类)
```

将希望检测碰撞的Sprite对象和碰撞对方的Sprite对象编组分别传递给第一个和第二个参数。

第三个参数设置一个标记，表示在碰撞时是否自动消除碰撞对方的动画形象。这里将该参数设为 False，即不消除碰撞对方的动画形象。作为返回值的列表中存储了检测到发生碰撞的 Sprite 对象。

在这个程序中运行 pygame.sprite.spritecollide 函数时，发生碰撞的 Sprite 对象总数会比正常情况下多出一个。这是由于动画形象编组中包含了玩家。换言之，程序判断玩家自己和自己碰撞。对此，简单的方法是设置当发生碰撞的 Sprite 对象总数大于 2 时判断为碰到宝箱。

制作“3D 高尔夫游戏”

作为第 2 个例子，尝试开发简单的、使用 3D 图形的高尔夫游戏。图 8.15 所示为要开发的 3D 高尔夫游戏的界面。白色圆形为高尔夫球，红色圆形为球洞。按方向键中的“←”“→”键可以改变击球方向。红色条形代表击球力度，其长度呈周期变化。按下空格键，球将以按键瞬间的力度飞出。红色条形的长度短时球飞得近，长度长时球飞得远。球碰到球洞时，如图 8.16 所示，显示“CUP IN”并结束游戏。

代码 8.5 为 3D 高尔夫游戏的程序 golfgame.py。这里为减少程序量而省略了部分游戏功能。当球接近球洞时，不显示击球画面便直接结束游戏。球 OB[①] 时亦无法重新击球而是直接结束游戏。

Pygame 中没有用于显示 3D 图形的特别功能，因此需要自己创建必要的功能。

代码 8.4 续

```
x1 = [ 0, 1, 0, -1]
y1 = [-1, 0, 1,  0]
if self.walking == 0:
  newdir = -1
  press = pygame.key.get_pressed()
  if press[pygame.K_UP]    : newdir = 0
  if press[pygame.K_RIGHT]: newdir = 1
  if press[pygame.K_DOWN]  : newdir = 2
  if press[pygame.K_LEFT]  : newdir = 3
  if newdir != -1:
    newx = int(self.x/size) + x1[newdir]
    newy = int(self.y/size) + y1[newdir]
    if bgdata[newy][newx] == " ":
      self.dir = newdir
      self.walking = 1
else:
  self.x += x1[self.dir] * 4
  self.y += y1[self.dir] * 4
  if (self.x%size)==0 and (self.y%size)==0:
    self.walking = 0

# 界面滚动操作
if self.x - bgx < 160            :bgx -= 1
if self.x - bgx >= WIDTH - 160 :bgx += 1
if self.y - bgy < 160            :bgy -= 1
if self.y - bgy >= HEIGHT - 160:bgy += 1
self.rect.left = self.x - bgx
self.rect.top = self.y - bgy
# 碰撞判断
hitlist = pygame.sprite.spritecollide( ¥
  self, allgroup, False)
```

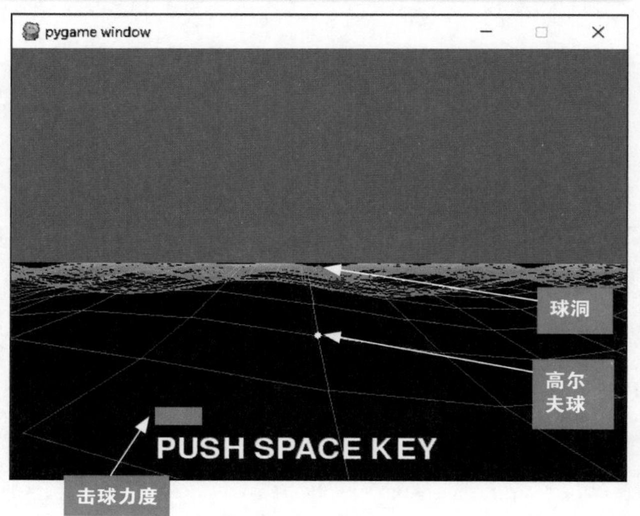

图 8.15　3D 高尔夫游戏的界面构成

① 译者注：“Out of Bounds”的缩写，即出界。

代码 8.4 续

```
    if len(hitlist) >= 2: # 大于 2 则认为碰到了宝箱
      imagetext = ¥
        myfont.render("GOAL!", True, WHITE)
      screen.blit(imagetext, (260, 150))

#box
class Box(Spclass):
  def update(self):
    global bgx, bgy
    self.rect.left = self.x - bgx
    self.rect.top = self.y - bgy

# 迷宫数据
bgdata = [
  "11111111111111111111",
  "1 1      1   1     1",
  "1   111 1 1 1111 1 1",
  "11111     1 1    1 1",
  "1   11111 1 1 1111 1",
  "1 1   1   1 1    1 1",
  "111 1   1 1   11 1 1",
  "1   11111 111 11 1 1",
  "1 1  1       1 1  1 1",
  "11111111111111111111"]

blockimage = ¥
pygame.image.load("block.png").convert()
bgimage = pygame.Surface((size*20, size*10))
bgimage.fill(NAVY)

# 绘制迷宫
for y in range(10):
  for x in range(20):
    if (bgdata[y][x]==" "): continue
    bgimage.blit(blockimage, (size*x,size*y))

allgroup = pygame.sprite.Group()
box = Box(size*18, size*8, "box.png")
allgroup.add(box)
player = Player(size*1, size*1, "man.png")
allgroup.add(player)
endflag = 0

#main loop
while endflag == 0:
  for event in pygame.event.get():
    if event.type == pygame.QUIT: endflag = 1
```

```
  screen.fill(BLACK)
  # 显示迷宫
   screen.blit(bgimage, (-bgx,
-bgy))
  allgroup.update()
  allgroup.draw(screen)
  myclock.tick(60)
  pygame.display.flip()

pygame.quit()
```

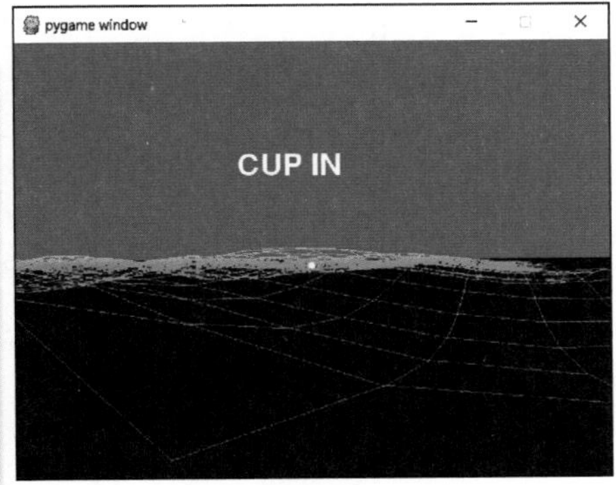

图 8.16　球接近球洞则游戏结束

代码 8.5　3D 高尔夫游戏的程序（golfgame.py）

```
#3D golf game
import pygame
import math
import random

WIDTH = 640
HEIGHT= 480
BLACK = (0, 0, 0)
WHITE = (255, 255, 255)
BLUE = (0, 0, 255)
RED = (255, 0, 0)

pygame.init()
screen = pygame.display.set_
mode((WIDTH,HEIGHT))
myfont = pygame.font.Font(None,
48)
myclock = pygame.time.Clock()
```

3D 坐标由 *x*、*y*、*z* 三个坐标轴决定。*x* 轴与 *y* 轴为高尔夫球场上平面上的位置，而 *z* 轴为高尔夫球场的地面高度。

地面高度存储于名为 mapdata 的列表（相当于二维数组）中。用 mapdata[X 坐标][Y 坐标] 可以获取高度。大小为 50 × 50。地面高度的范围为 -2~+2。

为了显示 3D 效果，引入“相机”的概念。相机所在的坐标存储于变量 cx，cy 和 cz 中。相机角度为 cdeg。图 8.17 所示为相机的俯视图。除了相机角度之外，相机还有一个必要的信息是“取景范围”。取景范围即相机可以拍摄到的角度。这里将相机的取景范围设为 -60° ~+60° ，并将相机中心视为 0° 。

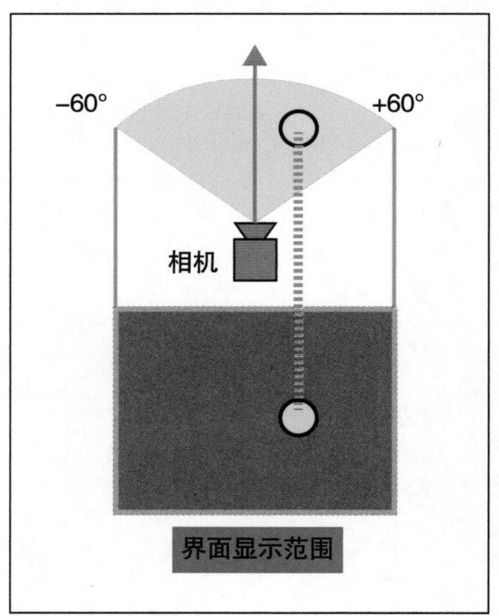

图 8.17　使用相机概念绘制 3D 效果

取景范围与界面显示范围是联动的。例如，在相对于相机 0° 的方向上有物体时，最好将物体画在界面的中心位置。因此，显示物体时通常需要计算其相对于相机的角度。

代码 8.5 续

```
# 创建地形数据
mapdata = ¥
  [[0 for i in range(50)] for j in range(50)]
zmin = 999
zmax = -999
for y in range(50):
  for x in range(50):
    z = math.cos(math.radians(x * 30)) + ¥
      math.cos(math.radians(y * 40))
    mapdata[x][y] = z
    if zmin > z: zmin = z
    if zmax < z: zmax = z

cdeg = 0 #camera angle
cx = 0 #camera position
cy = 0
cz = 0
bx = 2 #ball position
by = 24
bz = 0
bdeg = 0 #ball angle
ex = 40 #cup position
ey = 26
ez = mapdata[ex][ey]

# 移动操作函数。返回值为移动后的 x、y 坐标
def moveangle(x, y, deg, speed):
  x += math.cos(math.radians(deg)) * speed
  y += math.sin(math.radians(deg)) * speed
  return x, y

# 从两点的 x、y 坐标计算距离与角度的函数
def getdist(xa, ya, xb, yb):
  dx = xa - xb
  dy = ya - yb
  tempdeg = math.degrees(math.atan2(dy, dx))
  tempdist = math.sqrt(dx * dx + dy * dy)
  return tempdist, tempdeg

# 从 x、y、z 坐标算出用于显示界面元素的 x、y 坐标的函数
def getxy(x, y, z):
  if x<0 or x>49 or y<0 or y>49 :return -1, -1
  dist, deg = getdist(x, y, cx, cy)
  deg = deg - cdeg
  if deg > 180 :deg -= 360
  if deg < -180:deg += 360
  # 在相机外侧时返回 -1,-1
  if abs(deg)>60: return -1, -1
```

代码 8.5 续

```
  if dist == 0: dist = 0.01
  dz = z - cz
  gx = deg * (WIDTH / 2) / 45 + WIDTH / 2
  gy = HEIGHT / 2 + dz * 120 / dist
  return gx, gy

# 用于显示文本的函数
def drawtext(x, y, text):
  imagetext = myfont.render(text, True, WHITE)
  screen.blit(imagetext, (x, y))

#main loop
seq = 0
endflag = 0

while endflag == 0:
  for event in pygame.event.get():
    if event.type == pygame.QUIT: endflag=1

  screen.fill(BLACK)
  # 绘制天空
  pygame.draw.rect(screen, ¥
    BLUE, (0, 0, WIDTH, HEIGHT/2))
  #draw map
  for mode in range(2):
    for j in range(50):
      x2 = -1
      y2 = -1
      for i in range(50):
        if mode:
          x = i
          y = j
        else:
          x = j
          y = i
        # 从地形数据算出用于显示高尔夫球场上各点的坐标
        z = mapdata[x][y]
        x1, y1 = getxy(x, y, z)
        if x1 != -1 and x2 != -1:
          r = 255 - (z-zmin)*255/(zmax-zmin)
          c = (r, 200, 0)
          # 绘制地形
          pygame.draw.line(screen, ¥
            c, (x1, y1), (x2, y2))

        x2 = x1
        y2 = y1
```

此次由于希望尽量简化程序，只在水平方向上转动相机。与物体的距离的计算只使用 *X* 轴和 *Y* 轴，不使用 *Z* 轴。如此可以简单、迅速地完成计算。

图 8.18 所示为展示物体距离与大小关系的图。绘制在界面中的物体的大小可通过“*N*/ 距离”求取。*N* 是最接近相机时的大小。这个算式在距离为 0 时，会发生除数为 0 的错误。

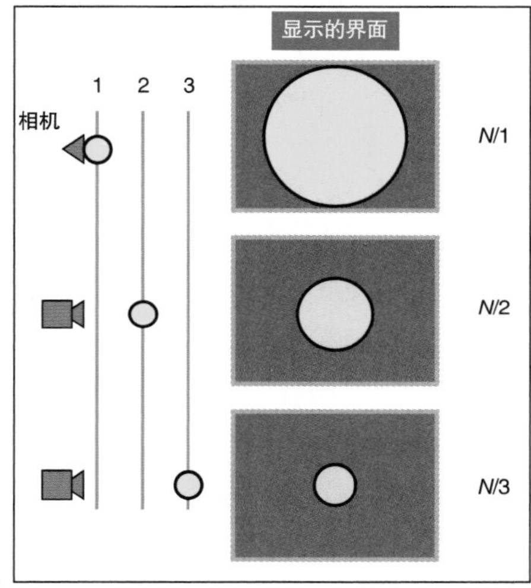

图 8.18　绘制的物体的距离与大小的关系

为了从两点的 *x* 轴和 *y* 轴坐标求取角度与距离，定义 getdist 函数。这个函数如下所示。

```
def getdist(xa, ya, xb, yb):
  dx = xa - xb
  dy = ya - yb
  tempdeg = math.degrees(math.atan2
(dy, dx))
  tempdist = math.sqrt(dx * dx +
dy * dy)
  return tempdist, tempdeg
```

参数 xa、ya 为点 *A* 的 *x* 坐标和 *y* 坐标，xb、yb 为点 *B* 的 *x* 坐标和 *y* 坐标。运行函数后变量 tempdist 中将存储点 *A*~*B* 的距离。距离计算用的是读者熟悉的勾股定理。

代码 8.5 续

变量 tempdeg 中存储从点 *B* 看点 *A* 时的角度。该角度的计算使用 math.atan2 和 math.degree 函 数。math.atan2 函数是由 *x* 坐标和 *y* 坐标的差值求取反正切的函数。math.degree 函数是可将弧度转换为角度的函数。

虽然是入门级别的 3D 图形，但用此程序亦可制作 3D 射击等游戏。

```
gx, gy = getxy(bx, by, bz)
#ball
pygame.draw.circle(screen, ¥
WHITE, (int(gx), int(gy)), 4)

gx, gy = getxy(ex, ey, ez)
#cup
pygame.draw.circle(screen, ¥
  RED, (int(gx), int(gy)), 4)
if seq == 0:
  # 算出相机初始角度
  dist, cdeg = getdist(ex, ey, bx, by)
  bz = mapdata[int(bx)][int(by)]
  bspeed = 0 #ball speed
  bz1 = 0 #ball z speed
  seq = 1
elif seq==1:
  # 以高尔夫球为中心算出相机坐标
  cx, cy = moveangle(bx, by, cdeg + 180, 3)
  cz = bz - 2
  bspeed += 0.05
  if bspeed > 1: bspeed = 0
  # 显示发球力度
  rect = (150, 400, bspeed*100, 20)
  pygame.draw.rect(screen, RED, rect)
  drawtext(150, 430, "PUSH SPACE KEY")
  press = pygame.key.get_pressed()
  # 用←、→方向键设置方向
  if press[pygame.K_LEFT]: cdeg -= 2
  if press[pygame.K_RIGHT]: cdeg += 2
  if press[pygame.K_SPACE]:
    bdeg = cdeg
    bz1 = -bspeed
    # 用空格键发球
    cx, cy = moveangle(bx, by, bdeg + 60, 15)
    dist, cdeg = getdist(bx, by, cx, cy)
    seq = 2
else:
  #move ball
  bx, by = moveangle(bx, by, bdeg, bspeed)
  #move camera
  cx, cy = moveangle(cx, cy, bdeg, bspeed)
  if bx<0 or by<0 or bx>49 or by>49:
    drawtext(150, 240, "OB")
    break

  gz = mapdata[int(bx)]
[int(by)]
  # 球触地反弹处理
  if gz < (bz+bz1): bz1 *=
-0.7
  bspeed *= 0.96
  bz += bz1
  # 高尔夫球减速与落地处理
  bz1 += 0.05
  dist, deg = getdist(bx,
by, ex, ey)
  # 高尔夫球与球洞的碰触判断
  if dist<0.4 and abs(bspeed)
<0.1:
    drawtext(240, 120, "CUP IN")
    break

  if abs(bspeed)<0.02:
    bspeed = 0
    seq = 0

myclock.tick(30)
pygame.display.flip()

for i in range(90):
  myclock.tick(30)
  pygame.display.flip()

pygame.quit()
```

第8章 Python游戏编程入门

Part 2 iOS/Pythonista 3篇

本篇继续介绍基于 Python 游戏编程的基本方法。

如今，随着智能手机与平板电脑的广泛使用，越来越多的人已不再特意购置台式机或笔记本电脑。基于此现状，有别于使用台式机或笔记本电脑的 2D 游戏编程库 Pygame，本节将使用运行于 iOS 系统的 Python 编程 App“Pythonista3”进行游戏的制作。因此本篇需要用到的设备为 iPad 或 iPhone。

Pythonista3 是一款在智能手机或平板电脑上都十分好用的编程 App。虽然需要付费，但绝对物有所值。

图 8.19 所示为 Pythonista3 在 iPad 上运行时的界面。界面左侧为对文件进行操作的文件浏览窗口，右侧为用于编写代码的代码编辑窗口。而在 Python 编程中经常用到的 []、{} 等符号则被罗列在软键盘的上方。除此之外，Pythonista3 中还配置了 Python 常用库、调试器，以及用户界面编辑等各种功能。

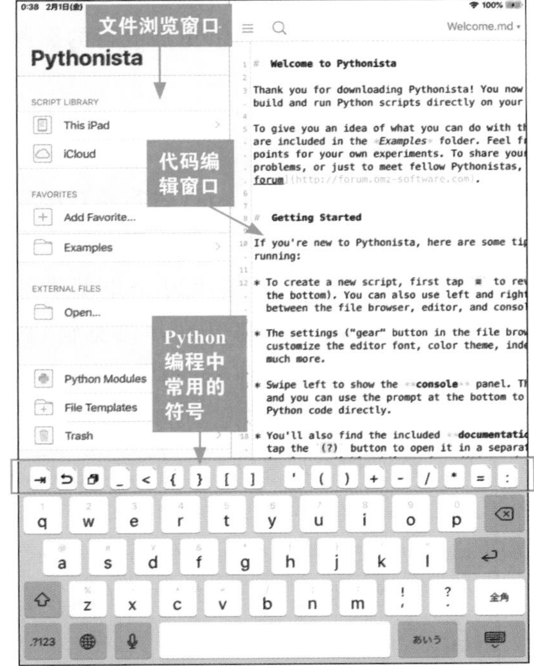

图 8.19 Pythonista3 用户界面，使用智能手机或平板电脑进行 Python 编程

使用面向 2D 游戏的“scene”模块

但是，在 Pythonista3 中无法调用 Pygame 库。因此，现在我们需要使用 Pythonista3 中用于 2D 游戏开发的 scene 模块。

scene 与 Pygame 的运行机制有所不同（见图 8.20）。在使用 Pygame 编程时，我们需要编写一个主循环，并在循环体中设计游戏过程中的各种事件的处理方法，以及如何调整循环体的运行周期。

但是在调用 scene 模块时，由于游戏过程中的各类事件的处理方法都会被封装在专门用于游戏制作的类对象中，并针对不同的情况调用相应的方法（函数），所以不需要使用循环语句，且无须设置如何调整代码的运行周期。与 Pygame 相比，scene 运用更加现

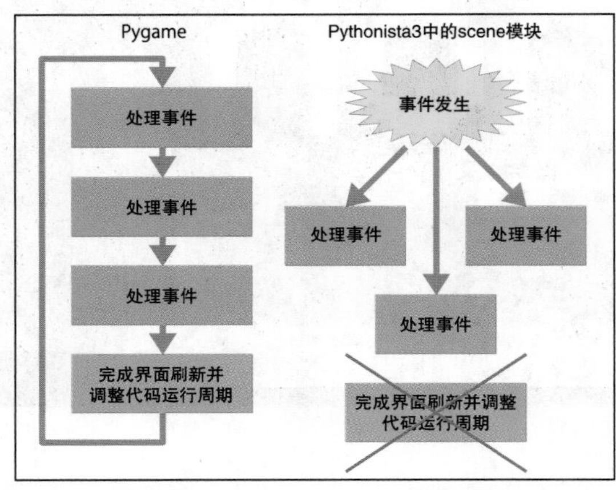

图 8.20　对比 Pygame 与 scene，二者运行机制不同

代的编程结构，可以以时下更加流行的编程方式进行代码的编写。

搭建游戏的编程框架

现在尝试使用 Pythonista3 进行游戏的开发。虽然接下来的讲解基本都是基于 iPad 环境，但是在 iPhone 上的编程方法也基本相同。启动 Pythonista3，打开文件浏览窗口，点击“+”，选择“Empty Script”，然后在弹出的文本框中输入文件名，即可创建一个扩展名为“.py”的空白文件。

首先，尝试在界面上绘制线条与图形。调用 scene 模块的基本代码如代码 8.6 所示。该文件运行之后将出现一个黑框，但是不会发生任何其他事情。

代码 8.6 中展示的是调用 scene 模块时必需的代码与语法框架，同时也是游戏的基本框架。

如代码 8.6 所示，在程序一开始，通过“from scene import *”语句导入 scene 模块。

接下来定义一个继承 Scene 类属性与函数的子类——MyScene。Scene 类定义了游戏界面初始化、游戏界面加载、触屏感应等 2D 游戏必备的基本功能。而“MyScene”只是示例中对新定义的子类的命名，读者也可以根据喜好，用其他名字给它命名。

在 MyScene 子类中，需要定义两个函数——setup 函数与 update 函数。从严格意义上说，这是在 MyScene 子类中，对继承自 Scene 类的 setup 函数和 update 函数进行个性化设置。setup 函数只会在游戏界面出现之前自动执行一次。我们可以通过这个函数设计游戏界面或进行游戏的其他初始化设置。

而 update 函数通常每秒会自动执行 60 次，用于设置在游戏过程中每隔一段时间就需要执行的操作。

在代码 8.6 所展示的代码中，这两个函数的函数体中都仅有一句“pass”，即不进行任何实际操作并执行下一句代码。我们可以将“pass”替换为其他的语句，这样就完成了整个程序的雏形。

最后的“run(MyScene())”语句表示在 MyScene 这个类对象设置完成后便调用 run 函数。下面开始绘制游戏界面。

绘制线条与四边形

既然已经学会了使用 scene 模块的程序框架，作为代码 8.6 中展示的代码的补充，现在来尝试编写绘制线条与图形的程序。我们可以利用以下一系列函数来绘制线条与图形。

stroke 函数：用于设置线条的颜色

代码 8.6　使用 scene 模块的最基本的程序 base.py

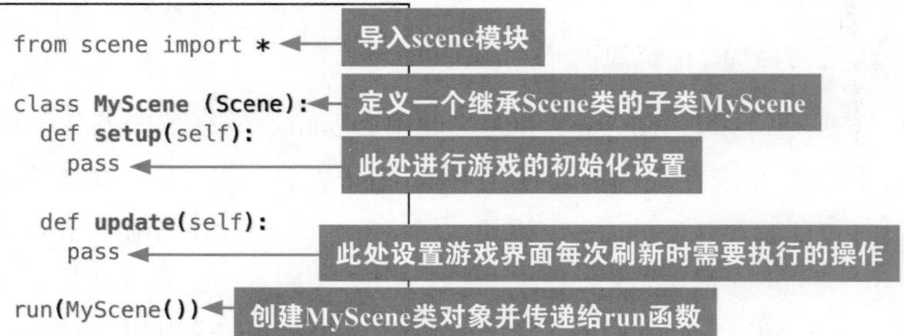

stroke_weight 函数：用于设置线条的粗细
fill 函数：用于设置图形的填充色
line 函数：用于绘制线条
rect 函数：用于绘制四边形
ellipse 函数：用于绘制圆

绘制线条与图形的程序代码如代码 8.7 draw.py 所示，其运行结果如图 8.21 所示。此处调用能够添加字符串的 text 函数，将绘制各个图形的函数名称也显示在游戏界面上。

颜色可以如“red”或“blue”般使用颜色名称，或如“#FF0000”般使用 RGB 值来进行设置。

代码 8.7　绘制游戏界面的测试程序 draw.py

```
from scene import *

class MyScene (Scene):
  def setup(self):
    self.background_color = 'black'

  def update(self):
    stroke('blue')
    fill('red')
    stroke_weight(5)
    text('line', font_size=48, x=50, y=700, alignment=9)
    line(150, 750, 350, 600)
    text('rect', font_size=48, x=50, y=500, alignment=9)
    rect(150, 450, 200, 100)
    text('ellipse', font_size=48, x=50, y=300, alignment=9)
    ellipse(200, 200, 150, 150)

run(MyScene())
```

设置背景色为黑色

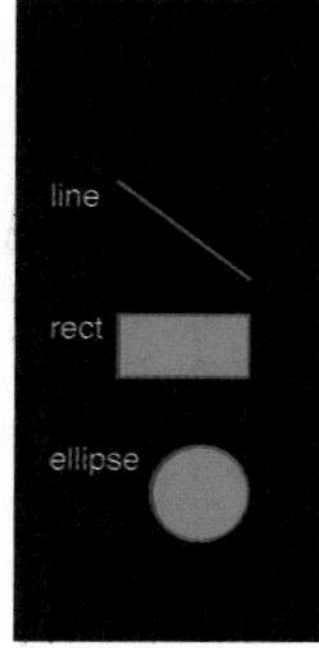

图 8.21　代码 8.7 的运行结果，在游戏界面中绘制线条、四边形与圆

在 setup 函数中，通过设置“self.background_color”这一属性为“black”，将背景色设置为黑色。

下面介绍一下坐标系。在 Pythonista3 中，坐标轴的方向与 Pygame 不同。如图 8.22 中的右图所示，在 Pythonista3 中，左下方为原点（0，0），y 轴以上方为正方向。因此，对于 line 等函数中的参数，需要传入适用于此坐标系的数值。

line（150，750，350，600）语句是以坐标（150，750）为起点，（350，600）为终点绘制直线。

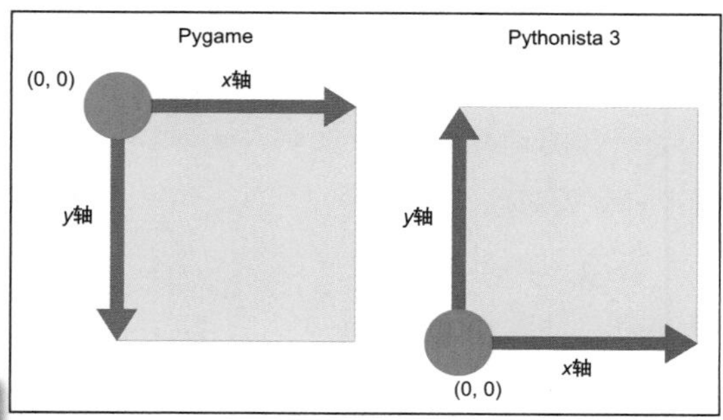

图 8.22　Pygame 与 Pythonista 中坐标系的差异

rect（150，450，200，100）语句是以（150，450）为左下角顶点坐标，绘制宽度为 200、高度为 100 的四边形。

而 ellipse（200，200，150，150）语句，绘制的是一个内接于左下角顶点坐标为（200，200）、宽度与高度均为 150 的四边形的圆。

利用 SpriteNode 类实现动画效果

接下来，让我们尝试在游戏界面中添加动画效果。在 2D 游戏的制作中，我们可以通过动画功能让游戏中的人物动起来。在 scene 模块中，内置有用于实现此功能的 SpriteNode 类。这便是我们要用到的类。

首先，按照以下步骤，定义一个 SpriteNode 动画类对象，并进行初始化设置。

```
动画对象 = SpriteNode(图像文件名)
动画形象初始化设置 self.add_child(动画对象)
```

SpriteNode 的参数是需要动起来的图像文件。然后进行初始坐标、初始角度等初始化设置，并调用 add_child 函数，将设置好的动画形象添加到 MyScene 类对象中。

实现动画效果的程序代码如代码 8.8 sprite.py 所示。其运行结果如图 8.23 所示，游戏界面内，100 个动画形象在不断移动，并在碰到界面边界时朝相反方向移动。

图 8.23　代码 8.8 的运行结果，100 个动画形象在游戏界面内来回移动

代码 8.8　显示动画形象的程序代码 sprite.py

```
from scene import *
import random  # 导入 random 库用于生成随机数

class MyScene (Scene):
  def setup(self):
    self.background_color = 'midnightblue'
    shipcnt = 100  # 设置出现在游戏界面中的动画形象数量
    for i in range(shipcnt):
      # 生成动画形象 (SpriteNode 对象)
      ship = SpriteNode('spc:PlayerShip1Red')
      x = random.randrange(self.size.w)
      y = random.randrange(self.size.h)
      ship.position = x, y  # 设置动画形象的初始坐标
      # 设置动画形象的倾斜角度
      ship.rotation = random.randrange(360)
      # 设置动画形象的缩放倍数
      ship.scale = (random.randrange(3) + 1) / 2
      # 设置动画形象的移动速度
      ship.x1 = random.randrange(-3, 3)
      ship.y1 = random.randrange(-3, 3)
      self.add_child(ship)

  def update(self):
    # 在此循环体中，执行所有动画形象的移动操作
    for ship in self.children:
      x, y = ship.position  # 获取动画形象的坐标
      x += ship.x1  # 动画形象的原 x 坐标加上其移动速度在 x 轴上的分量
      y += ship.y1  # 动画形象的原 y 坐标加上其移动速度在 y 轴上的分量
      # 动画形象移动到界面的边界时执行的操作（改变速度的符号）
      if (x<=0) or (x>=self.size.w): ship.x1 *= -1
      if (y<=0) or (y>=self.size.h): ship.y1 *= -1
      ship.position = x, y  # 将动画形象的坐标更新为新的坐标

run(MyScene(), show_fps=True)  # 显示画面每秒传输帧数
```

在 setup 函数中，for 循环生成了 100 个动画图像。

```
for i in range(shipcnt):
  ship = SpriteNode('spc:PlayerShip1Red')
  动画初始化设置
  self.add_child(ship)
```

此处用于动画的图像是 Pythonista 中内置的“spc:PlayerShip1Red”——宇宙飞船图像。在 Pythonosta3 中，还预设有大量可用于射击游戏、拼图游戏以及卡牌游戏等游戏的图像与音效素材（见图 8.24）。

设置动画形象时可用的变量如下。

position 变量：设置动画形象的坐标 (x,y)

rotation 变量：设置动画形象的旋转角度（以度为单位）

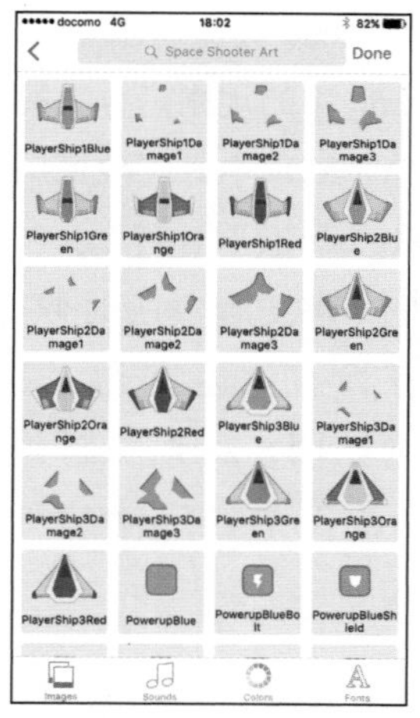
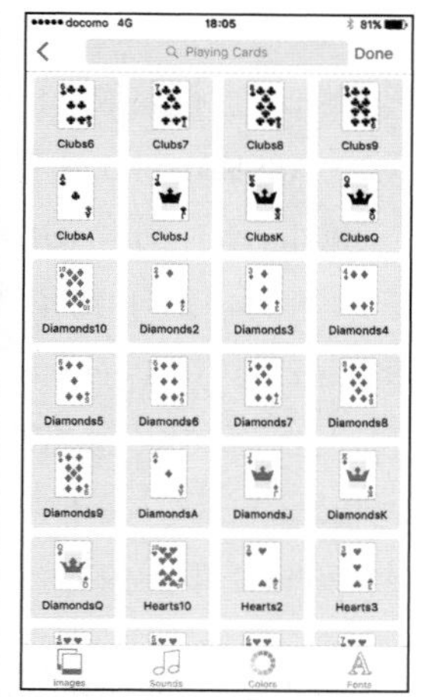

图 8.24 Pythonista3 中附带有很多可用于游戏开发的图像与音效

> scale 变量：设置动画形象的缩放倍数（为 1 则不进行缩放）

通过这些变量，我们可以设置动画形象的外观与移动轨迹。例如，设置 scale=2 时，动画形象会被放大为原图像的两倍。而我们需要做的，只是修改各个变量的值。这些修改会自动反映到游戏界面中的动画形象上。

在生成动画形象时，我们需要为这些变量设置初始值。如在代码 8.8 中，通过调用 random.random 函数，随机生成这些变量的初始值。而如果要调用 random.random 函数，就需要在程序一开始导入 random 模块。

x1 和 y1 是代表动画形象移动速度的变量，动态添加到动画形象（SpriteNode 对象）中。Python 中可以往对象中动态添加变量。

完成动画形象的初始化设置后，用 add_child 函数将其注册到 MyScene 对象中。此时，二者关系为：MyScene 对象为“父”，动画形象对象为“子”。可往父对象注册多个子对象。而且可以往子对象中注册“孙”对象。子对象可使用父对象的变量 children 进行引用。

看一下 update 函数。这个函数中用 for 循环改变创建的 100 个动画形象的坐标与速度。

```
for ship in self.children:
    x, y = ship.position
    改变动画形象的坐标与移动速度
    ship.position = x, y
```

由于 update 函数通常 1s 内运行 60 次，故 100 个动画形象应会一起移动。

仔细看图 8.23 的右下角，那里用小字显示着 fps（frames per second，帧 / 秒）——“60.0fps”。这是由于 run 函数的第二个参数中设置了“show_fps=True”。但是，fps 通常并非 60.0fps，在动画形象的个数增加得过多等情况下，运算量将变大，动画形象的移动也将变得缓慢。例如，当 fps 低至 30.0fps 时，update 函数在 1s 内便只会运行 30 次。

处理界面点击与加速度传感器

接下来讲解与用户输入相关的函数。这里设置从界面点击与加速度传感器获取输入。界面点击由 Scene 类所具有的以下函数族进行处理。这些函数对应各种点击状态的自动运行。

> touch_began 函数：在点击开始时运行
> touch_moved 函数：在手指移动时运行
> touch_ended 函数：点击结束时运行

滑动界面时依次运行 touch_began 函数 → touch_moved 函数 → touch_ended 函数。只是点击时则运行 touch_began 函数和 touch_ended 函数。换言之，在程序中改写这些函数，编写“点击或滑动时想要执行的操作”即可。

加速度传感器的值可使用“gravity”函数进行读取。使用方法如下。

```
x轴, y轴, z轴 = gravity()
```

3 个返回值的单位皆为加速度。加速度为 1 相当于重力加速度 9.8m/s^2。使用这些值可以检测 iPhone/iPad 的倾斜程度。

那么便来尝试制作点击与加速度传感器的测试程序，如代码 8.9 sensor.py 所示。图 8.25 所示为程序运行示例。点击界面，在点击位置绘制红色的圆形并显示坐标，同时显示加速度传感器的值与界面分辨率。

代码 8.9 中使用 touch_began 函数检测界面点击。

```
def touch_began(self, touch):
    self.tx, self.ty = touch.location
```

该函数的构造为：由于第二个参数 touch 所拥有的变量 location 中存储了点击位置的坐标，故从 location 中获取坐标。

画面分辨率引用 MyScene 对象所拥有的变量 size 进行获取。Python 中的规则是方法的第一个参数（self）中存储了对象本身，故可用“self.size.w”与“self.size.h”获取分辨率。

下面，终于到了正式开发游戏的时候。将 Part1 中用 Pygame 开发的“迷宫游戏”和“3D 高尔夫游戏”（见图 8.26）复制到 Pythonista 中。关于各个游戏的内容与程序可参考 Part1 中的内容。

复制“迷宫游戏”

这里的迷宫游戏是一款非常简单的游

代码 8.9　界面点击与加速度传感器的测试程序 sensor.py

```
from scene import *

class MyScene (Scene):
  def setup(self):
    self.tx = 0
    self.ty = 0

  def update(self):
    background('green')
    fill('red')
    # 在点击位置画圆
    ellipse(self.tx-25, self.ty-25, 50, 50)
    tmp = 'screen size w=' + str(self.size.w) + ' , h=' + str(self.size.h)
    # 显示画面分辨率
    text(tmp, font_size=48, x=400, y=700)
    tmp = 'touch x=' + str(self.tx) + ' , y=' + str(self.ty)
    # 显示点击位置坐标
    text(tmp, font_size=48, x=400, y=600)
    gx, gy, gz = gravity()  # 从加速度传感器获取值
    tmp = 'gravity x={:.2f}'.format(gx)
    tmp += ' , y={:.2f}'.format(gy)
    tmp += ' , z={:.2f}'.format(gz)
    # 显示加速度传感器的值
    text(tmp, font_size=48, x=400, y=500)

  # 界面点击开始时自动运行的函数
  def touch_began(self, touch):
    # 获取点击位置的坐标
    self.tx, self.ty = touch.location

run(MyScene())
```

screen size w=768.0 , h=1024.0
touch x=378.0 , y=307.0
gravity x=-0.12 , y=-0.94 , z=0.32

图 8.25　代码 8.9 运行示例

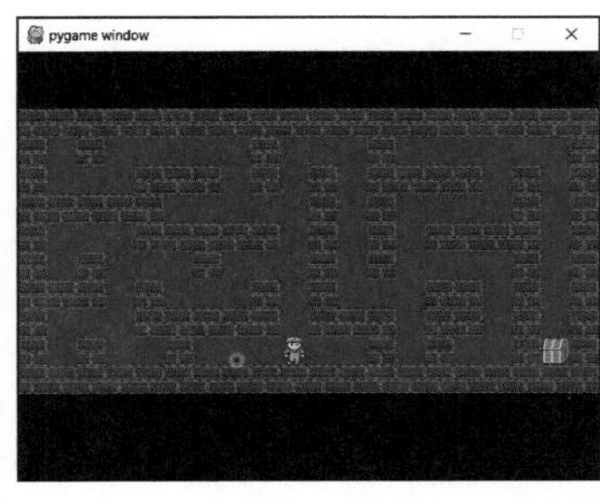

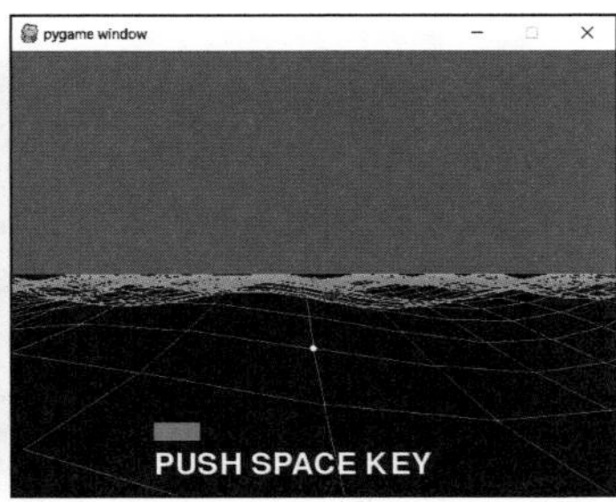

图 8.26　Part1 中用 Pygame 开发的“迷宫游戏”（左图）和“3D 高尔夫游戏”（右图）

戏——控制迷宫中的玩家，当玩家到达宝箱处时通关游戏，但它同时也是更为复杂的迷宫类游戏的基础。

Pygame 版中通过键盘控制玩家，而在 Pythonista3 版中将通过界面点击移动玩家。用户点击界面后玩家将往点击位置移动一格。此外，Pygame 版中当到达宝箱时显示“GOAL”，而 Pythonista3 中将使用“speech”模块发出“GOAL”的声音。发声操作十分简单，只需要导入 speech 模块后使用如下所示的“say”函数即可。

```
speech.say( 'GOAL' )
```

首先将之前创建的动画形象用图片文件传送到 iPad 上。使用的图片文件为砖块图片 block.png 以及宝箱图片 box.png、玩家图片 man.png。图片大小皆为 32 像素 ×32 像素，保存文件格式为 PNG。

有多种方法可以将图片传到 iPad 上，而作者是通过“Google Drive”完成的。顺序是将图片文件保存到 Google Drive 中后启动 Pythonista3，然后在文件浏览器中按“+”→“Import”→“File”顺序选择菜单。若已在 iPad 上安装了 Google Drive，菜单中将显示“Drive”选项，从中选择目标文件即可。如此便可将图片文件下载到 iPad 端。图 8.27 所示为下载完成后，图片文件已导入 Pythonista3 的状态下的界面。如此便可由程序处理图片文件。为了不与其他文件混淆，创建专用的“maze”文件夹保存文件。

Pythonista3 版本的迷宫游戏程序 maze.py 如代码 8.10 所示。

玩家与宝箱、砖块都使用动画形象进行呈现。若单独处理一个个砖块的动画形象则会增加界面滚动时的运算量。因此创建名为“ground”的父对象，将砖块的动画形象作为其子对象进行注册。如此，通过 ground 可以统一处理构成迷宫的所有砖块的动画形象。

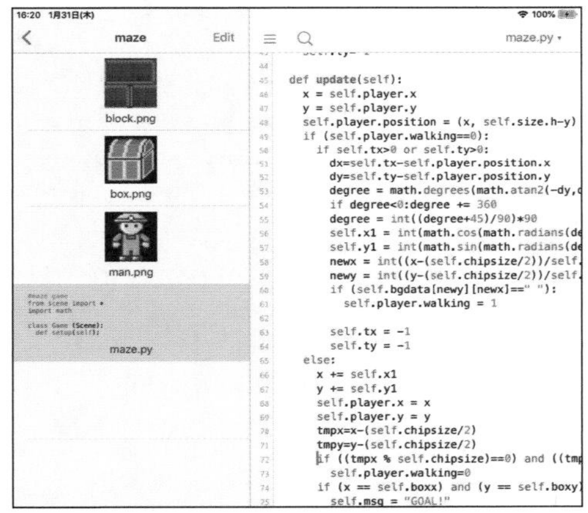

图 8.27　将游戏中使用的图片文件导入 Pythonista3

代码 8.10　Pythonista3 版迷宫游戏程序 maze.py

```
from scene import *
import math  # 数学函数
import speech  # 为发声操作而导入 speech 模块

class MyScene (Scene):
  def setup(self):
    self.bgdata = [  # 迷宫数据
      "11111111111111111111",
      "1 1     1   1      1",
      "1   111 1 1 1111 1 1",
      "11111     1 1    1 1",
      "1   11111 1 1 1111 1",
      "1 1   1   1 1    1 1",
      "111 1   1 1   11 1 1",
      "1   11111 111 11 1 1",
      "1 1  1      1 1  1 1",
      "11111111111111111111"]
```

代码 8.10 续

```
    self.background_color = 'black'
    self.chipsize = 32
    ground = Node(parent=self)  # 创建父对象
    for y in range(10):  # (Y)
      for x in range(20):  # (X)
        if (self.bgdata[y][x]==" "): continue
        tile = SpriteNode('block.png')
        tmpx = self.chipsize * x + (self.chipsize / 2)
        tmpy = self.size.h-(self.chipsize*y)-(self.
chipsize/2)
        tile.position = (tmpx, tmpy)
        ground.add_child(tile)  # 添加砖块动画形象

    box = SpriteNode('box.png')
    self.boxx = self.chipsize * 18 + (self.chipsize / 2)
    self.boxy = self.chipsize * 8 + (self.chipsize / 2)
    box.position = (self.boxx, self.size.h - self.boxy)
    ground.add_child(box)  # 添加宝箱动画形象
    self.player = SpriteNode('man.png')
    self.player.position = (0, 0)
    self.player.x = self.chipsize * 1 + (self.chipsize
/ 2)
    self.player.y = self.chipsize * 1 + (self.chipsize
/ 2)
    self.player.walking = 0
    self.add_child(self.player)  # 添加玩家动画形象
    self.tx = -1
    self.ty = -1

  def update(self):
    x = self.player.x
    y = self.player.y
    self.player.position = (x, self.size.h - y)
    if self.player.walking == 0:
      # 点击界面时的操作
      if self.tx > 0 or self.ty > 0:
        dx = self.tx - self.player.position.x
        dy = self.ty - self.player.position.y
        degree = math.degrees(math.atan2(-dy, dx))
        if degree < 0: degree += 360
        # 算出移动角度
        degree = int((degree + 45) / 90) * 90
        self.x1 = int(math.cos(math.radians(degree)))
        self.y1 = int(math.sin(math.radians(degree)))
        newx = int(x / self.chipsize) + self.x1
        newy = int(y / self.chipsize) + self.y1
        # 移动目的地无砖块的情况
        if self.bgdata[newy][newx] == " ":
```

ground 是属于 SpriteNode 类的父类——Node 类的对象，由以下方法创建。

```
ground = Node(parent=self)
```

在希望合并处理多个动画形象时，便可使用 Node 对象。

接下来讲解由点击位置坐标计算玩家移动角度的操作。这个操作中使用“math.atan2”函数，因此需要导入“math”模块。

math.atan2 函数可轻松计算两点之间的夹角，是在 2D 游戏编程中经常用到的函数。通过以下操作可以算出点击位置坐标（self.tx，self.ty）与玩家位置坐标（self.player.position.x，self.player.position.y）之间的夹角。

```
dx = self.tx -
self.player.
position.x
dy = self.ty -
self.player.
position.y
degree = math.
degrees(math.atan2
(-dy, dx))
```

故使用 math.atan2 函数可以轻松实现“朝敌方飞去的子弹”等效果。

求得的角度最终以 90° 为单位进行变换，从而控制玩家只朝 4 个方向移动。

在 Pythonista3 中运行

代码 8.10 续

```
          self.player.walking = 1  # 开始移动
        self.tx = -1
        self.ty = -1
    else:
      x += self.x1
      y += self.y1
      self.player.x = x
      self.player.y = y
      tmpx = (x - (self.chipsize / 2)) % self.chipsize
      tmpy = (y - (self.chipsize / 2)) % self.chipsize
      # 完成一格移动之后
      if tmpx == 0 and tmpy == 0:
        self.player.walking = 0  # 停止移动
      # 判断是否到达宝箱处
      if x == self.boxx and y == self.boxy:
        speech.say('GOAL')  # 发出“GOAL”声音

  # 界面点击开始时运行的函数
  def touch_began(self, touch):
    self.tx, self.ty = touch.location

run(MyScene())
```

maze.py 后如图 8.28 所示。由于是在屏幕较大的 iPad 上运行，故留白较多。读者可根据设备适当调整迷宫的大小。拓展迷宫数据 bgdata 的内容，并依此修改代码 8.10 中（*Y*）与（*X*）处的 for 循环次数，便可轻松制作大迷宫。

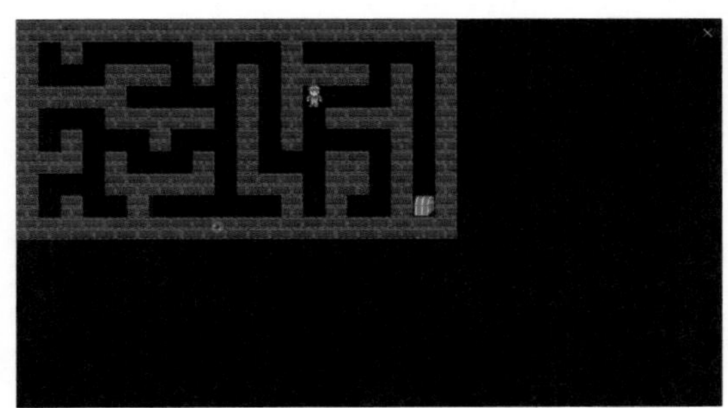

图 8.28 Pythonista3 版迷宫游戏的运行画面，若在 iPad 上运行将会有大量留白

复制“3D 高尔夫游戏”

接着将 3D 高尔夫游戏也复制到 Pythonista3 中。由于在 iPad 上运行的迷宫游戏有大量留白，故此次无论设备与界面方向如何，都将游戏界面铺满整个屏幕。

首先展示复制后的 3D 高尔夫游戏的界面，如图 8.29 所示。白色圆形为高尔夫球，红色圆形为球洞。高尔夫球场的地形以网架呈现。红色条形图表示击球力度，条形图长度随时间而变化。游戏秘诀是在适当的时机以合适的力度击球。球靠近球洞时游戏结束。在复制游戏时改变操作方式，Pygame 版中以键盘操作，而 Pythonista3 版中通过点击界面进行操作（见图 8.30）。

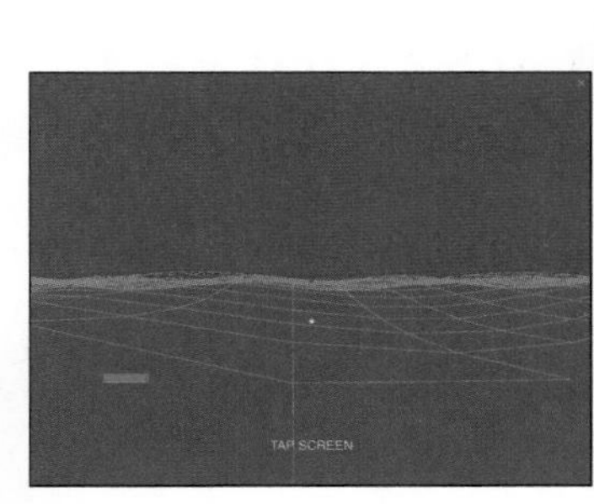

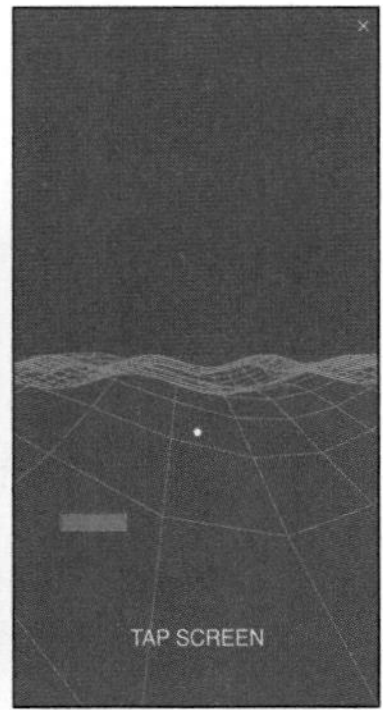

图 8.29 Pythonista3 版 3D 高尔夫游戏运行画面。左图为在 iPad 上的运行示例，右图为在 iPhone 上的运行示例。不论设备与屏幕方向如何，都将游戏界面铺满整个屏幕

> 点击界面左侧：将击球方向稍微左偏
> 点击界面中心：击球
> 点击界面右侧：将击球方向稍微右偏

Pygame 与 Pythonista3 中的绘图函数虽然不一样，但名称与语法格式都很相似，故能够顺利替换。例如，将 pygame.draw.line 函数和 pygame.draw.rect 函数分别替换为 line

代码 8.11　Pythonista3 版 3D 高尔夫游戏程序 golfgame.py

函数与 rect 函数。

而且，为了能够在设备和屏幕方向改变时都用整个屏幕绘制游戏界面，需要使用屏幕的宽度（w = self.size.w）与高度（h = self.size.h）绘制线条、圆形与四边形。

Pythonista3 版 3D 高尔夫游戏程序 golfgame.py 如代码 8.11 所示。读者可尝试进行改变高尔夫球场的地形。

```
from scene import *
import math

# 从角度与速度计算移动后坐标的函数
def moveangle(x, y, deg, speed):
  x += math.cos(math.radians(deg)) * speed
  y += math.sin(math.radians(deg)) * speed
  return x, y

# 求取两点间角度与距离的函数
def getdist(xa, ya, xb, yb):
  dx = xa - xb
  dy = ya - yb
  tempdeg = math.degrees(math.atan2(dy, dx))
  tempdist = math.sqrt(dx * dx + dy * dy)
  return tempdist, tempdeg

# 将 3D 坐标转换为 2D 坐标的函数
def getxy(x, y, z, cx, cy, cdeg, w, h):
  if x<0 or x>49 or y<0 or y>49: return
  -999, -999
  dist, deg = getdist(x, y, cx, cy)
  deg = deg - cdeg
  if deg > 180: deg -= 360
  if deg < -180: deg += 360
  if abs(deg) > 60: return -999, -999
  if dist == 0: dist = 0.01
  gx = (deg * (w / 2) / 45) + (w / 2)
  gy = (h / 2) + (z * 120 / dist)
  return gx, h - gy

class MyScene (Scene):
  def setup(self):
    self.mapdata = ¥
      [[0 for i in range(50)] for j in range(50)]
    for y in range(50):
      for x in range(50):
        z = math.cos(math.radians(x * 30)) + ¥
          math.cos(math.radians(y * 40))
        self.mapdata[x][y] = z  # 创建地形数据

    self.cdeg = 0  # 相机角度
    self.cx = 0  # 相机 X 坐标
    self.cy = 0  # 相机 Y 坐标
    self.cz = 0  # 相机 Z 坐标
    self.bx = 2  # 高尔夫球 X 坐标
    self.by = 24  # 高尔夫球 Y 坐标
    self.bz = 0  # 高尔夫球 Z 坐标
    self.bdeg = 0  # 高尔夫球的角度
    self.ex = 40  # 球洞 X 坐标
    self.ey = 26  # 球洞 Y 坐标
    self.ez = self.
mapdata[self.ex][self.ey]
    self.tx = -1
    self.ty = -1
    self.seq = 0
    self.msg = ''

  def update(self):
    w = self.size.w  # 显示的
界面的宽度
    h = self.size.h  # 显示的
界面的高度
    fill('blue')
    rect(0, h/2, w, h/2)
    fill('green')
    rect(0, 0, w, h/2)
    stroke('lime')
    stroke_weight(1)
    for mode in range(2):
      for j in range(50):
        x2 = -999
        y2 = -999
        for i in range(50):
          if mode:
            x = i
            y = j
          else:
            x = j
            y = i
          z = self.mapdata
[x][y] - self.cz
          x1, y1 = getxy
(x, y, z, self.cx, self.cy, ¥
            self.cdeg, w, h)
```

代码 8.11 续

```
      # 绘制地形
      if x1 > -999 and x2 > -999: line(x1, y1, x2, y2)
      x2 = x1
      y2 = y1
z = self.bz - self.cz
gx, gy = getxy(self.bx, self.by, z, self.cx, self.cy, ¥
  self.cdeg, w, h)
fill('white')
ellipse(gx-5, gy-5, 10, 10)  # 绘制高尔夫球
z = self.ez - self.cz
gx, gy = getxy(self.ex, self.ey, z, self.cx, self.cy, ¥
  self.cdeg, w, h)
fill('red')
ellipse(gx-5, gy-5, 10, 10)  # 绘制球洞
if self.seq == 0:
  self.dist, self.cdeg = ¥
    getdist(self.ex, self.ey, self.bx, self.by)
  self.bz = self.mapdata[int(self.bx)][int(self.by)]
  self.bspeed = 0
  self.bz1 = 0
  self.seq += 1
elif self.seq == 1:
  self.cx, self.cy = ¥
    moveangle(self.bx, self.by, self.cdeg + 180, 3)
  self.cz = self.bz - 2
  self.bspeed += 0.05
  if self.bspeed > 1: self.bspeed = 0
  fill('red')
  # 以条形图显示力度
  rect(w/8, h/4, self.bspeed*100, 20)
```

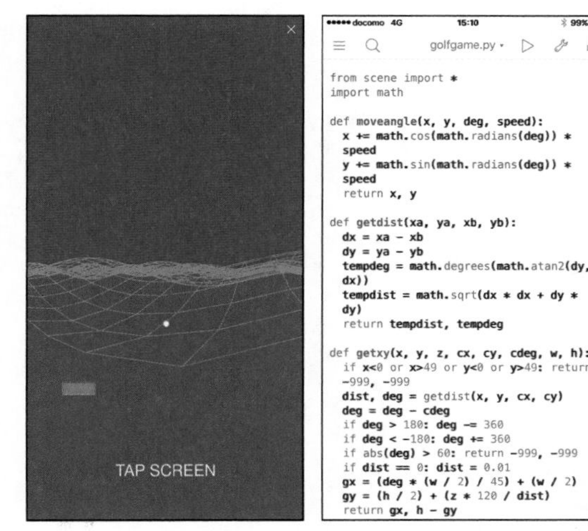

TAP SCREEN　　**编程过程中的界面**

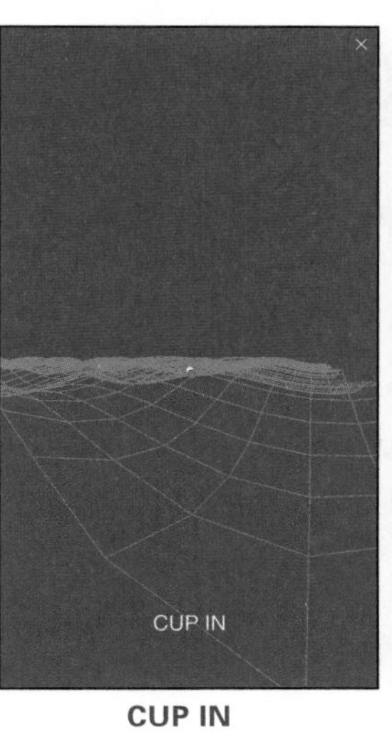

CUP IN

OB

图 8.30　通过点击界面左侧或右侧，改变击球方向

代码 8.11 续

```
      self.msg = "TAP SCREEN"
      if self.tx != -1:  # 点击界面时的操作
        if self.tx < (w/3):
          self.cdeg -= 2
        elif self.tx > (w*2/3):
          self.cdeg += 2
        else:
          self.bdeg = self.cdeg  # 决定发球角度
          self.bz1 = -self.bspeed  # z 方向上的发球速度
          self.cx, self.cy = ¥
            moveangle(self.bx, self.by, self.bdeg+60, 15)
          self.dist, self.cdeg = ¥
            getdist(self.bx, self.by, self.cx, self.cy)
          self.seq += 1
      self.tx = -1
      self.ty = -1
    elif self.seq == 2:
      self.bx, self.by = ¥
        moveangle(self.bx, self.by, self.bdeg, self.bspeed)
      self.cx, self.cy = ¥
        moveangle(self.cx, self.cy, self.bdeg, self.bspeed)
      if self.bx<0 or self.by<0 or self.bx>49 or self.by>49:
        self.msg = "OB"
        self.seq += 1
      gz = self.mapdata[int(self.bx)][int(self.by)]
      # 判断高尔夫球是否碰触地面
      if gz < (self.bz + self.bz1): self.bz1 *= -0.7
      self.bspeed *= 0.96
      self.bz += self.bz1
      self.bz1 += 0.05
      self.dist, self.deg = ¥
        getdist(self.bx, self.by, self.ex, self.ey)
      # 判断高尔夫球是否碰触球洞
      if self.dist < 0.4 and abs(self.bspeed) < 0.1:
        self.msg = "CUP IN"
        self.seq += 1
      elif abs(self.bspeed) < 0.02:
        self.bspeed = 0
        self.seq = 0
    text(self.msg, font_size=24, x=w/2, y=h/10)

  # 点击界面时运行的函数
  def touch_began(self, touch):
    self.tx, self.ty = touch.location

run(MyScene())
```

第9章 用树莓派[①]开发游戏

Part 1 用 Pygame+ 陀螺仪传感器开发高尔夫游戏

第 9 章中将使用小型、低价的计算机“树莓派”（Raspberry Pi）开发游戏。不仅是开发游戏软件，还希望在电子工程中自制专用的控制器。本章将带领读者一边享受游戏，一边掌握两种技能——编程与电子工程。

本节将使用编程语言“ Python ”与其库“ Pygame”，以及电子元件“陀螺仪传感器”开发高尔夫游戏。图 9.1 所示为游戏完成图，用 2D 图形代表高尔夫球与球洞。由于希望程序尽可能短小简洁，故仅将草坪作为背景，所用的球杆也只是推杆[②]。

作为击球工具，自制“推杆型控制器”。设置高尔夫球滚动的方向与距离都根据推杆型控制器的挥杆方式而变化。描绘在草坪上的“ V ”形符号代表“草的方向”，高尔夫球将边受草方向的影响边滚动。球进洞时游戏通关。

使用的 Pygame 为面向 2D 游戏的 Python 库，可谓是游戏开发中必不可少的库。该库具备了 2D 图形绘制、音效播放与游戏手柄检测等许多在游戏开发中发挥作用的功能。由于用于树莓派的系统 Raspbian 中自带有 Python 与 Pygame，故无须安装便可使用 Pygame 进行编程。

自制推杆型控制器

开始开发游戏。首先自制推杆型控制器，准备以下元件。

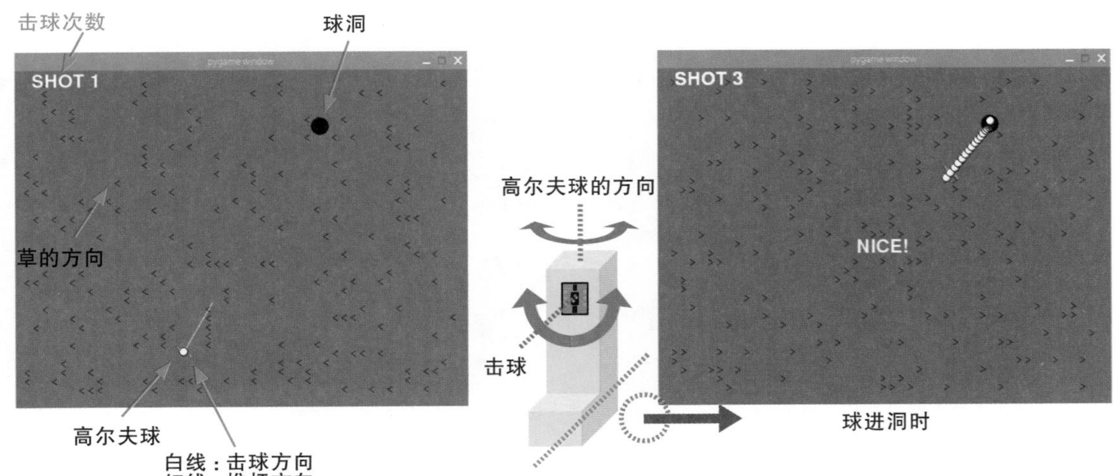

图 9.1　此次开发的高尔夫游戏的完成图

① 译者注：Raspberry Pi 的中文名为“树莓派”，简写为 RPi（或 RasPi/RPI），是为学习计算机编程教育而设计、只有信用卡大小的微型计算机。

② 译者注：高尔夫球杆按用途不同有不同的杆头形状和杆身长度。由此大致可分为木杆、铁杆、挖起杆以及推杆。

- 陀螺仪传感器 1 个（见图 9.2）
- 面包板[①]1 个（见图 9.3）
- 跳线[②]（导线，正极 * 负极）12 根（见图 9.3）
- 瓦楞纸板 1 张（见图 9.4）

陀螺仪传感器等电子元件可从名为“秋月电子通商”的电子元件商店买到。

陀螺仪传感器使用名为“BMX055 九轴传感器模块”的产品。价格为 1280 日元[③]。这是秋月电子通商的原创产品，安装有 Bosch Sensortec 的名为“BMX055”的元件。实际上，BMX055 具备加速度传感器、陀螺仪传感器与地磁传感器 3 种传感器。由于每一个传感器都可以检测出 3 根轴上的数据，而 3×3=9，故作为 9 轴传感器使用。虽然有些浪费，但此次只使用陀螺仪传感器。

BMX055 的工作电压为 3.3V 或 5V。由于通信方式采用“I2C[④]”，故可以直接连接树莓派的 GPIO 接口[⑤]并使用。

陀螺仪传感器可以检测传感器本身的“旋转动作”。此外，加速度传感器可检测直线运动。

更准确地说，陀螺仪传感器检测的是“角加速度”。角加速度即“角速度”的变化量。而若要说角速度是什么，其实就是旋转速度。例如物体 1 秒内旋转 180 度时，其角速度可表示为“180 度 / 秒”。由于 BMX055 可根据角加速度自动计算角速度，故处理起来十分方便。

图 9.5 所示为推杆型控制器的电路图。用 4 条线连接陀螺仪传感器与树莓派的 GPIO 接口。陀螺仪传感器的各个接线柱如下所示分配功能。

1 号柱：GND（接地端）

2 号柱：SDA（用于 I2C 通信数据）

3 号柱：SCL[⑥]（用于 I2C 通信时钟）

4 号柱：VCC（5V 用电源）

5 号柱：VCCIO（信号用电源）

6 号柱：3V3（3.3V 用电源）

SDA 与 SCL 是用于进行 I2C 通信的接线

图 9.2　游戏中使用的陀螺仪传感器“BMX055 9 轴传感器模块”

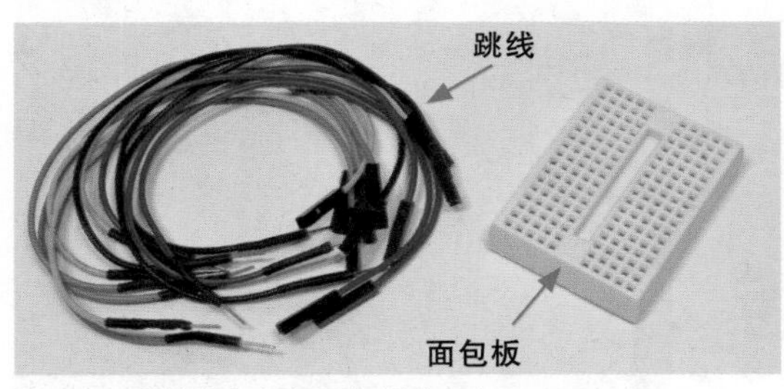

图 9.3　跳线（左）与面包板（右）

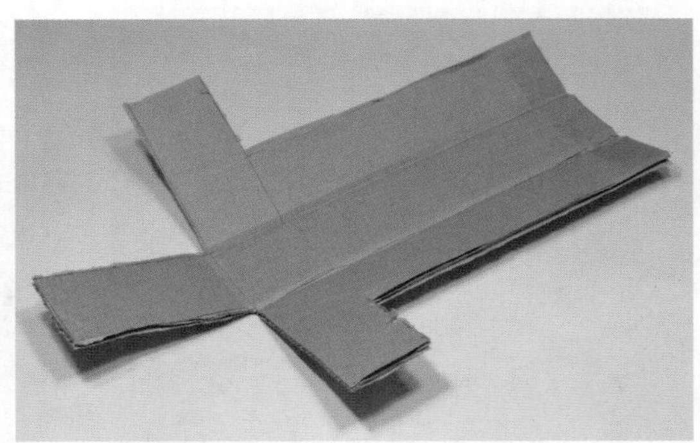

图 9.4　瓦楞纸板

① 译者注：面包板专为电子电路的无焊接实验而设计。其上有许多小插孔，各种电子元件可根据需要随意插入或拔出。
② 译者注：跳线即连接电路板两需求点的金属连接线。
③ 译者注：约 76 元人民币。
④ 译者注：I2C 总线是一种双向二线制同步串行总线。它只需两根线即可在连接于总线上的器件之间传送信息。
⑤ 译者注：通用输入输出接口。GPIO 为“General-purpose input/output”的缩写。
⑥ 译者注：I2C 总线由数据线 SDA 和时钟信号线 SCL 构成串行总线。

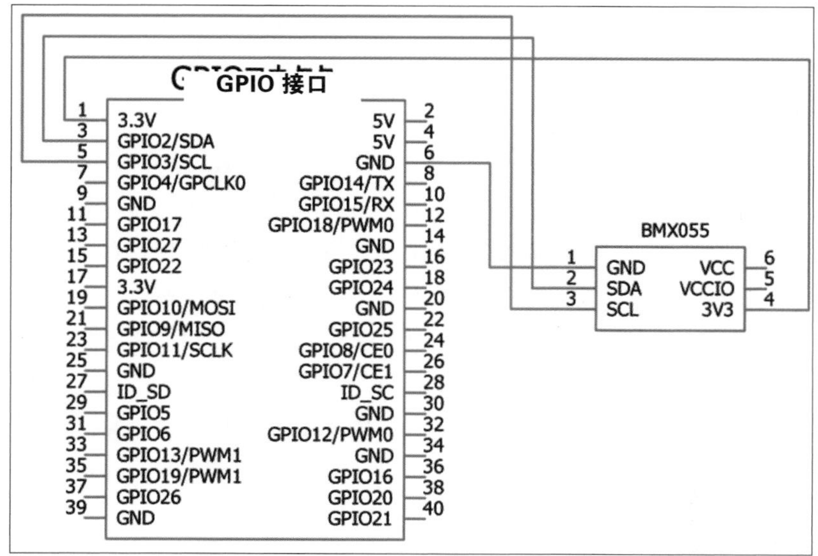

图 9.5 推杆型控制器电路图

柱，将它们连接到 GPIO 接口中名字相同的接线柱上。

由于该陀螺仪传感器可在 3.3V 或 5V 的电压下工作，故电源用接线柱有 VCC、VCCIO 和 3V3 这 3 种。此处由于在 3.3V 电压下工作，故使用 3V3 接口。GND 是接地端，连接到 GPIO 接口的 GND 上。

陀螺仪传感器中有 2 个带有 1×3 根接线柱的排针①。刚买回来时排针尚未连接，故需要如图 9.6 所示的焊接排针。进行焊接需要电子工程用的焊锡与焊烙铁，且排针需尽可能垂直于陀螺仪传感器的安装。

图 9.6 用焊锡安装排针后的陀螺仪传感器

这里有个稍微麻烦的步骤。为了让陀螺仪传感器能在 3.3V 电压下工作，需要将陀螺仪传感器内侧的一个名为“JP7”的接线柱短路。图 9.7 所示为短路后的状态。由于接线柱与两个铜箔相邻，故用焊锡连接铜箔。焊接的焊锡长度约为 1mm。在此次的游戏开发中，此步骤是技术上最难的部分。元件太小无法看清时可用放大镜协助作业。

图 9.7 陀螺仪传感器的内侧，用焊锡将“JP7”板短路

最后如图 9.8 所示组装各个元件。使用胶带将瓦楞纸板做成箱子的形状。其中安装

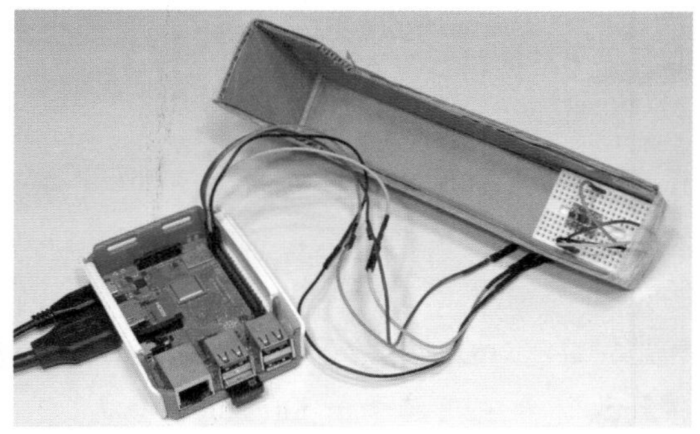

图 9.8 完成的推杆型控制器

① 译者注：排针是连接器的一种，其作用是在电路内被阻断处或孤立不通的电路之间，起到桥梁的功能，担负起电流或信号传输的任务。

陀螺仪传感器与面包板。陀螺仪传感器与树莓派的连接使用跳线。若只用一根跳线则太短，无法挥动控制器，因此在每个接口上都将 3 根跳线连接起来加长后再使用。如此便完成了推杆型控制器的制作。

陀螺仪传感器的测试程序

为了测试推杆型控制器是否能够如设想般运作，尝试编写一个陀螺仪传感器的测试用程序。

首先从 Raspbian 的设置开始。OS 的初始化设置中无法使用 I2C，故需要依照以下步骤启用 I2C。

从位于桌面界面左上角的主菜单中选择“首选项”→“ Raspberry Pi Configuration ”。在弹出的设置用对话框中点击“Interfaces”标签。如此便会出现设置选项界面。在界面中将“ I2C ”设为“ Enable ”。最后点击“ OK ”按钮。为以防万一，在主菜单中选择“ Shutdown ”→“ Reboot ”，重新启动 Raspbian。如此便完成了启用 I2C 的设置。

接着，编写程序。在桌面上的主菜单中选择“编程”→“Python3(IDLE)”。由此启动名为“ IDLE ”的 Python 综合开发环境。启动后从菜单栏中选择“ File ”→“ New File ”，将出现编辑器。使用该编辑器输入程序。

代码 9.1 为完成的用于测试传感器行为的程序 gyrotest.py。在 Python 中进行 I2C 通信时，使用名为“ smbus ”的库。这个库和 Python 一样是树莓派自带的，故无须安装。程序开头部分中通过“ import smbus ”语句使程序中可以使用该库。然后用以下代码创建 I2C 用的“ bus ”对象（SMBus 对象）。

```
bus = smbus.SMBus(1)
```

在定义的“ bmx055_init ”函数中，进行 I2C 通信并初始化陀螺仪传感器。该函数中使用用于 I2C 通信的“ write_byte_data ”函数，将数据一字节一字节地从树莓派传递给陀螺仪传感器。传送内容为陀螺仪传感器的各项设置的值。具体而言，即“测量范围”“数据输出周期”与“电源模式”3 项设置。

测量范围即陀螺仪传感器能够测量的角速度的范围。为了即使在快速挥动推杆时也能检测到角速度，将测量范围设为 -500~500 度 / 秒。

在其后定义的“ bmx055_gyro ”函数中，进行陀螺仪传感器的测量操作。陀螺仪传感器可检测 3 根轴——俯仰轴、横滚轴与航向轴。此处如图 9.9 所示，将 3 根轴分别称为：俯仰

代码 9.1　gyrotest.py，用于测试陀螺仪传感器的程序

```
# Gyro test
import pygame
import smbus
import time
import math

WHITE = (255, 255, 255)
BLACK = (0, 0, 0)
i2cadr = 0x69  陀螺仪传感器的I2C地址
bus = smbus.SMBus(1)

def bmx055_init():  # 陀螺仪传感器初始化
  # Range : Full scale = +-500 degree/s
  bus.write_byte_data(i2cadr, 0x0F, 0x02)
  # Bandwidth : ODR = 100Hz
  bus.write_byte_data(i2cadr, 0x10, 0x07)
  # LPM1 : Normal mode, Sleep duration = 2ms
  bus.write_byte_data(i2cadr, 0x11, 0x00)
  time.sleep(0.5)

def bmx055_gyro():  # 读取陀螺仪传感器
  data = bus.read_i2c_block_data(i2cadr, 0x02, 6)
  xgyro = (data[1] * 0x100) + data[0]
  if (xgyro > 32767):  xgyro -= 65536
  ygyro = (data[3] * 0x100) + data[2]
  if (ygyro > 32767):  ygyro -= 65536
```

代码 9.1 续

```
  zgyro = (data[5] * 0x100) + data[4]
  if (zgyro > 32767):  zgyro -= 65536
  xgyro = xgyro * 500 / 32767  # Change scale
  ygyro = ygyro * 500 / 32767  # Change scale
  zgyro = zgyro * 500 / 32767  # Change scale
  return(xgyro, ygyro, zgyro)

def putangle(ax,ay,ang,text):  # 显示角度
  bx = ax + math.cos(math.radians(ang)) * 80
  by = ay + math.sin(math.radians(ang)) * 80
  pygame.draw.circle(screen, WHITE, (ax, ay), 80, 1)
  pygame.draw.line(screen, WHITE, (ax, ay), (bx, by))
  imagetext=myfont.render(text+str(int(ang)),True,WHITE)
  screen.blit(imagetext, (ax - 40, ay + 100))

bmx055_init()
pygame.init()
WIDTH = 640
HEIGHT = 480
screen = pygame.display.set_mode((WIDTH, HEIGHT))
myfont = pygame.font.Font(None, 40)
myclock = pygame.time.Clock()
gx = 0
gy = 0
gz = 0
endflag = 0
while endflag == 0:
  for event in pygame.event.get():
    if event.type == pygame.QUIT: endflag=1

  x, y, z = bmx055_gyro()  # 读取陀螺仪传感器
  gx = gx + (x / 30)
  gy = gy + (y / 30)
  gz = gz + (z / 30)
  screen.fill(BLACK)
  putangle(100, 150, gx, "X(PITCH):")
  putangle(300, 150, gy, "Y(ROLL):")
  putangle(500, 150, gz, "Z(YAW):")
  myclock.tick(30)
  pygame.display.flip()
pygame.quit()
```

*X*轴（俯仰轴） *Y*轴（横滚轴） *Z*轴（航向轴）

1号柱

图 9.9 陀螺仪传感器可检测的 3 根轴

轴 =*X* 轴，横滚轴 =*Y* 轴，航向轴 =*Z* 轴。

在树莓派上接收陀螺仪传感器的测量值需使用“read_i2c_block_data”函数。运行该函数后，包含返回值的变量 data 中存储了以下内容。

data[0]: *X* 轴低 8 比特数据
data[1]: *X* 轴高 8 比特数据
data[2]: *Y* 轴低 8 比特数据
data[3]: *Y* 轴高 8 比特数据
data[4]: *Z* 轴低 8 比特数据
data[5]: *Z* 轴高 8 比特数据

各轴的值被称为“计数值”。每条轴的计数值都为高 8 比特 + 低 8 比特 =16 比特。取值范围为 0x0000(0)~0xFFFF(65535)。根据检测到的旋转方向，计数值可能为负数。这里稍微有些复杂的一点是，当值为负数时用“二补数[①]”来表示。因此，在程序中将值与 0x7FFF(32767) 进行比较，大于 0x7FFF 时判断为负数。

当值被判断为负数时，将其减去 65 535，即可将其转换为带负号的值。即将 0~65 535 范围内的值（负数用二补数表示）转换为 -32 768~+32 768 范围内的值（负数用负号表示）。

而为了将计数值转换为度数需要执行以下计算。

角速度 = 计数值 ×500÷32 767

如此，终于可以用熟悉的形式处理角速

① 译者注：二补数是一种用二进制表示带正负号的数字的方法。

度值了。此处角速度的单位为“角度 / 秒”。因此，每隔一段时间计算角速度的合计，便可软件性地计算陀螺仪传感器的当前角度。代码 9.1 中以每秒 30 次的频率重复进行合计。由于若直接将角速度进行相加求和，则算出的角度会太大，故除以 30 后再进行相加求和。

图 9.10 所示为 gyrotest.py 的运行画面，显示陀螺仪传感器的 *X* 轴、*Y* 轴与 *Z* 轴的角度。旋转陀螺仪传感器，角度将随之改变。但这个方法存在一个问题。即陀螺仪传感器的角度和实际的角度会逐渐产生偏差。这是由于陀螺仪传感器的角速度存在微小误差，而这些微小误差会逐渐积累。之后将介绍这个角度偏差的处理方法。

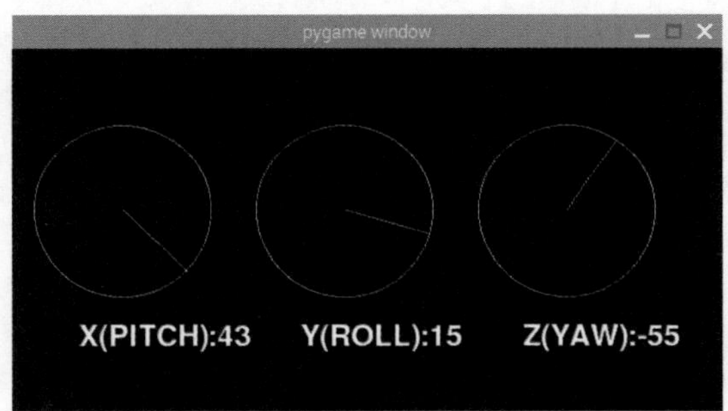

图 9.10　代码 9.1 运行结果，显示陀螺仪传感器所测到的角度

完成高尔夫游戏

下面便来制作高尔夫游戏程序。游戏程序如代码 9.2 中的 puttergolf.py 所示。陀螺仪传感器的初始化与测量操作由与 gtrotest. py 中一样的函数进行。

陀螺仪传感器的测量值中只使用 *Z* 轴与 *Y* 轴的值。主循环每运行一次便合计一次测出的角速度，从而得到陀螺仪传感器的理论角度。*Z* 轴角度在推杆型控制器为垂直状态时视为 0°。击球时向上挥动控制器则角度变为负数，向下挥动控制器则角度变为正数。*Z* 轴角度大于 5° 时判断为击到球。以那一

代码 9.2　puttergolf.py，高尔夫游戏程序

```
# PUTTER GOLF
import pygame
import smbus
import time
import math
import random
WHITE = (255, 255, 255)
BLACK = (0, 0, 0)
GREEN = (0, 128, 0)
RED = (255, 0, 0)
i2cadr = 0x69  # 陀螺仪传感器的I2C地址
bus = smbus.SMBus(1)

def bmx055_init():  # 陀螺仪传感器初始化设置
  # Range:Full scale = +-500 degree/s
  bus.write_byte_data(i2cadr, 0x0F, 0x02)
  # Bandwidth:ODR=100 Hz
  bus.write_byte_data(i2cadr, 0x10, 0x07)
  # LPM1:Normal mode, Sleep duration=2ms
  bus.write_byte_data(i2cadr, 0x11, 0x00)
  time.sleep(0.5)
```

瞬间的角速度为基础求高尔夫球的移动速度。由此可知，越快速挥动控制器则球飞得越远。

在击中球的瞬间，将 *Y* 轴角度代入高尔夫球飞出的角度。*Y* 轴在控制器完全朝正前方的状态下视为 0°。控制器朝右时角度为正数值，朝左时角度为负数值。

虽然陀螺仪传感器的角度存在随时间产生偏差的问题，但有两种方法可以解决。一是当不挥动控制器时将 *Z* 轴恢复成 0°。通过比较 *Z* 轴的角速度可以判断是否正在挥动控制器。另一个方法是在击球之前将角度重置为 0°。

高尔夫球的移动所需要的变量如下所示。

高尔夫球的 *X* 坐标与 *Y* 坐标（变量 bx 与 by）

高尔夫球的移动角度（变量 ballangle）

高尔夫球的速度（变量 ballspd）

在这个游戏中，高尔夫球只是滚动，故无须 *Z* 坐标。高尔夫球移动后的坐标可用以下表达式求取。

代码 9.2 续

```
def bmx055_gyro():  # 读取陀螺仪传感器
  data = bus.read_i2c_block_data(i2cadr, 0x02, 6)
  xgyro = (data[1] * 0x100) + data[0]
  if (xgyro > 32767):  xgyro -= 65536
  ygyro = (data[3] * 0x100) + data[2]
  if (ygyro > 32767):  ygyro -= 65536
  zgyro = (data[5] * 0x100) + data[4]
  if (zgyro > 32767):  zgyro -= 65536
  xgyro = xgyro * 500 / 32767  # Change scale
  ygyro = ygyro * 500 / 32767  # Change scale
  zgyro = zgyro * 500 / 32767  # Change scale
  return(xgyro, ygyro, zgyro)

def drawtext(x,y,text):  # 显示文字
  imagetext = myfont.render(text, True, WHITE)
  screen.blit(imagetext, (x, y))

bmx055_init()
pygame.init()
WIDTH = 800
HEIGHT = 600
screen = pygame.display.set_mode((WIDTH, HEIGHT))
myfont = pygame.font.Font(None, 48)
myclock = pygame.time.Clock()
sz = 16   # 草的间隔
CUPR =16  # 球洞半径
bgsurface=pygame.Surface((WIDTH,HEIGHT),pygame.SRCALPHA)
endflag = 0

while endflag == 0:
  bx = random.randint(100, WIDTH - 200)   # 高尔夫球坐标
  by = HEIGHT - 100
  bgsurface.fill(GREEN)
  bgw = int(WIDTH / sz)
  bgh = int(HEIGHT / sz)
  bg = [0 for i in range(bgh)] for j in range(bgw)]
  a = random.randint(1, 8) * 45
  for i in range(200):  # 绘制草
    mx = random.randint(0, bgw - 3) + 1
    my = random.randint(0, bgh - 3) + 1
    if bg[mx][my] > 0: continue
    bg[mx][my] = a
    x = (mx * sz) + int(sz / 2)
    y = (my * sz) + int(sz / 2)
    ax = x + (math.cos(math.radians(a)) * 8)
    ay = y + (math.sin(math.radians(a)) * 8)
    x1 = (math.cos(math.radians(a + 90)) * 5)
```

求高尔夫球 X 坐标的表达式

```
bx = bx + math.cos(math.radians(ballangle)) * ballspd
```

求高尔夫球 Y 坐标的表达式

```
by = by + math.sin(math.radians(ballangle)) * ballspd
```

“math.cos”是求余弦的函数，“math.sin”是求正弦的函数。这些被称为三角函数。math.cos 函数与 math.sin 函数的参数必须为“弧度”。因此，使用“math.radians”函数进行角度到弧度的转换。高尔夫球在球场上滚动时，移动速度将一点点地逐渐变慢。此效果只需用一行表达式即可实现。表达式如下所示。

将高尔夫球减速 5% 的表达式：

```
ballspd = ballspd * 0.95
```

将当前速度乘以 0.95，即减速 5%。

重现像“高尔夫”的球运动

在此游戏中，当高尔夫球飞过草上方时，将根据草的方向，重现现实中高尔夫球偏离原前进方向的动作。图 9.11 所示为将该操作图像化后的示例，将球的移动角度朝草的角度方向靠近。

图 9.12 所示为高尔夫球实际偏离的画面。高尔

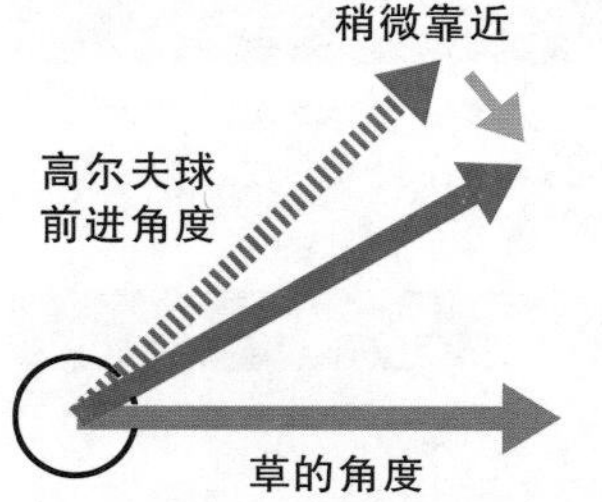

图 9.11　补充修正高尔夫球前进方向的操作

夫球角度的改变量与主循环的执行次数成比例。因此，当高尔夫球快速移动时偏离较小。反之，当高尔夫球缓慢移动时偏离较大。

在其他场景中也执行改变高尔夫球方向的操作。当高尔夫球进入球洞时，高尔夫球的移动角度将朝向球洞中心的角度靠近。高尔夫球的减速也非一步到位，而是一点点逐步减速。高尔夫球的移动速度过快时将如图 9.13 所示飞出球洞。即使不进行诸如严密的物理计算等复杂处理，稍微花些工夫便可再现和现实中的高尔夫球相似的高尔夫球运动轨迹。

图 9.14 所示为实际玩游戏时的情景。挥动推杆型控制器，高尔夫球将开始滚动。只有正确挥动控制器时高尔夫球才会朝目标滚动，故这里完成了一款有趣的游戏。只是，或许连接树莓派与控制器的跳线再长一些会更好，因为跳线短时无法尽情挥动控制器。为了愉快地玩耍，似乎还需要进一步改良游戏。

代码 9.2 续

```
    y1 = (math.sin(math.radians(a + 90)) * 5)
    pygame.draw.line(bgsurface,BLACK,(ax,ay),(x+x1,y+y1))
    pygame.draw.line(bgsurface,BLACK,(ax,ay),(x-x1,y-y1))

  cx = random.randint(100, WIDTH - 200)
  cy = 100
  # 绘制球洞
  pygame.draw.circle(bgsurface, BLACK, (cx, cy), CUPR)
  ballangle = 0
  headroll = 0
  headyaw = 0
  seq = 0
  shot = 1
  resetcnt = 0
  while endflag == 0:
    if seq!=2: screen.blit(bgsurface, (0, 0)) # put BG
    for event in pygame.event.get():
      if event.type == pygame.QUIT: endflag = 1
    # 读取陀螺仪传感器
    gx1, gy1, gz1 = bmx055_gyro()
    headroll = headroll + (gy1 / 30)  # 改变推杆的X轴角度
    headyaw = headyaw + (gz1 / 30)    # 改变推杆的Y轴角度
    if abs(gz1) < 30:
      resetcnt = resetcnt + 1
      # 返回原点
      if resetcnt > 60: headyaw = 0.95 * headyaw
    else:
      resetcnt = 0

    drawtext(30, 0, "SHOT " + str(shot))
    dx = cx - bx
    dy = cy - by
    # 高尔夫球与球洞的距离
    dist = math.sqrt((dx * dx) + (dy * dy))
    # 高尔夫球与球洞的角度
    cupangle = math.degrees(math.atan2(dy, dx))
    if seq==0: # 初始化
      headroll = cupangle
      headyaw = 0
      seq = 1
    elif seq==1: # 正在挥杆
      x = bx + math.cos(math.radians(headroll)) * 100
      y = by + math.sin(math.radians(headroll)) * 100
      pygame.draw.line(screen, WHITE, (x,y), (bx,by), 2)
      x = bx+math.cos(math.radians(headroll))*headyaw*2
      y = by+math.sin(math.radians(headroll))*headyaw*2
      x1 = math.cos(math.radians(headroll + 90)) * 15
      y1 = math.sin(math.radians(headroll + 90)) * 15
      pygame.draw.line(screen,RED,(x+x1,y+y1),(x-x1,y-y1),5)
```

代码 9.2 续

```
    if (gz1>10) and (headyaw>5):  # 推杆击中高尔夫球
      ballangle = headroll
      ballspd = (gz1 / 10)
      seq = 2
  elif seq==2:  # 高尔夫球移动操作
    if ballspd < 0.1:  # 高尔夫球停止移动
      if dist < CUPR:
        drawtext(int(WIDTH/2-50),int(HEIGHT/2), "NICE!")
        seq = 3
      else:
        shot = shot + 1
        seq = 0
    else:
      if dist < CUPR:  # 根据高尔夫球的角度改变高尔夫球的方向
        a1 = cupangle - ballangle
        if a1 > 180: a1 = a1 - 360
        if a1 < -180: a1 = a1 + 360
        ballangle = ballangle + (a1 / 10)
        ballspd = ballspd * 0.8

      a = bg[int(bx/sz)][int(by/sz)]
      if a > 0:  # 根据草改变高尔夫球的方向
        a1 = a - ballangle
        if a1 > 180: a1 =a1 - 360
        if a1 < -180: a1 = a1 + 360
        ballangle = ballangle + (a1 / 50)

    ballspd = ballspd * 0.95  # 高尔夫球减速
    bx = bx+math.cos(math.radians(ballangle))*ballspd
    by = by+math.sin(math.radians(ballangle))*ballspd

  if bx < 8: bx = 8
  if by < 8: by = 8
  if bx > (WIDTH - 8): bx = WIDTH - 8
  if by > (HEIGHT - 8): by = HEIGHT - 8
  # 绘制高尔夫球
  pygame.draw.circle(screen,WHITE,(int(bx),int(by)),8)
  pygame.draw.circle(screen,BLACK,(int(bx),int(by)),8,1)
  myclock.tick(30)
  pygame.display.flip()
  if seq == 3: break

time.sleep(3)
pygame.quit()
```

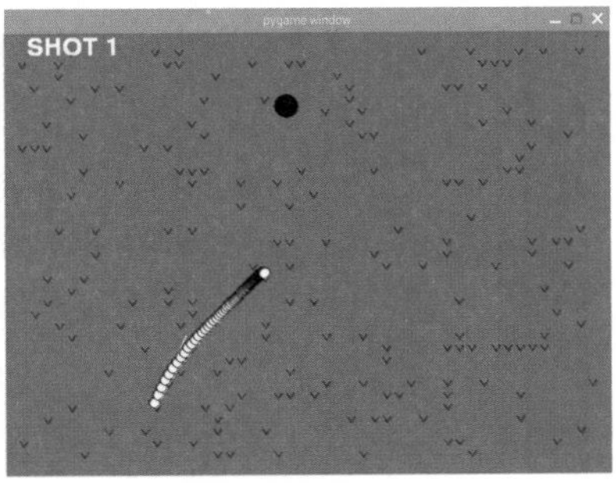

图 9.12 高尔夫球朝草的方向偏移

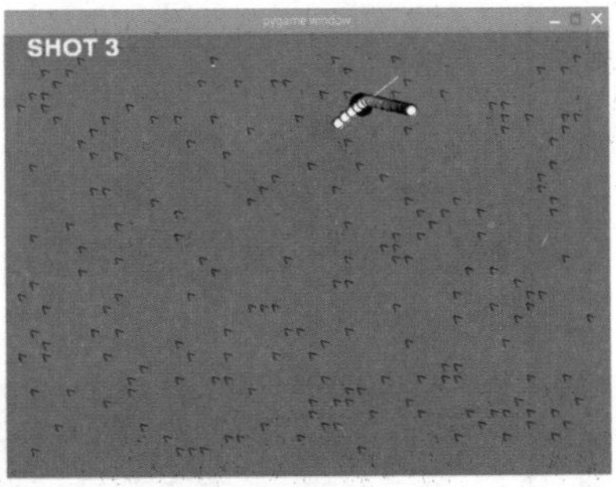

图 9.13 球速过快时球将从球洞中飞出

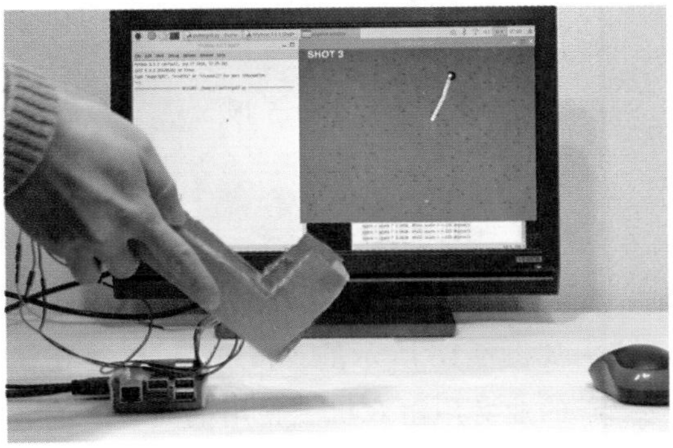

图 9.14 正在玩高尔夫游戏时的情景，挥动推杆型控制器击球

用树莓派开发游戏

Part 2 开发四选项抢答游戏

Part2 中依然使用编程语言“Python”与面向 2D 游戏的 Python 库“Pygame”开发游戏。此次要开发的是如图 9.15 所示的“四选项抢答游戏”，可在学校活动的节目中使用。

自制拥有从按键 1 到按键 4 四个按键的答题用控制器。答题设有时间限制，越快按下按键答出正确答案，则得分越高。

准备答题用控制器的材料

下面便从答题用控制器开始制作。准备以下元件。

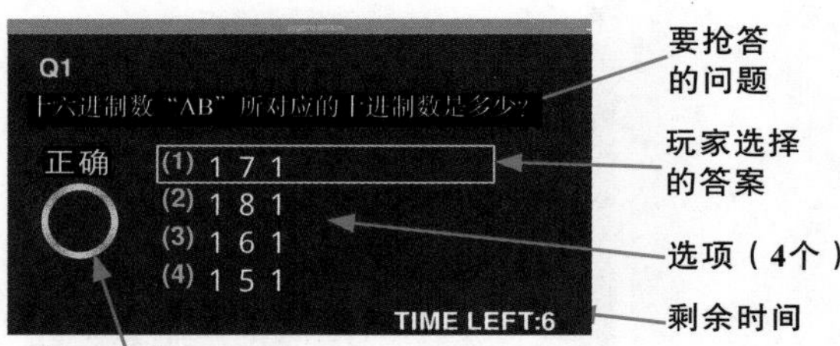

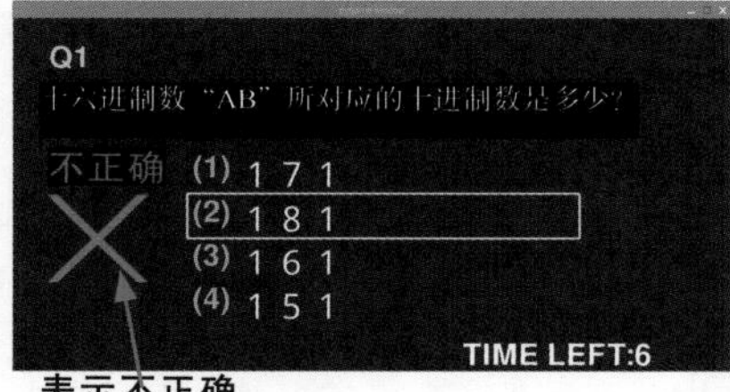

图 9.15 四选项抢答游戏

- 游戏开关（按键）4 个
- 跳线（正极 - 负极）5 根
- 鳄鱼夹导线 8 根
- 瓦楞纸箱 1 个

按键可谓是此次游戏开发中的核心元件，可使用如图 9.16 所示的“按键”。这是在游戏中心的业务用游戏机上使用的元件。笔者是在东京秋叶原的电子元件商店“秋月电子通商”中购得的。价格为 1 个按键 150 日元[①]。顺便一提，为了便于修理，此按键内部的开关（微型开关）可轻松取出。

跳线与鳄鱼夹导线是如图 9.17 所示的元件。跳线顶端使用正极 - 负极型接头。价格分别为：跳线 10 根 220 日元[②]，鳄鱼夹导线 10 根 350 日元[③]。

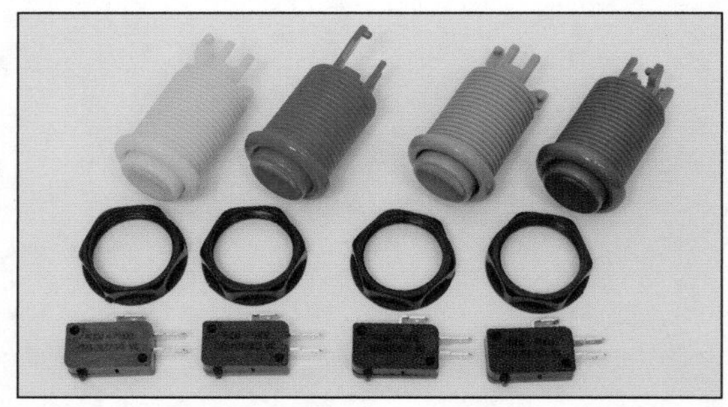

图 9.16 按键，准备 4 个

虽然只要大小合适，使用什么样的瓦楞纸箱皆可，但由于此处希望重视美观，故使用百元店中贩卖的“收纳箱”（见图 9.18）。

组装答题用控制器

使用准备的材料组装答题用控制器。

首先绘制如图 9.19 所示的电路图。这是个很简单的电路图，只是将按键 1 到按键 4 各个游戏开关连接到树莓派的 GPIO 接口上。

① 译者注：约 9 元人民币。
② 译者注：约 13 元人民币。
③ 译者注：约 20 元人民币。

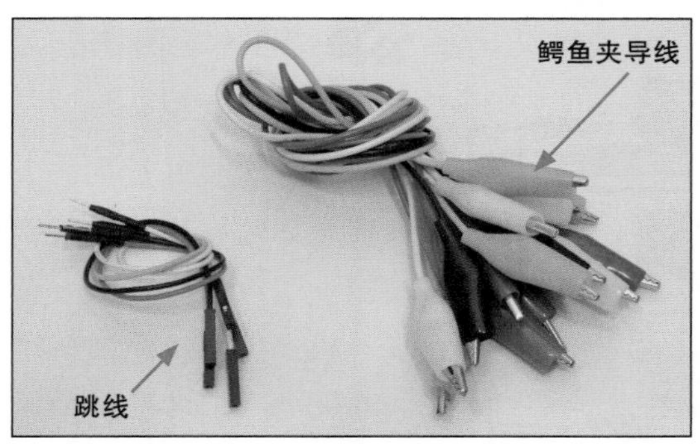

图 9.17　跳线（左）与鳄鱼夹导线（右）

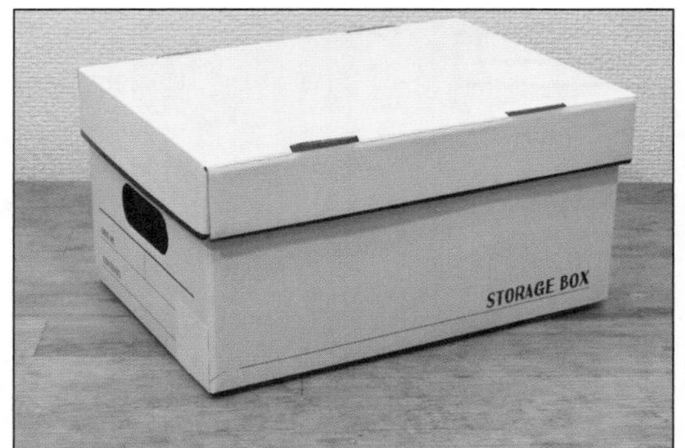

图 9.18　本例中使用的瓦楞纸箱

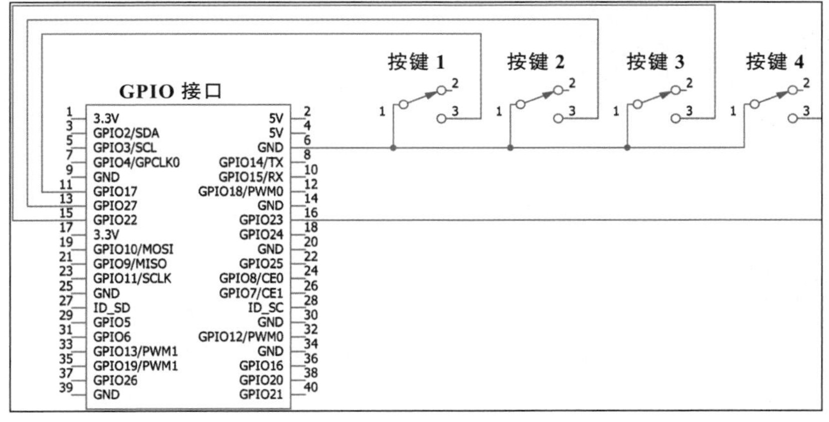

图 9.19　答题用控制器的电路图

按键中内置的微型开关有 3 根接线柱。这些接线柱以 1~3 编号，有以下功能。

按键未被按下时：1 号柱与 2 号柱连接
按键被按下时：1 号柱与 3 号柱连接

由于此次希望检测到按键被按下的状态，故不使用 2 号柱。将 1 号柱与 Ground（GND）相连接，3 号柱与 GPIO 的输入接口相连接。由于按键没有极性，故反着连接亦可。

在 GPIO 的输入接口中启用名为“上拉”的功能。启用上拉后，在开关没被按下的状态下输入“High”（3.3V），在开关被按下的状态下输入“Low”（0V）。

既然已经完成了电路图，便进入控制器的组装工作。首先在瓦楞纸箱上打孔用于安装按键。孔洞直径约为 2.8cm。图 9.20 所示为使用美工刀打孔的情景。将拆开的游戏

图 9.20　在瓦楞纸箱上打用于按键的孔洞

开关穿过箱子上的孔洞并缠绕环状别扣进行固定。由于购买的瓦楞纸箱直接使用会显得过高，故裁剪为 7cm 高。

图 9.21 所示为答题用控制器的实体图。参考该图进行布线。

图 9.22 所示为完成布线后的样子。只需用鳄鱼夹导线的鳄鱼嘴夹子夹住接线柱便可完成布线。由于不需焊接即可完成，故十分简单。鳄鱼嘴导线与跳线的连接部分用胶带包裹进行绝缘。

完成的答题用控制器如图 9.23 所示。为了能够分辨各个按键的编号，在按键上方粘贴用标签打印机打印的纸条。如此便完成了

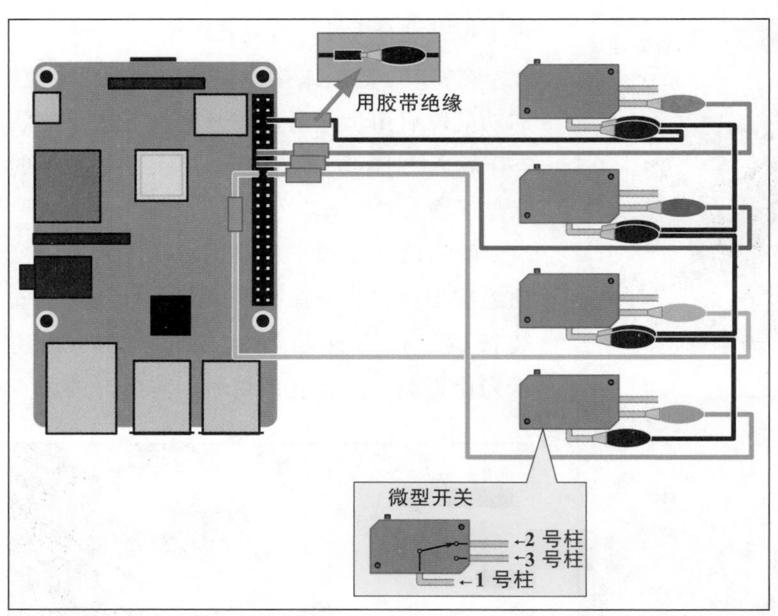

图 9.21 答题用控制器实体图

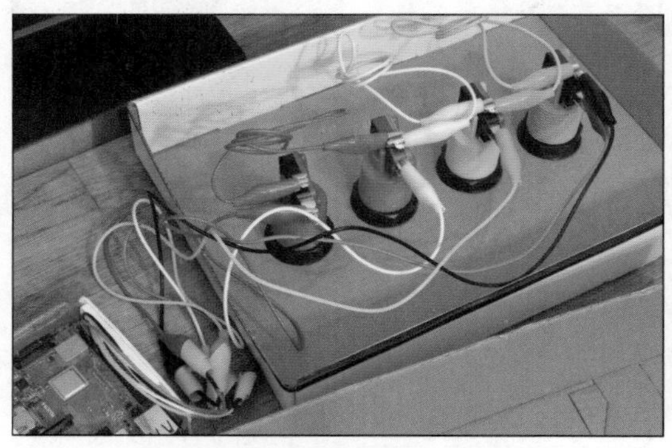

图 9.22 将游戏开关接到树莓派上

图 9.23 完成后的答题用控制器

看起来像是游戏控制器的外观。至此硬件部分已全部完成。

按键的检测方法

下面进入软件制作。读者首先希望知道的，大概便是如何检测按键是否被按下了。使用 Python 有多种检测方法，此处使用“gpiozero”。这是树莓派公司开发的用于 GPIO 的模块。

代码 9.3 为使用 gpiozero 开发的检测按键被按下的试验程序 buttontest.py。gpiozero 将各种与 GPIO 相关的功能作为类收纳其中。按键检测可用名为“Button”的、直截了当地表示其功能的类。

如下所示，创建对象后便可使用 Button 类。由于有 4 个按键，故创建 4 个对象。

```
button1 = Botton(17)  # 按键 1
button2 = Botton(27)  # 按键 2
button3 = Botton(22)  # 按键 3
button4 = Botton(23)  # 按键 4
```

这里用参数设置的“17”“27”等数字为连接各个按键的接线柱的 GPIO 编号。注意并非是接线柱编号，而是图 9.19 中所示的“GPIO17”等 GPIO 编号。

之前提到的上拉设置在创建对象时会自动进行。因此，使用 gpiozero 时无须特别留意上拉这一概念。这对于入门者而言是十分友好的设计。

Button 类对象有名为“is_pressed”的变量。通过参考这个变量便可读取按键的 ON（按下）/OFF（未按下）状态。例如，若“button1.is_pressed”为“False”，则按键 1 为 OFF 状态。此时，往接线柱输入 High。若 button1.is_pressed 为“True”，则按键 1 为

代码 9.3 按键检测试验程序 buttontest.py

```
# button test
# 导入用于GPIO的库
from gpiozero import Button
from time import sleep

# 创建按键对象
button1 = Button(17) # 按键1
button2 = Button(27) # 按键2
button3 = Button(22) # 按键3
button4 = Button(23) # 按键4

while True:
  # 按键被按下时显示信息
  if button1.is_pressed:
    print("Button1 is pressed")

  if button2.is_pressed:
    print("Button2 is pressed")

  if button3.is_pressed:
    print("Button3 is pressed")

  if button4.is_pressed:
    print("Button4 is pressed")

  sleep(0.1) # 等待0.1秒
```

ON 状态。此时往接线柱输入 Low。

而程序的输入与运行都推荐使用用于树莓派的 OS“Raspbian”所自带的“Thonny”（见图 9.24）。Thonny 是 Python 的综合开发环境（IDE），由于将编辑器与控制台界面合二为一，故使用起来十分方便。此外，其调试功能亦十分完善。

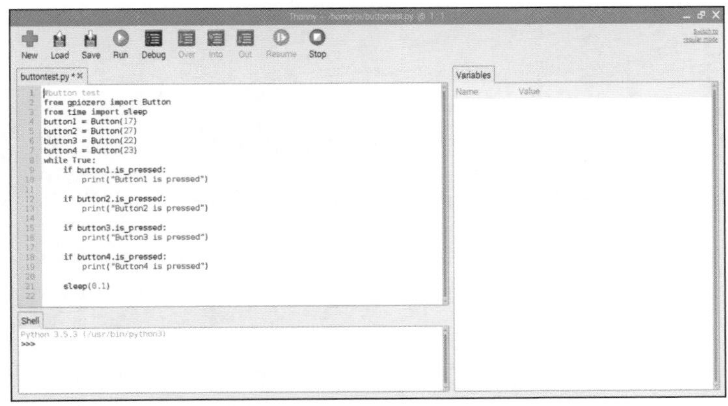

图 9.24 使用树莓派自带的 IDE“Thonny”输入 Python 程序

在 Thonny 中输入 buttontest.py 并尝试运行。若控制器组装成功，则按下适当的按键后将得到如图 9.25 所示的输出。

```
Shell
Button2 is pressed
Button2 is pressed
Button3 is pressed
Button4 is pressed
Button4 is pressed
Button4 is pressed
Button4 is pressed
```

图 9.25 代码 9.3 运行示例，按下按键后，界面上将显示相应信息

制作答题程序

终于要制作答题程序了。首先思考应以什么形式呈现要抢答的问题和答案等数据。

这里按以下顺序排列数据，0~4 为体现数据顺序的数据编号。

```
0 要抢答的问题
1 正确答案
2 错误答案 1
3 错误答案 2
4 错误答案 3
```

将问题和答案整理为如下所示的以逗号分隔的字符串。

```
"十六进制数‘AB’所对应的十进制数为多少？",
'171', '161', '151', '181'
```

在此格式下，在程序端需要重新随机排列正确答案与错误答案的顺序，否则第一个选项将永远为正确答案。

理想状态下是将答题数据保存为 CSV 格式的文件并在程序中进行读取，但此处为了减少程序的长度，将答题数据直接填入源码中，并使用二维列表存储多个问题与答案。

完成的四选项抢答游戏程序 quizgame.py 如代码 9.4 所示。将问题与答案存储在变量 textdata 中，再如下所示进行读取。

```
textdata[问题编号][数据编号]
```

程序中使用 random.randrange 函数重新排列问题的答案。

讲解一下文字的显示等问题。使用 Pygame 显示文字时，虽然使用 pygame.font.Font 类，但默认设置的字体无法显示日文。因此，在创建对象时用参数设置字体为 Raspbian 自带的日文字体“DroidSans FallbackFull.ttf”。

```
fontname = '/usr/share/fonts/truetype/
droid/DroidSansFallbackFull.ttf'
jfont = pygame.font.Font(fontname, 64)
```

但使用这个字体时，游戏中的半角英文数字将变为乱码。因此，需要分别创建用于日文与半角英文数字的两种对象，并根据显示内容分别使用。

这个答题游戏中有多种界面状态（种类），故声明一个管理这些界面的变量“seq”。图 9.26 用流程图展示了界面状态与变量 seq 值之间的关系。例如，当 seq 为 0 时显示标题界面。此时按下按键后将把 seq 的值变为 1 并跳转到下一个界面。

游戏中并非一次显示要抢答的问题，而是一个字接一个字地逐字显示。通过这样显示问题，可以支持抢答游戏中所特有的陷阱式问题的显示。此操作如下所示，使用 Python 的切片功能。

```
imagetext = jfont.render(question
[0:wordcnt], True, WHITE)
```

随着 wordcnt 值的每次增加，显示的问题也愈加完整。

图 9.27 所示为玩游戏时的情景。由于可以无拘束地按下尺寸较大的按键，故可体会答题大赛或游戏中心的氛围。所有问题出题结束后如图 9.28 所示显示得分。每个问题最多可得 1000 分。

虽然这里只准备了 5 道抢答问题，但可往二维列表 textdata 中追加无限多的问题。读者务必自行创作各种问题，尝试提高其作为一款答题游戏的完成度。

代码 9.4　四选项抢答游戏程序 quizgame.py

```
# quiz game
from gpiozero import Button
import pygame
import time
import random

WHITE = (255, 255, 255)
CYAN = (0, 255, 255)
YELLOW = (255, 255, 0)
RED = (255, 0, 0)
DARKGREEN = (0, 64, 0)

textdata = [ # 存储问题与答案的二维列表
['十六进制数"AB"所对应的十进制数为多少？','171','161','151','181'], ['"鯑"在日语中读作什么？','nishin
','saba','iwashi','same'], ['　《踩到猫》的作曲是谁？','未知','贝多芬','巴赫','莫扎特'], ['丹麦的首都在
哪里？','哥本哈根','奥胡斯','欧登塞','奥尔堡'], ['氧化铜还原后变为什么？','变为铜','变为金', '变为银','变
为黄铜']]
]

button1 = Button(17)
button2 = Button(27)
button3 = Button(22)
button4 = Button(23)

pygame.init()
WIDTH = 1280
HEIGHT= 640
screen = pygame.display.set_mode((WIDTH, HEIGHT))
```

代码 9.4 续

```
efont = pygame.font.Font(None, 80) # 用于半角英文数字的字体
fontname = '/usr/share/fonts/truetype/droid/DroidSansFallbackFull.ttf'
jfont = pygame.font.Font(fontname, 64) # 用于日文的字体
myclock = pygame.time.Clock()
btnow = 0
btold = 0
btnumber = 0
cnt = 0
seq = 0
endflag = 0

while endflag == 0: # 游戏循环
  for event in pygame.event.get():
    if event.type == pygame.QUIT: endflag=1

  btold = btnow
  btnow = 0
  if button1.is_pressed: btnow = 1
  if button2.is_pressed: btnow = 2
  if button3.is_pressed: btnow = 3
  if button4.is_pressed: btnow = 4
  if btnow != btold:
    btnumber = btnow
  else:
    btnumber = 0

  screen.fill(DARKGREEN)
  cnt += 1
  if seq == 0: # 标题界面
    imagetext = jfont.render('抢答游戏', True, WHITE)
    screen.blit(imagetext, (450, 280))
    if btnumber != 0:
      cnt = 0
      qnum = 0
      score = 0
      seq = 1
  elif seq == 1: # 显示1秒空白界面
    if qnum >= len(textdata):
      seq = 4
      continue

    timeleft = 10.99
    if cnt >= 60:
      cnt = 0
      question = textdata[qnum][0]
      index = [0, 1, 2, 3]
      for i in range(10):    # 重新排列答案
        numa = random.randrange(4)
        numb = random.randrange(4)
        if numa == numb: continue
        index[numa], index[numb] = index[numb], index[numa]

      answer = 0
      correct = 0
      wordcnt = 0
      seq = 2
  elif seq == 2: # 显示问题
    wordcnt = int(cnt / 8)
```

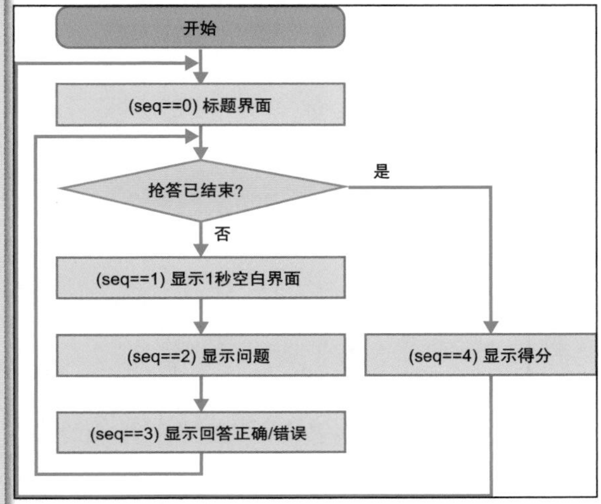

图 9.26　界面跳转流程图

代码 9.4 续

```
    if wordcnt > len(question):
      wordcnt = len(question)

    if btnumber != 0:
      answer = btnumber
      if index[0] == (answer - 1):
        correct = 1
        score += int(timeleft) * 100
      cnt = 0
      seq = 3

    timeleft -= (1/60)
    if timeleft < 0: timeleft = 0
    if timeleft <= 0:
      cnt = 0
      seq = 3
  elif seq == 3: # 显示回答正确/错误
    x = 150
    y = 400
    if correct == 1:
      pygame.draw.circle(screen, YELLOW, (x, y), 80, 15)
      imagetext = jfont.render('回答正确', True, YELLOW)
    else:
      pygame.draw.line(screen,RED,(x-80,y-80),(x+80,y+80),20)
      pygame.draw.line(screen,RED,(x+80,y-80),(x-80,y+80),20)
      imagetext = jfont.render('回答错误', True, RED)
    screen.blit(imagetext, (x - 80, y - 170))
    if cnt >= 60 * 3:
      cnt = 0
      qnum += 1
      seq = 1
  elif seq == 4: # 显示得分
    imagetext = efont.render('TOTAL SCORE:'+str(score),True,WHITE)
    screen.blit(imagetext, (420, 250))
    if btnumber != 0:
      seq = 0
  if seq>=2 and seq<=3:
    # 显示问题
    imagetext = efont.render('Q'+str(qnum+1), True, YELLOW)
    screen.blit(imagetext, (64, 40))
    imagetext = jfont.render(question[0:wordcnt], True, WHITE)
    screen.blit(imagetext, (64, 110))
    # 显示答案
    for i in range(4):
      x = 320
      y = (index[i] * 80) + 240
      imagetext = efont.render('('+str(index[i]+1)+')', True, CYAN)
      screen.blit(imagetext, (x, y))
      imagetext = jfont.render(textdata[qnum][i+1], True, WHITE)
      screen.blit(imagetext, (x + 80, y))
      if (answer-1) == index[i]:
        pygame.draw.rect(screen, YELLOW, (x-10, y-2, 700, 82), 5)
    imagetext = efont.render('TIME LEFT:'+str(int(timeleft)),True,WHITE)
    screen.blit(imagetext, (800, 580))
  myclock.tick(60)
  pygame.display.flip()
pygame.quit()
```

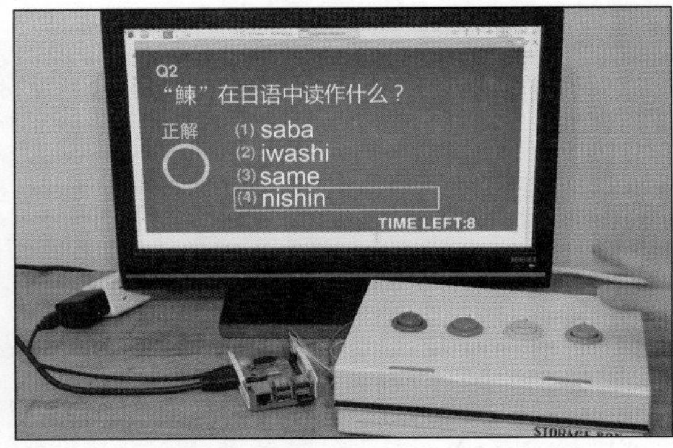

图 9.27　玩答题游戏时的情景

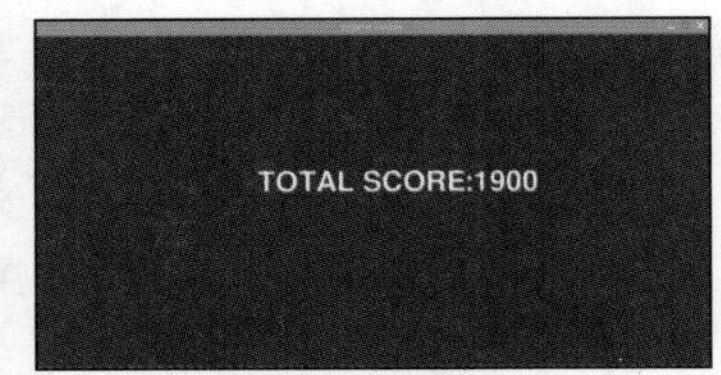

图 9.28　游戏最后显示得分